"黄石大冶湖生态新区多要素城市地质调查"项目资助
"黄石城市自然资源与生态环境地质调查"项目资助
"黄石黄荆山、金海重点区综合地质调查"项目资助
"黄石市多要素城市地质调查总体方案编制与清洁能源调查"项目资助
"大冶市尾矿资源综合利用与地质环境调查评价示范"项目资助

黄石市城市地质调查"十三五"进展与成果集成

HUANGSHI SHI CHENGSHI DIZHI DIAOCHA SHISANWU
JINZHAN YU CHENGGUO JICHENG

刘冬勤 沈 军 刘 徽 杨伟卫 蔡恒安 等著

图书在版编目(CIP)数据

黄石市城市地质调查"十三五"进展与成果集成/刘冬勤等著. —武汉:中国地质大学出版社,2022.10
ISBN 978-7-5625-5402-8

Ⅰ.①黄… Ⅱ.①刘… Ⅲ.①区域地质调查-成果-汇编-黄石 Ⅳ.①P562.633

中国版本图书馆 CIP 数据核字(2022)第 172885 号

黄石市城市地质调查"十三五"进展与成果集成	刘冬勤 沈 军 刘 徽 杨伟卫 蔡恒安	等著

责任编辑:唐然坤	选题策划:唐然坤	责任校对:何澍语 胡 萌

出版发行:中国地质大学出版社(武汉市洪山区鲁磨路 388 号)	邮编:430074
电　　话:(027)67883511　　传　　真:(027)67883580	E-mail:cbb@cug.edu.cn
经　　销:全国新华书店	http://cugp.cug.edu.cn

开本:880 毫米×1230 毫米　1/16	字数:396 千字　印张:12.5
版次:2022 年 10 月第 1 版	印次:2022 年 10 月第 1 次印刷
印刷:湖北新华印务有限公司	
ISBN 978-7-5625-5402-8	定价:238.00 元

如有印装质量问题请与印刷厂联系调换

《黄石市城市地质调查"十三五"进展与成果集成》编委会

编纂指导委员会

主　任：吴昌雄

委　员：刘冬勤　杨伟卫　蔡恒安　沈　军　尚世超

编辑委员会

主　编：刘冬勤　沈　军　刘　徽　杨伟卫　蔡恒安

副主编：朱柳琴　张超宇　王　帅　徐　玮　鲁启峰　王润伦
　　　　徐富文　迟凤明　方立虎　高　扬　刘　筱　李文涛
　　　　吴　丹　关　苗　吴　言

编　委：王胡杰　李　浩　李　松　白少刚　王球胜　王亚男
　　　　魏　浩　郑贤池　秦海娜　王　峥　黄　慧　郭一川
　　　　夏丽丽　尹　婷　魏月蓉

前 言

2017年,国土资源部印发了《关于加强城市地质工作的指导意见》(国土资发〔2017〕104号),全国随后掀起了新一轮城市地质调查工作的热潮。2018年,湖北省自然资源厅明确了湖北省"三年试点、五年推广、五年完善"的城市地质调查总体工作思路。黄石市地处湖北长江经济带东南段,区位优势明显,战略位置突出,当时正值"十三五"时期进入经济发展转轨、社会治理转型、城市功能转换、生态环境转变的关键阶段,亟需城市地质调查成果和地质服务保障及促进黄石市社会经济高质量发展。在此背景下,湖北省自然资源厅、黄石市人民政府、湖北省地质局三方共同合作,于2018—2022年分年度出资开展了黄石市城市地质调查试点工作。该项目由湖北省地质局第一地质大队承担,项目工作紧扣黄石市城市高质量发展需求,围绕"空间、资源、环境、灾害、生态"等多要素,全方位、多维度、高精度地开展城市地质调查,取得了应用、科研、科普等方面的新进展。

为了凸显黄石市城市地质调查试点工作成果,更好地服务黄石市"十四五"高质量发展,全面提升支撑服务能源、矿产、水和粮食资源安全,精细服务自然资源管理和生态文明建设,湖北省地质局第一地质大队以黄石市地质调查试点工作成果为基础,整合了黄石市地质资源与主要地质环境的调查成果,编写了《黄石市城市地质调查"十三五"进展与成果集成》。

本书以黄石市城市地质调查试点成果为基础,提练了黄石市城市地质资源与主要地质环境问题,由湖北省地质局第一地质大队编制而成。全书共有5章。第一章绪论,主要介绍了黄石市自然资源与主要地质环境问题、黄石市地质工作现状及开展城市地质工作的需求;第二章城市地质资源调查与评价,主要内容包括固体矿产资源、尾矿资源、地下水资源、浅层地温能资源、中深层地热资源、地质遗迹资源调查和评价;第三章地质环境安全性调查与评价,主要介绍了黄石市的地质灾害问题、沿江带生态环境地质问题、核心区土壤质量地球化学分布、金海开发区土地质量调查评价;第四章城市发展对策建议,主要阐述了如何高效利用黄石市自然资源和科学治理与保护生态环境;第五章科技创新与理论进步,充分诠释了地质科技创新在黄石市经济社会发展中的作用。

本书全面评估了黄石市自然资源利用和禀赋及生态环境保护现状,为全面支撑服务能源、矿产、水和粮食资源安全,精细服务自然资源管理和生态文明建设提供了数据支撑与理论基础。本书为今后黄石市城市发展合理利用和有效改善生态环境质量提出了建议与实施措施,可为黄石市重大战略部署和产业链发展提供决策依据,为地质科研院校和地质工作人员提供参考。

本书在编写过程中,得到了有关部门领导的支持,众多相关领域专家和学者提出的许多宝贵意见及建议,在此一并表示感谢。

本书融合了不同行业的多门学科,内容涉及面广,综合集成、信息处理量大。受笔者时间、水平、经验的限制,书中难免有遗漏和不足,敬请各位读者批评指正。

笔 者
2022年6月1日

目 录

第一章 绪 论 …………………………………………………………………………………… (1)
 第一节 黄石市自然资源与主要地质环境概况 ……………………………………………… (1)
 第二节 黄石市地质工作现状 ………………………………………………………………… (2)
  一、地质工作程度 …………………………………………………………………………… (2)
  二、地质工作成果 …………………………………………………………………………… (5)
 第三节 黄石市"十四五"高质量发展需求分析 …………………………………………… (5)
  一、"十四五"发展目标 …………………………………………………………………… (5)
  二、"十四五"发展需求 …………………………………………………………………… (7)

第二章 城市地质资源调查与评价 ……………………………………………………………… (9)
 第一节 固体矿产资源评价 …………………………………………………………………… (9)
 第二节 尾矿资源调查评价 …………………………………………………………………… (10)
  一、尾矿库分类 ……………………………………………………………………………… (10)
  二、尾矿资源分布特征 ……………………………………………………………………… (11)
  三、尾矿特征 ………………………………………………………………………………… (12)
  四、典型尾矿库综合利用分析 ……………………………………………………………… (25)
 第三节 地下水资源调查评价 ………………………………………………………………… (30)
  一、水文地质条件 …………………………………………………………………………… (30)
  二、地下水资源概算和水质评价 …………………………………………………………… (30)
  三、地下水资源评价 ………………………………………………………………………… (31)
  四、地下水水质评价 ………………………………………………………………………… (32)
 第四节 浅层地温能资源调查评价 …………………………………………………………… (32)
  一、浅层地温能地质条件 …………………………………………………………………… (33)
  二、浅层地温能开发利用适宜性分区 ……………………………………………………… (41)
  三、地埋管地源热泵适宜性分区 …………………………………………………………… (45)
  四、浅层地温能开发利用适宜性区划 ……………………………………………………… (50)
  五、浅层地温能热容量计算 ………………………………………………………………… (51)
  六、浅层地温能换热功率计算 ……………………………………………………………… (53)
  七、浅层地温能资源潜力评价 ……………………………………………………………… (62)
 第五节 中深层地热资源调查评价 …………………………………………………………… (66)
  一、重点调查区地热地质条件 ……………………………………………………………… (66)

二、地热资源评价（汪仁-章畈地热田） (71)

第六节 地质遗迹资源调查评价 (75)
　　一、地质遗迹类型及特征 (75)
　　二、地质遗迹的分布规律 (78)
　　三、地质遗迹开发保护现状分析 (79)
　　四、地质遗迹评价 (80)

第三章 地质环境安全性调查与评价 (96)

第一节 黄石市地质灾害调查评价 (96)
　　一、地质灾害现状 (96)
　　二、地质灾害发展趋势 (97)
　　三、地质灾害易发区和重点防治区 (97)

第二节 沿江带生态环境地质调查评价 (102)
　　一、生态地质条件 (102)
　　二、生态地质问题 (106)
　　三、生态环境地质评价 (109)
　　四、长江黄石段沿江带地质环境综合评价 (116)

第三节 核心区土壤质量地球化学调查评价 (120)
　　一、核心区土壤地球化学调查 (120)
　　二、核心区土地质量现状 (122)
　　三、核心区土地质量评价 (133)
　　四、核心区绿色发展对策建议 (133)

第四节 金海开发区土地质量调查评价 (136)
　　一、金海开发区地球化学特征 (136)
　　二、金海开发区土地生态环境风险评价 (160)
　　三、金海开发区土地质量地球化学等级评价 (163)
　　四、硒锶等特色资源评价 (168)
　　五、重点问题分析与研究 (176)

第四章 城市发展对策建议 (183)

第一节 黄石市地质资源高效利用建议 (183)
　　一、推进矿产资源开发利用 (183)
　　二、加强非金属矿产资源勘查开发 (183)
　　三、推进中深层地热资源勘查开发 (183)
　　四、推进优质矿泉水资源调查开发利用 (184)

第二节 黄石市生态环境保护建议 (184)
　　一、强化防治减灾救灾地质技术支撑服务 (184)
　　二、推进"山水林田湖草"一体化保护和修复 (184)
　　三、开展地下水环境调查与监测 (184)

  四、推进水土污染防治 ··· （185）

第五章　科技创新与理论进步 ··· （186）

第一节　理论技术创新 ··· （186）

  一、提升并创新了城市地质学理论发展 ··· （186）

  二、创新了城市地质调查的技术方法体系 ··· （186）

第二节　工作机制创新 ··· （187）

  一、创新了多方联动的工作机制 ·· （187）

  二、创新了需求与问题为导向全流程参与的工作模式 ··· （187）

第三节　成果创新 ··· （187）

  一、研发了黄石市城市地质信息管理系统 ··· （187）

  二、创新了城市地质调查成果的表达形式 ··· （187）

主要参考文献 ··· （189）

第一章 绪 论

第一节 黄石市自然资源与主要地质环境概况

黄石市1950年因矿批准立市,依托铜铁金优势资源禀赋,为我国尤其是新中国成立初期武汉钢铁乃至全国钢铁产业的发展提供了资源保障。大冶铁矿是中国人自己建设的第一家采用机器开采的大型露天铁矿,是毛泽东主席曾说过"骑着毛驴也要去看看"的地方,也是毛泽东主席生平视察过的唯一铁矿山。

黄石市矿冶历史文化悠久,可追溯至3000多年前的殷商时期。尤其建市70年多来,矿产资源的开发保护伴随和支撑着城市的高速发展,为黄石赢得了"全国青铜故里""中国矿冶历史文化名城"的美誉。

黄石市位于长江中游南岸,处于湖北省东南部。黄石市于1950年8月21日正式批准建市,是新中国成立后湖北省最早设立的两个省辖市之一。全市现辖"一市一县四城区"和一个国家级经济技术开发区,总面积4583km^2。黄石市是我国中部地区重要的原材料工业基地和沿江对外开放城市,目前拥有9个"国字号"战略机遇,其发展具有以下明显特点。

(1)矿冶历史悠久,文化底蕴深厚。作为矿冶名城,黄石市矿冶遗址众多,有"青铜古都""钢铁摇篮""水泥故乡"的美誉,在中国矿冶发展史上占有重要地位,是华夏青铜文化的发祥地之一,是中国近代工业的发祥地之一。黄石市因矿立市、以冶兴市,矿冶文化上承殷商春秋战国,下启两汉唐宋元明清。源远流长的矿冶历史文化铸就了黄石市,使它成为中国具有工业文明特殊职能的历史文化名城。

(2)工业基础坚实,历史贡献较大。黄石市素有"江南聚宝盆"的美誉,市内矿产资源非常丰富,已探明矿产有四大类79种,具有品种齐全、矿产集中、易采易选、共生矿产可综合开发利用等特点。

(3)地理区位优越,自然环境优美。黄石市位于长江中游南岸,沿江自然岸线总长79.37km,是湖北省继武汉市之后第二个经国务院批准的沿江开放城市,黄石口岸是国家一类水运口岸,黄石港是长江十大良港之一。黄石市是全国53个重点港口城市和133个客货主枢纽城市之一,处于京广、京九两条铁路大动脉与京珠、沪蓉、大广、杭瑞4条高速公路和长江黄金水道的交汇地带,是承东启西、贯南通北之地。黄石市城区襟江怀湖、依山傍水、环境优美,拥有"三山两湖"众多自然景观和集人文历史于一体的风景名胜。

黄石市拥有3000多年的冶炼史、100多年的开放史、70多年的建市史。作为近代中国民族工业的摇篮,它是港口之城,也是文化名城。同时,黄石市的发展也是一部生态退化史。3000多年的冶炼史中,黄石市遗留的尾矿库超过200座,尾砂总量超过1.5亿t,造成尾矿资源浪费、水土环境污染、尾矿库地质灾害隐患、土地占用和破坏等诸多问题,严重制约着黄石市的高质量绿色发展。"十三五"时期及以前粗放式的发展给黄石市带来了诸多问题。

(1)水土环境存在污染,农业用地减少。由于矿产长期开采、固体废弃物长期堆放等因素,黄石市水土环境长期遭到一定污染。同时,工业"三废"(废水、废气、废渣)排放出一定污染物,化肥和农药用量增加,造成生态环境受到一定破坏。

（2）资源逐渐枯竭。黄石市2009年被批准为全国第二批资源枯竭转型试点城市,作为全国重要的铜铁矿基地,在新中国成立初期为国家发展做出了不可估量的贡献。然而,由于资源的不可再生性,多年的矿产资源开采使得矿产资源逐渐枯竭,导致各种经济问题和环境问题凸显。

（3）产业结构单一,转型困难。近年来,黄石市在城市转型工作中进行了一些富有成效的探索,但仍然没有摆脱资源型经济的束缚,不可避免地具有产业结构单一、结构失衡、基础设施不足、经济辐射力弱、生态环境破坏严重等"先天性"不足。

党的十九届五中全会通过了《中共中央关于制定国民经济和社会发展第十四个五年规划和二〇三五年远景目标的建议》,明确指出"坚持绿水青山就是金山银山理念,坚持尊重自然、顺应自然"。为坚持新发展理念,黄石市作为百年工矿城市终结了半个多世纪水污染严重的历史,终结了节能减排指标居高不下的历史,终结了"光灰"城市的历史。

总体来讲,黄石市经济长期向好的基本情况没有变,多年积累的转型发展势能没有变,在区域发展中的战略地位没有变。同时,黄石市经济社会发展仍然存在不少的困难和挑战,发展新动能势强力弱,在城市动能、生态环保、民生保障、社会治理等方面存在短板。

第二节　黄石市地质工作现状

一、地质工作程度

黄石地区地质矿产调查和矿产资源开发历史悠久,新中国成立70多年来开展了大量的地质工作。

（一）区域地质矿产调查

全区1∶20万区域地质和水工环调查已全部完成。1∶5万区域地质、矿产地质调查基本覆盖全区,包含鄂城幅、铁山幅、黄石幅、金牛幅、大冶幅、太子庙幅、高桥东半幅、殷祖幅、白沙铺幅、富池口幅、黄沙铺幅、三溪口幅、龙港幅、洋港幅、阳新幅、枫林幅,基本查清了区内的地层、构造、岩浆岩、矿产等地质特征,为区内区域地质条件分析、成矿规律研究及矿产勘查提供了充分的基础地质资料。

（二）物、化探工作

1∶10万～1∶20万重力测量、区域化探扫面、区域物性测量和1∶5万航磁已覆盖全区。1∶2.5万～1∶5万电测深完成400 km², 1∶5000～1∶2.5万土壤地球化学测量完成1400 km², 1∶2000～1∶1万地面磁测完成2000 km², 1∶5000～1∶1万激电、化探完成295 km², 重力测量完成100 km²。通过地质、物探、化探工作,共发现了249处磁异常、196处重力异常、146处激电异常、263处化探异常。

（三）矿产勘查工作

区内为开展矿产勘查进行了大量不同比例尺的地质填图及物、化探和钻探工作,总计投入钻探工作量约400万 m; 发现金属矿床(点)700余处,探明铜、铁、金等33种矿产的储量; 有资源储量的上表金属矿床261处,其中达大型规模的5处、中型8处、小型27处; 矿种主要为铁矿、铜铁矿、铜矿、金铜矿、钨钼矿和铅锌矿。

纵观全区70多年的找矿过程,大致可以划分4个阶段。

1. 第一阶段

20世纪50年代初期,主要通过露头、高强度磁异常和老硐寻找地表及浅部矿体,发现和初步勘探了一批铁、铜矿床,如铁山、金山店、程潮、灵乡铁矿床,龙角山、赤马山铜矿床等。

2. 第二阶段

20世纪50年代末期至70年代中期,加强了区域地质调查工作,采用地质、物探、化探综合方法找矿,勘探和发现了大型铜绿山铜铁矿、丰山洞铜钼矿、铜山口铜钼矿等;评价了具有一定埋深的隐伏矿体引起的高中值磁异常或其旁侧次级叠加异常,以磁法为主,并配合重力、电测深、化探等方法,找到了许多规模较大的隐伏矿体,扩大了铜绿山、大广山、张福山等矿床的规模,同时也找到了一批小型隐伏铁铜矿床,如叶花香铜矿、铜山铜铁矿;验证评价了低缓磁异常或低值负磁异常及杂乱异常,在某些地段有所突破,如找到石头咀铜铁矿、程潮西区铁矿、刘家畈铁矿等,并对当时国民经济发展具有支撑作用的铁、铜矿床进行了勘探。该阶段是区内找矿成果最卓著的阶段。

对金山店岩体及周边的张福山铁矿、余华寺铁矿、张敬简铁矿,王豹山岩体及周边的王豹山铁矿、梅山铁矿,灵乡岩体及周边的刘家畈铁矿、铁子山铁矿、向家庄铁矿、大陈欧船铁矿、铜山口铜矿及阳新岩体西北段的铜绿山铜铁矿、石头咀铜铁矿进行了勘探。

3. 第三阶段

20世纪70年代中后期至90年代中期,区内地质工作的特点是研究成矿地质条件,总结成矿规律,应用成矿理论进行隐伏矿床预测,指导普查找矿,扩大了一些矿区的找矿远景,发现和探明了大型鸡冠嘴铜金矿、桃花嘴铜金矿,中型的白云山铜矿等。同时,在金矿找矿方面有新的重大进展,发现了与小岩体有关的矽卡岩型金矿(金井咀)和中低温热液型金矿(陈子山、宋家垅金矿),在志留系中发现了新类型的微细粒浸染型和构造蚀变岩型金矿。

在金山店岩体及周边发现了李万隆铁矿、柯家山铁矿,并进行了详查;在王豹山岩体边缘发现王母尖铁矿并进行了勘探;在灵乡岩体内发现陈子山金矿并进行了详查;在阳新岩体西北段发现了鸡冠嘴铜金矿、桃花嘴铜金矿、下四房铜铁矿、金井咀金矿、摇篮山金矿并进行了勘探或详查;在三大岩体夹持部位发现了付家山钨钼铜矿和宋家垅金矿等。

20世纪90年代中期至21世纪初,区内找矿基本处于停顿状态,仅在矿产资源补偿费项目的支持下开展了毛铺—大保海地区金矿普查、黄石章山地区铅锌矿调查评价和铜绿山矿床及周边深部和外围的普查工作。

4. 第四阶段

21世纪初至2019年底,新一轮国土资源大调查、全国危机矿山接替资源找矿专项、湖北省地质勘查基金项目的实施给本区矿产勘查工作带来了新的发展机遇,同时也带动了区内矿企对矿产勘查的投资。这一阶段以老矿山边部和深部找矿为重点,强调深部找矿突破,尤其是危机矿山勘查和深部找矿项目,在大冶铁矿、铜绿山铜铁矿、鸡冠嘴铜金矿、金山店铁矿、丰山铜矿、张海金矿等老矿山的深部和外围取得重大突破及重要进展,控制矿体深度突破地下1500m,资源储量增幅较大。截至2019年底,本区老矿山边深部新增资源储量铁矿石量8 127.38万t,铜金属量88.59万t,金及伴生金金属量69.66t。同时,初步形成了本区多期次成矿、多因素控矿的新认识,认识到燕山晚期闪长岩体与金成矿的密切关系,开辟了在盆地边缘找矿、推覆断层下找矿的新方向。

近十几年来，鄂东南地区取得了较好的找矿效果，发现了一大批新矿产地和找矿远景区，尤以老矿山边深部找矿成果最为显著。

通过全国危机矿山接替资源找矿专项勘查及后续的深部找矿工作，在老矿区边部和深部或扩大了已知矿体的规模，或在已知矿体的走向、倾向延伸部位发现了新矿体，探获了一批资源量。截至2019年底，本区老矿山边部和深部新增资源储量铁矿石量8 127.38万t，铜金属量88.59万t，金及伴生金金属量69.66t。

大冶铁矿在全国危机矿山接替资源找矿专项勘查中扩大了2号矿体的规模，并新发现了4号矿体，新增铁矿石资源量1 412.20万t，铜（共伴生）金属量5.85万t，金金属量3.67t。

金山店铁矿在全国危机矿山接替资源找矿专项勘查中在深部新发现Ⅱ-1号矿体，扩大了Ⅰ号矿体的规模，新增铁矿石资源量3 597.74万t；2011—2014年，继续开展了深部普查工作，对Ⅰ、Ⅱ号铁矿体深部（−1200m以浅）和边部开展地质工作，新增铁矿石资源量275.8万t。

铜绿山铜铁矿在全国危机矿山接替资源找矿专项勘查中在深部−1200～−600m发现了厚大的XIII号矿体，扩大了Ⅰ、Ⅲ、Ⅳ号矿体的规模，新增铜金属量24.21万t，金（伴生）金属量12.85t，铁矿石量1 497.5万t；2015—2017年，通过后续深部普查工作，在矿区背斜西翼−1500m以浅又发现XIV、IV6矿体，新增铜金属量7.16万t，铁矿石量994.14万t，共伴生金5.34t。

鸡冠嘴铜金矿在全国危机矿山接替资源找矿专项勘查中在深部−900～−520m发现了Ⅴ、Ⅶ号铜金矿体，新增铜金属量15.63万t，金金属量14.17t；2011—2014年，通过后续深部普查工作，在矿区深部−1500～−700m标高以浅又发现Ⅶ号矿体群，新增铜金属量11.68万t，金20.42t。

丰山铜矿在全国危机矿山接替资源找矿专项勘查中在岩体南缘接触带深部发现了J1、J2、J3三个新矿体，扩大了501号矿体的规模，新增铜金属量11.84万t，金金属量3.40t；2011—2013年，开展补充工作，新增铜金属量3.39万t。

2011—2013年，湖北省地质勘查基金和社会资本合作项目"许家咀矿区铜多金属矿普查"实施，在追索桃花嘴铜金矿主矿体北东向延伸的基础上，在−1000m以浅发现了许家咀铜铁矿，新增铜金属量8.64万t，金金属量5.65t，铁矿石量350万t。

2013—2015年，在张海矿区边深部开展了普查工作，在区内共揭露金矿体群5个、锑矿体群1个、铁铜矿体群1个，新增金金属量4.16t，铜金属量0.19万t。其中，大冶铁矿和铜绿山铜铁矿接替资源勘查工作成果分别被中国地质学会评选为2007、2008年度"十大地质找矿成果"。

通过上述深部勘查工作，部分老矿山基本查明了−1500m以浅的资源潜力，通过深部找矿线索和资源潜力评价资料，按国家−3000m以浅的目的评价，本区深部找矿潜力很大。

（四）水工环地质工作

区内水工环地质研究程度较高，在1988年之前，区内水工环地质工作主要围绕矿区水工环地质调查、地质资源（主要为地下水和地热）调查、专门性供水水文地质勘查和区域性水工环地质调查，所获资料呈点线面状，基本覆盖黄石市（含大冶市）全区，所获成果主要有《黄石市水文地质图说明书（1∶50 000）》《黄石市工程地质图说明书（1∶50 000）》《黄石市环境水文地质分区图说明书（1∶50 000）》《黄石市环境工程地质分区图说明书（1∶50 000）》。1999年至2010年间，区内开始有针对性地开展地质灾害调查、环境地质调查，所获成果主要有《湖北省黄石市（含大冶市和阳新县）地质灾害防治规划（1∶5万）》《武汉市城市圈环境地质评价报告（黄石市）》等。2010年之后，区内水工环工作为以解决地质灾害问题、环境地质问题为主的环境地质调查，所获成果较多。近两年来，中国地质调查局在黄石市部署开展了多个环境地质调查项目，主要为地质灾害调查与规划、长江经济带（黄石段）地质环境调查。

二、地质工作成果

1. 地质找矿成果显著

黄石地质勘查队伍始终坚持"围绕中心、服务大局"的总定位,积极响应国家重大战略部署、地方需求,围绕保障铜、铁、金战略性矿产资源的方针,探求出一批新矿产资源量,在龙角山、铜绿山、石头咀等矿区边部与深部及千家湾、叶家庄、汪家垅等多个地区都有新发现,预期可提交矿产地10余处。湖北省大冶市鸡冠嘴、桃花嘴矿区深部找矿项目荣获国土资源部2017年国土资源科学技术奖二等奖。铜绿山矿区边深部背斜西翼新发现了 XIV 号矿体,实现了从背斜东翼向西翼的找矿空间拓展,新增铜、金、铁矿产储量潜在价值超过50亿元。石头咀矿区深部施工12个钻孔,11个钻孔见矿,通过进一步勘查有望提交中型铜矿1处。龙角山矿区外围深部施工13个钻孔均见矿,最厚单矿体厚度为160m,取得重大突破,有望新增大型钨矿1处。

2. 生态环境地质工作卓有成效

黄石市紧抓生态文明建设、长江大保护和环保投入持续加大的政策机遇,积极开展长江大保护"双十工程"和"碧水、绿岸、洁产、畅流"四大行动,深入开展污染防治攻坚战,大力推进绿色矿山建设和矿山环境、土壤修复治理;复垦工矿废弃地7万亩(1亩≈666.67m^2),造林绿化60多万亩,成功创建国家森林城市;国、省考核断面水质及县级以上集中式饮用水水源地水质达标率100%,"治土"经验在全国推广;另外,黄石市获批国家大宗固体废弃物综合利用示范基地。

3. 农业地质、城市地质、旅游地质取得新拓展

高标准开展了湖北省首个省级城市地质试点项目"黄石市城市地质调查",支撑服务黄石市创建"海绵城市""智慧城市""沿江魅力城市",以及推进大冶湖生态新区建设和城市精细化、智能化管理。承担湖北省首个镇域自然资源综合调查,形成了可复制、可推广的镇域自然资源调查技术标准。开展全省首个尾矿资源调查项目,推动了鄂东南地区尾矿资源综合开发和利用,助力黄石市打造大宗固体废弃物综合利用示范基地。

第三节 黄石市"十四五"高质量发展需求分析

一、"十四五"发展目标

"十四五"时期是黄石市发展的机遇叠加期、转型发力期、区域融合期、功能拓展期、品质提升期。"十四五"时期黄石市发展的总体思路是以转型升级、高质量发展为主题,统筹推进"五位一体"总体布局,协调推进"四个全面"战略布局,立足新发展阶段、贯彻新发展理念、构建新发展格局,全面落实"一心两带、多点支撑、全域一体"区域协调发展布局,以依托长江经济带、立足长江中游城市群、深度融入武汉城市圈、主动对接长江三角洲(简称长三角)为支撑,深化"动能、产业、功能、生态、空间"五大转型,丰富和拓展创新活力之城、先进制造之城、现代港口城市、山水宜居之城和历史文化名城的内涵,再造黄石工业、再构区域空间布局、再塑综合功能优势、再创生态生活品质,为全面建设社会主义现代化开好局、起好步,努力为把湖北建设成支点、使湖北走在前列、谱写湖北发展新篇章贡献黄石力量。

"十四五"时期,黄石市的奋斗目标是经济综合实力、创新发展活力、区域空间布局、城市功能优势、人民生活品质、社会文明程度、市域治理效能实现"七个新跃升",确保国内生产总值超过2500亿元,力争达到3000亿元,工业总产值、都市区面积和人口在2020年的基础上基本实现翻一番,基本建成创新活力之城、先进制造之城、现代港口城市、山水宜居之城和历史文化名城。

到2035年,黄石市将全面建成长江中游城市群区域性中心城市、全国先进制造业基地、全国性综合交通物流枢纽、湖北对外开放桥头堡,基本实现社会主义现代化。

围绕上述目标,着重做好以下几方面的工作。

1. 全面融入新发展格局,着力拓展地缘优势新空间

主动对接长江经济带:发挥好商会、友城、驻外机构作用,推动与沪苏浙皖产业、科创、港口、园区、人才等的合作,筹建黄石(武汉)离岸科创中心,延伸拓展苏黄(苏州、黄石)合作成果,着力打造承接"长三角"产业转移示范区。抢抓中部地区崛起战略机遇,加强与长江中游城市群产业和资源链接,打造"中三角"融合发展示范区,紧盯大湾区产业转移合作,瞄准成渝经济圈,谋划推进沿江重载铁路,畅通拓展西部陆路通道。

深度融入武汉城市圈:打好临空临港光谷牌,主动配套武汉"光芯屏端网"产业,积极参与城市圈航空港实验区建设,建成黄石(武汉)离岸科创园,谋划推进临空区科创岛、大学城建设,努力把黄石市打造成光谷科创大走廊的重要功能区和副中心。加强与武汉城市圈交通路网、公共服务等的全方位对接,促进黄石与武汉、鄂州、黄冈、咸宁等圈内城市的融合畅通。

加快建设区域大市场:围绕打造全国大宗工业品集散地和区域交易中心,构建物流运输和贸易体系,加快贵重金属交割、临港农产品综合物流园、城市生鲜配送网络、海虹物流园二期等项目建设,强化交易、冷链、分拨、配送等功能,新增3A级以上物流企业3家。围绕吸引周边、辐射全市,提档升级花湖、胜阳港、上窑、团城山、大冶湖生态核心区商圈,加快引进一批头部企业、知名品牌、百年老字号,建设沉浸式体验、多业态集成的"商业航母",着力打造鄂东消费中心。

2. 加速释放改革创新动能,着力激发转型发展新活力

打造创新强大引擎:以争创国家创新型城市为抓手,全力推进全链条、全布局、全要素创新,加快形成全域、完整、开放的创新体系。以平台为载体聚集创新资源,持续推进"4个10"科创工程,加快建设科技城、科创中心、技术交易中心,启动工业互联网、换热器等一批产业研究建设,实现规模以上工业企业研发机构全覆盖,支持西塞山工业园创建省级高新区,着力构建"众创空间+孵化器+加速器+专业园区"的创新生态链。

推动重大改革纵深拓展:坚持聚集主业、整合资源,推进市属平台企业市场化、专业化、差异化发展,把着力点聚集到优势产业培育和重大基础设施建设上来。分类推进国有企业混合所有制改革,加快完善现代企业制度。

3. 纵深推进制造业高质量发展,着力强化产业升级新支撑

推进产业集群和链条延伸:围绕九大主导产业,突出领头企业带动,引领关联企业集群发展,推进工业地产品内循环、企业上下游本地配套,锻造产业链供应链长板、补齐短板,全力打造先进电子元器件国家创新型产业集群、先进钢铁和有色金属材料国家火炬特色产业集群。

推进制造业和服务业深度融合:依托龙头企业、产业园区、科创平台,大力发展"四不像"新型研发、工业设计、检验检测、科技金融、现代物流等生产性服务业,探索共享生产、柔性定制、网络协同、服务外包等新模式,加快发展平台经济、数字经济、共享经济,培育创意服务、供应链服务等新型业态,着力打造服务型制造示范企业和园区。

4. 持续提升城市价值品质,着力构筑多点支撑新格局

推进城市更新改造:坚持整体规划、分区设计、成片实施,每个城区完成两条主干路的综合整理、亮化美化、景观提升。加强城市科学化、精细化、智能化管理,实施市政园林环卫作业市场化改革。

推进新型城镇化:支撑大冶、阳新壮大市(县)域经济,加快补齐基础设施和公共服务短板,提升市(县)域综合承载能力和治理能力,引导农村人口有序向县城、中心镇梯次转移,促进以人为核心的就地城镇化。

提升城市文化内涵:积极创建国家历史文化名城,加大老矿、老厂、老路、老码头的活化利用,加快推进华新旧址历史文化街区、东钢工业旧址文旅综合体等项目的建设,植入生活场景、文创产业、运动休闲等元素,打造可记忆、可体验的"生活秀带"。积极推进矿冶工业遗产申报世界文化遗产。坚持文旅融合,持续办好中国(黄石)地矿科普大会,大力发展研学游。

5. 全面实施乡村振兴战略,着力提升农业农村发展新水平

巩固脱贫攻坚成果:严格落实"四个不摘"要求,深入开展"三送一稳"专项行动,整合1亿元资金支持乡村振兴和巩固产业脱贫成果,抓好脱贫攻坚与乡村振兴领导体制、工作体系、考核机制有效衔接。

推进乡村产业振兴:深化农业供给侧结构性改革,加快实施"双十双百"工程,进一步扩大茶叶、水果、蔬菜、中药材等产业的种植规模,全力打造"黄石福柑""黄石稻虾米"等农产品区域公用品牌。

6. 突出抓好长江大保护,着力绘就山水人城和谐相融新画卷

加大环境综合整治:统筹水环境、水生态、水资源、水安全、水文化,深入实施"四大行动""六大工程",突出抓好"绿满长江"行动、岸线修复治理、滨江生态廊道建设、绿色码头创建等工作,基本完成长江干支流等重点区域开山塘口治理,整体推进江堤路景建设,打造美丽长江风景线。推进大冶湖、富河、高桥河综合整治,实施排江能力倍增工程。实施"矿山复绿"行动,积极推进绿色园区、森林工厂建设,消除废水、废气、废渣等污染源,让绿色成为高质量发展的鲜明底色。开展大气污染防治,推动PM2.5和臭氧协同治理,推进污水处理提质增效,抓好土壤污染治理与修复,严控农业面源污染。

加快绿色低碳发展:落实国家碳排放达峰行动方案,实施园区循环化改造,加快大冶有色再生资源循环利用产业园、光大(黄石)静脉产业园等项目建设,培育节能环保、清洁生产、清洁能源产业,推动能源清洁低碳高效利用。坚持源头化减量、资源化利用、无害化处置,创建建筑材料循环利用项目。开展绿色创建行动,推动形成节约适度、绿色低碳、文明健康的生产生活方式。

二、"十四五"发展需求

人口、资源、环境是当今社会可持续发展进程中面临的主要问题,实现人口、资源环境的均衡和谐发展势在必行。同时,"十四五"时期是我国社会主义发展进程中的一个重要阶段,新阶段的发展必须深入贯彻新发展理念,以新发展理念把握新发展阶段、构建新发展格局,在我国开启全面建设社会主义现代化国家新征程、凝心聚力向第二个百年奋斗目标进军、经济社会向高质量发展这个宏大背景下,紧密结合黄石市"十四五"时期的地方发展需求,地质工作需要做好以下方面的支撑服务。

1. 进入新发展阶段,要求增强防范矿产资源安全风险的紧迫性

首先,充分发挥地质工作基础性、战略性、先行性作用。"地质工作搞不好,一马挡路,万马不能前行",1956年毛泽东主席对地质工作的这一高度评价在新时期赋予了地质工作新的意义。"十四五"时期,我国要基本实现新型工业化、信息化、城镇化、农业现代化,建成现代化经济体系,由于我国仍处于工业化发展阶段,因而矿产资源安全仍然是经济社会发展的瓶颈。其次,"碳达峰""碳中和"对矿产资源安全供应提出了新要求。

2. 贯彻新发展理念,要求地勘行业必须走高质量发展道路

山水林田湖草生命共同体赋存于地球岩石圈、大气圈和水圈,地质工作的对象也正是岩石圈、大气圈和水圈。随着经济新常态的出现,经济发展进入新旧动能转换期,我国对能源资源的需求已迈过峰值,地质工作的主攻方向也由解决能源资源问题逐步转向生态环境保护问题。步入后工业化时代,地质工作也在转向生态文明建设。未来数十年,地勘行业将重点对与人类生存环境关系密切的地质活动进行监测,目标是确保在不危害环境的基础上获得更多资源,同时解决环境、灾害等重大问题。以"人与自然和谐共生科学发展观、山水林田湖草生命共同体系统观"为理念,深刻领悟地质工作服务生态文明建设的定位,顺应时代发展要求,充分发挥地质工作在生态文明建设中的重要作用。

3. 当好新时代生态文明建设的重要支撑

习近平总书记在党的十九大报告中对"加快生态文明体制改革,建设美丽中国"进行了全面部署,明确指出"必须坚持节约优先、保护优先、自然恢复为主的方针,形成节约资源和环境保护的空间格局、产业结构、生产方式、生活方式,还自然以宁静、和谐、美丽",强调一是推进绿色发展,二是着力解决突出环境问题,三是加大生态系统保护力度,四是改革生态环境监督体制。

第二章　城市地质资源调查与评价

第一节　固体矿产资源评价

黄石市境内已发现矿产资源包括能源、金属、非金属、水气四大类共计79种,其中已探明资源储量的优势矿种共计43种,包括能源矿产2种(煤炭、地热)、金属矿产16种、非金属矿产23种、水资源矿产2种。黄石市矿产资源特点如下。

1. 资源丰富种类多

黄石市矿产资源丰富,素有"江南聚宝盆""三楚铜都""矿冶之城"的美誉。市内发现能源、金属、非金属和水气四大类共计79种矿产资源,已上表矿产中金、铜、钼、钴、锶、硅灰石等17种主要矿产储量居湖北省首位。沉积岩区有煤、灰岩等矿产,岩浆岩发育区有铜、铁、金、锰、铅、锌、钨、钼等各种金属矿产及大理岩、硅灰石、透辉石、透闪石等非金属矿产,火山岩区有膨润土、珍珠岩、沸石等非金属矿产。

2. 矿产资源量大质优

铜矿保有储量占全省的89.27%,矿石中有60%为富矿;铁矿石累计探明储量虽只占全省的14.06%,但产量居全省第一,矿石中有70%为富矿石;钴矿保有储量占全省的30.6%,但产量居全省第一,为国家战略矿产资源储备做出贡献;水泥用石灰岩保有储量占全省的18.7%,矿石中有80%以上为Ⅰ级品;金矿保有储量占全省的70%;天青石(锶)、硅灰石、透辉石的储量均占全省首位。

3. 中小型矿床、共伴生矿床多

截至2020年底,黄石市探明规模以上上表矿床(矿体)225处,按单矿种计为512处,共(伴)生矿床多。其中,大型矿床14处,占上表矿床总数的6.2%;中型矿床35个,占上表矿床总数的15.6%;小矿及小型矿床176处,占上表矿床总数的78.2%。黄石市全部的稀有及分散元素矿产、92%以上的有色金属矿产、92%以上的化工原料非金属矿产为共(伴)生矿床。

4. 共伴生组分多,采选冶难度大

本市岩浆热液型矿床高度集中了铁、铜、金等有用组分和银、钼、铅、锌、钴及镓、锗、铟、铼、镉、硒、碲等丰富伴生组分。这些共生、伴生组分,经综合回收利用可使一矿变多矿,大大提高了矿床的经济价值。同时,由于各种组分的赋存状态各异,也增加了采、选、冶技术的难度。

5. 资源分布集中

铁、铜、金、银、钨、钼、钴等矿产资源区域分布较为集中,主要分布于黄石市的北半部,覆盖面占黄石市总面积的40%,相对集中于铁山、铜绿山、金山店、灵乡、铜山口、鸡笼山、丰山等地;非金属矿产分散于黄石市各县(市、区)。矿产组合上也比较配套,不仅铁、铜、金矿产资源储量丰富,而且冶金辅助矿产如熔剂用灰岩、白云岩和冶金用砂等,以及水泥用灰岩、水泥配料、玻璃用砂岩、富碱玻璃原料、天青石等矿产资源储量也相当丰富,形成了以钢铁、有色和建材为主体的工业原料基地。

6. 资源潜力大

黄石市成矿条件得天独厚,从北至南发育铁山、金山店、灵乡、殷祖、阳新5个岩体,以及近40个小岩体群。黄石市矿产资源的产出与各类岩体密切相关,在大小岩体内部和周边、现有大中型矿床外围及深部均具有较大的资源潜力。特点为:一是已经预测而未探明的资源量比例较大;二是局部地段由于地质勘查程度较低、开发条件差等特点,没有进行可行性评价的资源量占一定比例;三是由于采选工艺技术的不足,许多共伴生矿产得不到有效利用,同时也表明区内蕴藏着巨大的资源利用潜力;四是以往矿山勘查开采深度较低,在大中型矿床边深部标高－1000m以下仍有较大的找矿空间。

第二节 尾矿资源调查评价

围绕黄石市大宗固体废弃物综合利用基地的建设目标,本书以大冶市尾矿资源调查评价结果为例,聚焦大冶市尾矿资源综合利用需求,在充分整合已有成果的基础上,摸清典型尾矿资源家底,开展尾矿中金属和非金属资源的综合开发利用研究,支撑推进尾矿资源综合利用,助力地质环境保护优化。

一、尾矿库分类

1. 依据尾矿库安全技术规程及库容量分类

参照《尾矿库安全技术规程》(AQ 2006—2005)和《尾矿设施设计规范》(GB 50863—2013)等规范,主要从坝高 H、库容 V 两个方面衡量。尾矿库各使用期的设计等别应根据该期的全库容和坝高分别按表2-2-1确定。当两者的等差为一等时,以高者为准;等差大于一等时,按高者降低一等。尾矿库失事使下游重要城镇、工矿企业或铁路干线遭受严重灾害风险时,其设计等别可提高一等。依据此分类标准,根据尾矿库调查成果,大冶市尾矿库有3座三等库、5座四等库,其余均为五等库;尾矿库以五等库为主,没有一等库、二等库等超大型库,库容级别一般大于或等于坝高等级。

表2-2-1 尾矿库等别分类标准表

等别	全库容 V/万 m^3	坝高 H/m	数目/座
一等库	二等库具备提高等别条件者		0
二等库	$V \geqslant 10\,000$	$H \geqslant 100$	0
三等库	$1000 \leqslant V < 10\,000$	$60 \leqslant H < 100$	3
四等库	$100 \leqslant V < 1000$	$30 \leqslant H < 60$	5
五等库	$V < 100$	$H < 30$	157

以上分类标准主要从尾矿库安全角度出发,而本次工作以资源调查和环境评价为主,如规模大于10万 m^3 的尾矿库需进行资源和环境的双重评价,而小于10万 m^3 的尾矿库主要从环境角度评价。此分类标准划分较粗糙,不利于实际工作的开展。因此,结合大冶市尾矿库实际情况和本次工作的需要,

在以上分类标准的基础上,依据各尾矿库现库容量,对类型进行重新划分,主要区别在于以规模 10 万 m^3 为界限,把五等库划分为小型和微型尾矿库,即以 1000 万 m^3、100 万 m^3、10 万 m^3 为界,分为大型尾矿库、中型尾矿库、小型尾矿库及微型尾矿库(表 2-2-2)。根据以上尾矿库库容分类标准,大冶市现有 3 座大型尾矿库、5 座中型尾矿库、31 座小型尾矿库、126 座微型尾矿库。

表 2-2-2 尾矿库库容类型划分表

类型	尾矿库容量/万 m^3	数目/座
大型	≥1000	3
中型	[100,1000)	5
小型	[10,100)	31
微型	<10	126

2. 依据原矿类型分类

依据形成尾矿的主要原矿种类进行划分(表 2-2-3),尾矿库的矿种类型可分为铁矿、铜矿、金矿、其他矿种 4 种。其中,铁矿指以铁为主要矿种的铁矿和铁铜矿等;铜矿指以铜为主要矿种的铜矿、铜铁矿、铜金矿、铜钼矿等铜多金属矿;金矿主要指以金为主要矿种的金矿、金铜矿等;其他矿种主要指未包含在以上矿种之内的其他类型,大冶市主要有钨矿、钼矿等。

表 2-2-3 尾矿库矿种类型划分表

类	铁矿	铜矿	金矿	其他矿种
业类	铁矿、铁铜矿	铜矿、铜铁矿	金矿、金铜矿	铜钨钼矿、钨矿
数目/座	113	47	4	1

据统计,大冶市共有 113 座铁矿类尾矿库、47 座铜矿类尾矿库、4 座金矿类尾矿库、1 座其他矿种尾矿库。可以看出,大冶市尾矿资源以铁矿、铜矿为主,两者占尾矿总数的 96.97%。

3. 依据尾矿库运行状态分类

依据形成尾矿库的运行状态,尾矿库可分为未闭库、已闭库两大类。其中,未闭库尾矿库泛指所有未经过闭库手续的尾矿库,含运行、停用、废弃 3 类;已闭库尾矿库可分为闭库未复垦、闭库后复垦、闭库后再利用 3 类。根据实地调查情况,多数已闭库尾矿库植被较为茂盛,部分尾矿库存在一些零散果蔬种植等,难以区分是否复垦,故本次调查中把闭库未复垦尾矿库和闭库后复垦尾矿库合并,统称为闭库尾矿库。在本次调查的尾矿库中,有 12 座运行尾矿库、2 座停用尾矿库、2 座废弃尾矿库、146 座闭库尾矿库、3 座闭库后再利用尾矿库。

二、尾矿资源分布特征

1. 尾矿库地理分布

大冶市尾矿资源分布广(表 2-2-4),共有 165 座尾矿库,主要分布在还地桥镇、金山店镇、陈贵镇、灵乡镇、大箕铺镇、金湖街道等地。其中,保安镇有 2 座,陈贵镇有 15 座,大箕铺镇有 21 座,还地桥镇有 41 座,金湖街道有 26 座,金山店镇有 42 座,刘仁八镇有 2 座,灵乡镇有 16 座。按照总库容统计,大型尾矿库总库容为 5 564.13 万 m³，中型尾矿库总库容为 696.90 万 m³，小型尾矿库总库容为 835.92 万 m³，微型尾矿库总库容为 480.36 万 m³。全市尾矿库总库容为 7 577.31 万 m³。

表 2-2-4 大冶市尾矿库地理分布表

乡镇	大型/座	中型/座	小型/座	微型/座	小计/座	总库容/万 m³	库容比例/%
保安镇				2	2	15.70	0.21
陈贵镇	1		7	7	15	2 041.89	26.95
大箕铺镇			8	13	21	186.97	2.47
还地桥镇				41	41	98.02	1.29
金湖街道	1	4	8	13	26	2 551.61	33.67
金山店镇	1	1	5	35	42	2 580.49	34.05
刘仁八镇			1	1	2	20.29	0.27
灵乡镇			2	14	16	82.34	1.09
合计	3	5	31	126	165	7 577.31	100.00

2. 依原矿类型尾矿资源分布

铁矿类尾矿库共计 113 座，有大型尾矿库 1 座、中型尾矿库 1 座、小型尾矿库 14 座、微型尾矿库 97 座。总库容 2 990.68 万 m³（表 2-2-5），占总库容的 39.47%。

铜矿类尾矿库共计 47 座，有大型尾矿库 2 座、中型尾矿库 2 座、小型尾矿库 15 座、微型尾矿库 28 座。总库容 4 054.80 万 m³，占总库容的 53.51%。

金矿类尾矿库共 4 座，有中型尾矿库 1 座、小型尾矿库 2 座、微型尾矿库 1 座。总库容 286.59 万 m³，占总库容的 3.78%。

其他矿种类尾矿库 1 座，为中型尾矿库。总库容 245.24 万 m³，占总库容的 3.23%。

表 2-2-5 不同矿种尾矿库资源分布表

矿种	大型/座	中型/座	小型/座	微型/座	小计/座	总库容/万 m³	库容比例/%
铁矿	1	1	14	97	113	2 990.68	39.47
铜矿	2	2	15	28	47	4 054.80	53.51
金矿	0	1	2	1	4	286.59	3.78
其他矿种	0	1	0	0	1	245.24	3.24
合计	3	5	31	126	165	7 577.31	100.00

从尾矿矿种角度分析（表 2-2-5），尾矿资源主要分布在铜矿类及铁矿类尾矿库中，两者占总库容的 92.98%，其次为金矿类尾矿库，其他矿种类尾矿库库容最小。

三、尾矿特征

（一）尾矿颜色、粒度

不同尾矿库尾矿的颜色、粒度相差较大。颜色主要有两种：一种是灰色—深灰色，处在尾矿库下部，属于还原环境;另一种颜色为褐色,含褐红色、褐黄色等,主要为尾矿库浅部,属于一种氧化色。根据调查结果,导致后者颜色的原因有两种,一为选矿的原矿是氧化矿石,二为尾矿中的铁矿物氧化。铁矿类、铜矿类尾矿的粒度主要为粉砂—粉细砂级,金矿尾矿一般较细,小于200目的尾砂占70%以上。

大青山尾矿库浅部为褐黄色—褐色黏土质—粉砂质尾砂,深部为深灰色—灰色细砂质尾砂;龙角山钨铜矿尾矿库浅部为褐黄色细粒砂状尾矿,深部为深灰色—黑灰色粉粒状尾矿。

(二)尾矿结构构造

1. 构造

湿尾砂主要呈泥状、黏土状、松散砂状构造,晒干后尾砂主要呈土块状、砂状构造。肉粗粒尾砂肉眼可见黄铁矿、褐铁矿、黏土矿物、石英等矿物,其他矿物包裹严重,肉眼无法区分。

2. 结构

通过光学显微镜对矿石的显微结构进行了研究,矿石的结构主要为砂状沉积(图2-2-1)。样品中的磁铁矿、褐铁矿、黄铁矿、白钨矿等反射率较高的金属矿物分散分布在由方解石、白云石、石英、辉石、斜长石、碱性长石、白云母、斜绿泥石、高岭石等组成的空隙中。

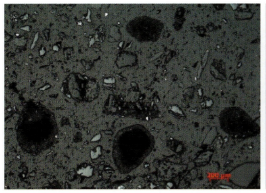
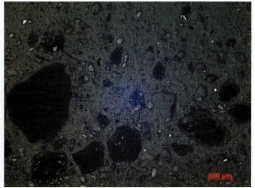

图2-2-1 尾矿结构特征图

(三)尾矿物质组成

不同类型尾矿库中尾矿的物质组成差异较大,而相同类型尾矿库中尾矿的成分也因其现状不同而有所差异。

1. 铁矿类尾矿

尾矿中主要金属矿物为黄铁矿、磁铁矿、赤铁矿,以及极少量的黄铜矿、褐铁矿。矿石矿物呈棱角状—次棱角状,粒径多为0.03~0.15mm;脉石矿物主要为长石、石英、方解石、角闪石,多呈棱角状、次棱角状、他形粒状,粒径为0.03~0.40mm。

以张敬简铁矿同和尾矿库为例,该尾矿库中尾矿主要组成矿物为片状矿物,成分为金云母(20.76%)及绿泥石(12.37%)等,并含有较多石英(9.88%)及钠长石(7.09%),另外滑石含量较高(7.39%)。金属矿物主要为黄铁矿(6.07%),少量磁铁矿(1.19%)等,含Cu矿物较少,仅偶见黄铜矿(0.01%),含Ti矿物主要为榍石(0.23%)、金红石(0.05%)及微量钛铁矿(0.02%)(表2-2-6)。

表 2-2-6 张敬简铁矿同和尾矿库尾矿矿物组成　　　　　　　　　　　　单位:%

矿物	质量分数	矿物	质量分数	矿物	质量分数	矿物	质量分数
金云母	20.76	黄铁矿	6.07	铁白云石	0.33	赤铁矿	0.04
绿泥石	12.37	正长石	5.98	磷灰石	0.31	钙铁榴石	0.04
石英	9.88	黑云母	1.65	斜长石	0.29	钛铁矿	0.02
滑石	7.39	磁铁矿	1.19	榍石	0.23	闪锌矿	0.01
钠长石	7.09	透辉石	0.94	菱铁矿	0.19	黄铜矿	0.01
镁铁闪石	6.38	白云母	0.70	褐铁矿	0.18	重晶石	0.01
蛇纹石	6.31	白云石	0.50	绿帘石	0.06	锆石	0.01
方解石	6.31	石膏	0.42	金红石	0.05	未知矿物	4.28

同和尾矿中主要化学元素组成为 O(42.81%)、Si(21.58%)、Mg(8.21%),Fe 元素含量较高(9.58%),并含少量 Al、Ca 及 K,含量分别为 4.25%、3.96% 及 3.06%(表 2-2-7)。

表 2-2-7 张敬简铁矿同和尾矿库尾矿化学成分　　　　　　　　　　　　单位:%

元素	质量分数	元素	质量分数	元素	质量分数	元素	质量分数
O	42.81	F	0.98	Zn	0.01	Y	<0.01
Si	21.58	C	0.92	Ba	<0.01	Ce	<0.01
Fe	9.58	Na	0.69	Zr	<0.01	Th	<0.01
Mg	8.21	H	0.29	Cu	<0.01	Nd	<0.01
Al	4.25	Ti	0.10	As	<0.01	Mo	<0.01
Ca	3.96	P	0.06	Pb	<0.01	Pr	<0.01
S	3.48	Cl	0.01	Hf	<0.01	Sr	<0.01
K	3.06	Mn	0.01	La	<0.01	Dy	<0.01

注:表中化学组成为 AMICS 根据矿物组成计算得出,仅供参考。

矿物颗粒粒径 80% 以上集中在 5.57～44.6μm 范围内,而 50% 以上粒径集中在 13.26～44.6μm 范围内。

2. 铜矿类尾矿

以铜山口铜矿周家园尾矿库为例,该尾矿库中尾矿主要金属矿物为黄铁矿、赤铁矿、黄铜矿、磁铁矿,以及极少量的辉钼矿、斑铜矿、褐铁矿。矿石矿物呈棱角状—次棱角状,粒径多为 0.03～0.33mm;脉石矿物主要为方解石、长石、石英、白云石,多呈棱角状、次棱角状、他形粒状,粒径为 0.02～1mm(表 2-2-8)。

表 2-2-8 铜山口铜矿周家园尾矿库尾矿矿物组成　　　　　　　　　　　　单位:%

矿物	质量分数	矿物	质量分数	矿物	质量分数	矿物	质量分数	矿物	质量分数
方解石	22.86	蛇纹石	3.62	滑石	1.26	辉钼矿	0.17	菱铁矿	0.06
石英	15.62	钙铁榴石	3.30	黑云母	0.90	高岭石	0.17	磁黄铁矿	0.04
正长石	12.16	白云母	2.24	磁铁矿	0.60	绿帘石	0.17	尖晶石	0.04

续表 2-2-8

矿物	质量分数	矿物	质量分数	矿物	质量分数	矿物	质量分数	矿物	质量分数
白云石	8.18	斜长石	2.16	褐铁矿	0.39	铁白云石	0.12	锆石	0.04
透辉石	7.62	黄铁矿	2.06	橄榄石	0.38	黄铜矿	0.12	榍石	0.03
钠长石	4.50	绿泥石	2.00	钙长石	0.35	镁铁闪石	0.07	萤石	0.02
角闪石	4.25	金云母	1.41	磷灰石	0.21	金红石	0.07	白钨矿	0.01

注：本表统计数据有未知矿物未列入。

尾矿中主要元素为 O(46.22%)、Si(19.78%)、Ca(14.41%)，另含少量 Fe、Mg、Al 及 K 等元素（表 2-2-9）。

表 2-2-9　铜山口铜矿周家园尾矿库尾矿化学组成　　　　单位：%

元素	质量分数	元素	质量分数	元素	质量分数
O	46.22	S	1.26	Zr	0.02
Si	19.78	Na	0.46	W	0.01
Ca	14.41	F	0.11	V	0.01
Fe	4.27	Mo	0.11	Mn	0.01
C	3.93	H	0.07	Cl	<0.01
Mg	3.88	Ti	0.05	Sr	<0.01
Al	3.17	Cu	0.04	Zn	<0.01
K	2.15	P	0.04		

注：表中化学组成为 AMICS 根据矿物组成计算得出，仅供参考。

在石头咀铜铁矿老尾矿库中，表层尾矿主要金属矿物为黄铁矿、黄铜矿、赤铁矿，以及少量的磁铁矿、褐铁矿。矿石矿物呈棱角状—次棱角状，粒径多为 0.01~0.14mm；脉石矿物主要为绢云母、石英、高岭石，多呈小鳞片状、棱角状、次棱角状、他形粒状，粒径为 0.01~0.4mm。

由上述可见，在铜矿类尾矿库尾矿中，脉石矿物主要为石英、长石、方解石、绢云母，主要金属矿物为磁铁矿、赤铁矿、黄铜矿和少量的褐铁矿。

3. 金矿类尾矿

以大青山金铜矿尾矿库为例，尾矿主要组成矿物为碳酸盐矿物，成分主要为方解石(24.62%)及菱铁矿(13.29%)，另含少量石英(8.25%)及黑云母(6.69%)等，并含有较多铁白云石(8.45%)。金属矿物主要为黄铁矿(7.67%)、磁铁矿(3.67%)及赤铁矿(2.21%)等，含有微量含铜矿物，成分为黄铜矿、铜蓝及斑铜矿（表 2-2-10）。

表 2-2-10　大青山金铜矿尾矿库尾矿矿物组成　　　　单位：%

矿物	质量分数	矿物	质量分数	矿物	质量分数	矿物	质量分数
方解石	24.62	磁铁矿	3.67	石膏	1.33	萤石	0.08
菱铁矿	13.29	未知矿物	3.28	钠长石	1.29	金红石	0.05
石英	8.25	绿泥石	2.36	高岭石	1.06	钙长石	0.04
黄铁矿	7.67	赤铁矿	2.21	白云石	0.89	黄铜矿	0.03

续表 2-2-10

矿物	质量分数	矿物	质量分数	矿物	质量分数	矿物	质量分数
黑云母	6.69	钾长石	1.93	角闪石	0.62	橄榄石	0.02
高岭石	6.00	伊利石	1.86	白云母	0.52	榍石	0.01
绿帘石	4.09	钙铁榴石	1.56	磁黄铁矿	0.20		
铁白云石	8.45	辉石	1.48	磷灰石	0.13		

注：本表统计数据有未知矿物未列入。

尾矿中主要元素为 O(40.63%)、Fe(19.45%)、Ca(14.73%)，Si 元素为 9.90%，S 元素为 4.63%，另含少量 Al、Mg、K 及 Mn 等元素(表 2-2-11)。

表 2-2-11 大青山金铜矿尾矿库尾矿化学组成　　单位：%

元素	质量分数	元素	质量分数
O	40.63	K	1.08
Fe	19.45	Mn	0.18
Ca	14.73	H	0.17
Si	9.90	Ti	0.13
C	5.14	Na	0.13
S	4.63	F	0.06
Al	2.55	P	0.03
Mg	1.17	Cu	0.01

注：表中化学组成为 AMICS 根据矿物组成计算得出，仅供参考。

4. 其他类(钨矿)尾矿

以大冶市龙角山尾矿库尾矿为例，尾矿主要金属矿物为黄铁矿、磁铁矿，以及少量的赤铁矿、黄铜矿、褐铁矿，斑铜矿、辉铜矿、白钨矿少见(表 2-2-12)。矿石矿物呈他形粒状、棱角状—次棱角状，粒径多为 0.005～0.25mm。脉石矿物主要为方解石、石榴子石、透辉石、石英等。脉石矿物多呈棱角状、次棱角状、他形粒状，粒径为 0.01～0.12mm。

表 2-2-12 龙角山尾矿库尾矿矿物组成　　单位：%

工艺类型	矿物	质量分数	小计
金属氧化物	磁铁矿	2.17	4.37
	赤铁矿	0.51	
	褐铁矿	1.13	
	褐锰矿	0.56	
金属硫化物	黄铁矿	2.50	2.90
	磁黄铁矿	0.20	
	斑铜矿	0.10	
	黄铜矿	0.10	

续表 2-2-12

工艺类型	矿物	质量分数	小计
钨酸盐矿物	白钨矿	0.31	0.31
碳酸盐矿物	方解石	34.45	36.19
	白云石	1.74	
硅酸盐矿物	钙铁榴石	26.54	55.11
	铝榴石	1.42	
	石英	13.65	
	橄榄石	1.12	
	辉石	3.63	
	角闪石	0.54	
	斜长石	1.37	
	碱性长石	2.63	
	白云母	1.03	
	斜绿泥石	1.13	
	高岭石	1.41	
	伊利石	0.64	
其他矿物	菱铁矿、方铈矿、钙钛矿、辉钼矿、锆石、重晶石、钛铁矿等	1.12	1.12

尾矿中主要成分为 Fe_2O_3(22.68%)、SiO_2(28.46%)、CaO(29.84%)等，S 元素质量分数为 1.97%，WO_3 质量分数为 0.301%，另含少量 Al、Mg、K 及 Mn 等元素（表 2-2-13），以及微量 Co、Ni 等元素。

表 2-2-13　大青山尾矿库尾矿 X 射线荧光光谱定性分析结果　　　　单位：%

成分	质量分数	成分	质量分数	成分	质量分数	成分	质量分数
WO_3	0.301	Al_2O_3	3.57	NiO	0.001 9	MoO_3	0.019 1
CuO	0.109	SiO_2	28.46	ZnO	0.05	RuO_4	0.004 6
Fe_2O_3	22.68	P_2O_5	0.098 1	Ga_2O_3	0.003 7	Ag_2O	0.003 6
S	1.97	TiO_2	0.124	GeO_2	0.001 5	SnO_2	0.008 5
CaO	29.84	V_2O_5	0.027 9	Rb_2O	0.001	BaO	0.016 2
Na_2O	0.246	Cr_2O_3	0.005	SrO	0.022	HgO	0.012 2
K_2O	0.383	MnO	0.426	Y_2O_3	0.001 3	PbO	0.005
MgO	3.84	Co_3O_4	0.004 5	ZrO_2	0.003 9	U_3O_8	0.002 6

注：仅为定性分析结果，有未知成分未列入。

(四)尾矿有用元素评价

本次尾矿库基础信息调查时共采取化学样 184 件，其中大型、中型尾矿库取样 2～3 件，小型、微型尾矿库选取1件。由于部分尾矿年代久远或已复垦开发利用,表层覆盖较厚未能取到尾砂,剔除不合格样品后最终送样142件。在周家园等5个尾矿库共完成钻孔27个,钻深512.84m,采取化学样(劈芯样)316件。

铜矿类、金矿类尾矿库主要评价了Cu、Au、TFe等元素,铁矿类尾矿库主要评价了TFe、Co等元素。根据原矿共伴生元素的种类,对大中型矿山的尾矿库进行了分析测试。另外,为了整体评价黄石市稀有、稀散、稀土元素在尾矿中的特征及重金属元素污染情况,在大型和中型尾矿库中测试了Cu、Hg、As、Pb、Zn、Cr、Ni、Li、Be、Nb、Ta、Zr、Sr、Hf、Rb、Cs、Ga、Ge、In、Cd、Tl、Re、Se、Te、稀土元素等。

1. 铁矿类尾矿库

在尾矿库基础信息调查时,在金山店铁矿锡冶山尾矿库等91座铁矿类尾矿库取样94件,在张敬简铁矿同和尾矿库通过钻探取尾砂样35件。

94件铁矿类尾砂样品中,TFe最高品位57.77%,最低品位2.60%,平均品位12.46%。经分析,TFe含量最高的两件样品分别位于大冶市张治祥选厂尾矿库和大冶市张军选厂尾矿库,两个尾矿库均属私人选冶厂尾矿库,库容很小,可能受到污染,不具代表性;剔除异样样品后,TFe最高品位31.45%,最低品位小于2.60%,平均品位11.48%。

Co分析样品91件,尾矿样品最高品位0.067%,最低品位低于0.001%,平均品位0.01%。

Cu分析样品10件,尾矿样品最高品位0.088%,最低品位0.005%,平均品位0.036%。

Au分析样品5件,尾矿样品最高品位0.1g/t,最低品位0.05g/t,平均品位0.06g/t。

张敬简铁矿同和尾矿库尾矿样品TFe最高品位12.2%,最低品位5.95%,加权平均品位7.11%;Co最高品位0.033%,最低品位0.006%,加权平均品位0.011%。

综上所述,铁矿类尾矿库尾矿样品TFe平均品位超过10%,Co平均品位0.01%,均具有一定的开发利用潜力;而Cu、Au等其他元素含量较低,达不到综合利用的标准。

2. 铜矿类尾矿库

在尾矿库基础信息调查时,在铜山口铜矿周家园尾矿库等37座铜(铁)矿尾矿库取样41件,在周家园尾矿库、石头咀尾矿库、东角山铜矿尾矿库通过钻探取尾砂样211件。

41件铜矿类尾砂样品中,Cu最高品位1.38%,最低品位小于0.001%,平均品位0.125%。经分析,最高品位的样品均位于大冶市长松矿业有限责任公司尾矿库,库容很小,可能受到污染,不具代表性。剔除异样样品后,Cu最高品位0.34%,最低品位小于0.001%,平均品位0.093%。

Au分析样品38件,尾矿样品最高品位1.15g/t,最低品位0.024g/t,平均品位0.14g/t。

TFe分析样品37件,尾矿样品最高品位27.14%,最低品位2.30%,平均品位10.95%。

Ag分析样品6件,尾矿样品最高品位6.7g/t,最低品位2g/t,平均品位4.6g/t;

周家园尾矿库尾矿样品Cu最高品位0.22%,最低品位0.05%,加权平均品位0.11%;Mo最高品位0.03%,最低品位0.011%,加权平均品位0.017%。

石头咀铜铁矿老尾矿库尾矿样品Cu最高品位0.11%,最低品位0.02%,加权平均品位0.063%;TFe最高品位16.0%,最低品位8.70%,加权平均品位11.99%;Au最高品位0.08g/t,最低品位0.03g/t,加权平均品位0.04g/t。

东角山铜矿尾矿库尾矿样品Cu最高品位0.23%,最低品位0.06%,加权平均品位0.14%;TFe最高品位13.2%,最低品位9.88%,加权平均品位12.5%。

综上所述,铜矿类尾矿库尾矿样品中Cu平均品位大于0.1%,TFe平均品位大于10%;其他金属元素的含量不一,与原矿山的伴生元素含量有关,如铜山口铜矿周家园尾矿库尾矿中Mo的含量较高,均具有一定的开发利用潜力。

3. 金矿类尾矿库

在尾矿库基础信息调查时,在大青山等3座金(铜)矿类尾矿库取样7件,在大青山尾矿库通过钻探取尾砂样48件。

7件金矿尾砂样品中,Au最高品位0.29g/t,最低品位小于0.024g/t,平均品位0.13g/t;Cu最高品位0.054%,最低品位0.009%,平均品位0.035%;TFe最高品位9.70%,最低品位4.78%,平均品位7.91%;Ag最高品位4.12g/t,最低品位2.05g/t,平均品位3.60g/t。

大青山金铜矿尾矿库尾矿样品中,Cu最高品位0.26%,最低品位0.05%,加权平均品位0.10%;Au最高品位0.57g/t,最低品位小于0.12g/t,加权平均品位0.28g/t;TFe最高品位22.40%,最低品位13.40%,加权平均品位16.88%。

综上所述,金(铜)矿类尾矿库中Au平均品位0.13g/t,Cu平均品位0.035%,含量均较低,有价元素回收利用价值较小,但是个别尾矿库如大青山金铜矿尾矿库中的Au、Cu等具有一定的回收价值。

4. 其他类尾矿库

龙角山钨铜矿尾矿库尾砂中WO_3质量分数为0.28%,大于一般工业品位,TFe质量分数为13.85%,Cu质量分数为0.072%,均具有的综合回收利用价值;尾矿样品中Au、Ag等贵金属含量未见异常。

(1)WO_3:WO_3的载体主要为白钨矿,分析样品中白钨矿质量分数为0.28%,解离度为75%~85%,粒度集中在10~50μm,大部分呈星点状被黏土矿物、方解石和石英等脉石矿物紧密围绕(图2-2-2)。

图2-2-2 白钨矿的背散射图像(BSE)

(2)TFe:样品分析中TFe的质量分数为14.4%,通过矿相显微镜、电子显微镜、X射线能谱、X射线衍射等分析手段,发现铁的载体矿物包括磁铁矿、赤铁矿、褐铁矿、褐锰矿、黄铁矿、磁黄铁矿、钙铁榴石。其中,比较重要的独立矿物为磁铁矿、黄铁矿。

(3)S:化学分析S的质量分数为1.23%,通过矿相显微镜、电子显微镜、X射线能谱、X射线衍射等分析手段,发现硫的载体矿物主要包括黄铁矿、磁黄铁矿、斑铜矿、黄铜矿,偶见辉钼矿(图2-2-3),嵌布关系较复杂。其中,最重要的硫的载体矿物为黄铁矿,质量分数为2.5%。

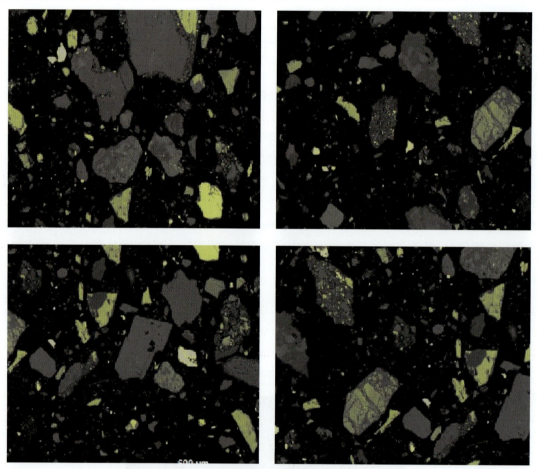

图 2-2-3 钙铁榴石 X 射线相分布图
注：黄色为钙铁榴石

(五)尾矿库中稀有、稀散、稀土元素评价

结合大冶市矿产资源中共伴生元素实际情况，对大中型尾矿库中稀有、稀散、稀土元素进行评价。在金山店铁矿锡冶山尾矿库等 7 座典型的尾矿库中共采取 19 件样品，对 9 种稀有元素（锂、铍、铌、钽、锆、锶、铪、铷、铯）、7 种稀散元素（镓、锗、铟、镉、铊、铼、碲）和稀土总量进行了分析。另外，在铜山口周家园等 5 座尾矿库的钻孔中取样 18 件，也对其中稀有、稀散、稀土元素进行了分析。

1. 稀有元素

Li 最高品位 51.1g/t，最低品位 8.51g/t，平均品位 19.5g/t；Be 最高品位 6.97g/t，最低品位 1.06g/t，平均品位 2.46g/t；Nb 最高品位 14.2g/t，最低品位 2.87g/t，平均品位 6.64g/t；Ta 最高品位 0.80g/t，最低品位 0.18g/t，平均品位 0.43g/t；Zr 最高品位 74.9g/t，最低品位 20.6g/t，平均品位 42.0g/t；Sr 最高品位 526g/t，最低品位 244g/t，平均品位 350g/t；Hf 最高品位 2.16g/t，最低品位 0.75g/t，平均品位 1.44g/t；Rb 最高品位 105.0g/t，最低品位 25.7g/t，平均品位 56.4g/t；Cs 最高品位 6.67g/t，最低品位 1.27g/t，平均品位 4.11g/t。

主要尾矿库中稀有元素含量均较低（表 2-2-14），经与《矿产资源工业要求手册（2014 年修订本）》（《矿产资源工业要求手册》编委会，2014）对比分析，一般低于最低工业（边界）品位 1~2 个数量级则难以进行综合利用。

表 2-2-14 主要尾矿库中稀有金属元素分析结果　　　　　　　　　　　　单位:g/t

尾矿库名称	样号编号	尾矿类型	Li	Be	Nb	Ta	Zr	Sr	Hf	Rb	Cs
灵乡选矿场尾矿库	LX01-01	铁	16.4	1.30	5.98	0.44	42.5	321	1.41	35.4	5.27
	LX01-02	铁	16.3	1.28	5.74	0.44	39.2	332	1.38	33.8	5.13
铜山口铜矿周家园尾矿库	CG03-01	铜	16.2	1.21	4.07	0.28	24.3	442	0.89	66.8	6.67
	CG03-02	铜	17.6	1.06	4.08	0.27	29.8	375	0.95	62.2	5.70
	CG03-03	铜	21.1	1.20	5.67	0.39	40.9	326	1.31	70.5	6.16
石头咀(新)尾矿库	JH01-01	铁	42.6	2.12	4.47	0.28	32.4	286	1.02	50.5	4.78
	JH01-02	铁	51.1	2.61	3.65	0.25	31.7	339	1.03	57.1	6.30
铜绿山尾矿库	JH05-01	铜铁	9.67	6.70	6.30	0.38	40.9	379	1.70	32.6	1.50
	JH05-02	铜铁	9.25	6.91	6.92	0.43	42.9	359	1.95	31.4	1.42
	JH05-03	铜铁	8.51	6.97	6.77	0.40	39.7	301	1.63	28.1	1.27
鸡冠嘴金铜矿大青山尾矿库	JH08-01	金铜	9.96	1.36	5.18	0.35	33.2	351	1.00	50.2	4.30
	JH08-02	金铜	11.3	1.33	5.22	0.36	35.2	379	1.21	54.7	4.35
	JH08-03	金铜	10.0	1.32	4.97	0.33	34.5	365	1.07	52.2	4.67
三鑫公司冯家山尾矿库	JH13-01	金铜	33.5	3.23	14.2	0.56	37.9	526	1.92	92.0	5.83
	JH13-02	金铜	9.34	1.09	8.85	0.59	59.8	407	1.86	44.2	1.96
	JH13-03	金铜	10.2	1.18	2.87	0.18	20.6	367	0.75	25.7	3.59
金山店铁矿锡山尾矿库	JSD01-01	铁	23.8	1.93	10.5	0.80	74.9	244	2.16	89.4	3.04
	JSD01-02	铁	25.6	2.07	10.2	0.77	68.7	267	2.12	89.3	3.04
	JSD01-03	铁	28.5	1.87	10.6	0.70	68.9	278	2.05	105.0	3.06

2. 稀散元素

Ga 最高品位 38.9g/t,最低品位 8.5g/t,平均品位 17.2g/t;Cd 最高品位 0.45g/t,最低品位 0.07g/t,平均品位 0.23g/t;Tl 最高品位 0.57g/t,最低品位 0.01g/t,平均品位 0.12g/t;In 最高品位 2.14g/t,最低品位 0.08g/t,平均品位 0.75g/t;Te 最高品位 2.89g/t,最低品位 0.08g/t,平均品位 0.79g/t;Re 最高品位 0.08g/t,最低品位 0.002 8g/t,平均品位 0.02g/t;Ge 最高品位 30.00g/t,最低品位 1.22g/t,平均品位 5.72g/t;Se 最高品位 7.55g/t,最低品位 0.25g/t,平均品位 2.66g/t(表 2-2-15)。

Ga 在铜绿山尾矿库、许家咀矿业有限公司尾矿库中含量均较高,平均品位分别为 29.1g/t、38.9g/t,达到 Ga 伴生元素的最低工业指标要求(>22g/t)。In 在大青山尾矿库中含量均较高,平均品位 2.03g/t,接近 In 伴生元素的最低工业指标要求(5g/t)。Te 在大青山尾矿库、许家咀矿业有限公司尾矿库中含量均较高,平均品位分别为 2.66g/t、1.19g/t,达到或接近 Te 伴生元素的最低工业指标要求(2g/t)。Ge 在铜绿山尾矿库中含量均较高,平均品位 22.2g/t,达到 Ge 伴生元素的最低工业指标要求(>20g/t)。其他元素在尾矿中含量均较低,达不到可回收利用的最低工业品位。

综上所述,Ga、In、Te、Ge 等元素在铜绿山矿田的铜、金矿床中富集,在尾矿中含量也较高,综合利用这些尾矿库时应注意回收利用。

表 2-2-15 主要尾矿库中稀散元素分析结果 单位:g/t

尾矿库名称	样号编号	尾矿类型	Ga	Cd	Tl	In	Te	Re	Ge	Se
灵乡选矿场尾矿库	LX01-01	铁	11.7	0.11	0.06	0.12	0.19	0.03	1.96	0.46
	LX01-02	铁	11.4	0.07	0.03	0.11	0.19	0.01	2.01	0.43
铜山口铜矿周家园尾矿库	CG03-01	铜	11.2	0.27	0.43	0.27	0.79	0.01	2.44	3.96
	CG03-02	铜	8.5	0.42	0.53	0.19	0.80	0.01	1.99	3.21
	CG03-03	铜	10.3	0.36	0.57	0.19	0.65	0.01	2.02	2.95
石头咀(新)尾矿库	JH01-01	铁	11.9	0.08	0.01	1.10	0.45	0.02	7.07	1.46
	JH01-02	铁	14.0	0.10	0.01	1.15	0.43	0.02	6.96	1.21
铜绿山尾矿库	JH05-01	铜铁	25.8	0.19	0.01	0.65	0.62	0.04	17.00	3.92
	JH05-02	铜铁	28.7	0.16	0.01	0.69	0.56	0.04	19.60	4.07
	JH05-03	铜铁	32.8	0.20	0.01	0.91	0.57	0.04	30.00	3.47
许家咀矿业有限公司尾矿库	JH06-01	铜铁	38.9	—	—		1.19	0.08	—	7.55
鸡冠嘴金铜矿大青山尾矿库	JH08-01	金铜	12.8	0.12	0.05	1.95	2.34	0.03	1.60	0.74
	JH08-02	金铜	14.0	0.13	0.10	2.02	2.75	0.01	1.73	0.83
	JH08-03	金铜	13.6	0.12	0.08	2.14	2.89	0.0033	1.61	0.85
三鑫公司冯家山尾矿库	JH13-01	金铜	30.7	0.45	0.25	0.15	0.18	0.02	1.92	0.25
	JH13-02	金铜	12.0	0.20	0.01	1.45	0.37	0.04	2.40	1.03
	JH13-03	金铜	12.6	0.25	0.15	0.99	0.40	0.03	4.68	2.34
金山店铁矿锡冶山尾矿库	JSD01-01	铁	14.7	0.42	0.01	0.08	0.14	0.0028	1.22	7.13
	JSD01-02	铁	14.2	0.39	0.01	0.09	0.16	0.01	1.26	4.20
	JSD01-03	铁	13.9	0.29	0.01	0.09	0.08	0.03	1.28	3.23

3. 稀土元素

稀土总量最高品位 272.30g/t,最低品位 60.49g/t,平均品位 156g/t(表 2-2-16)。

尾矿库中稀土元素以 Ce、La、Nd 等轻稀土元素为主。根据稀土元素总量评价行业标准《稀土矿产地质勘查规范》(DZ/T 0204—2002),轻稀土独居石砂矿边界品位为 $100\sim200g/m^3$,本次评价的尾矿库中除铜山口铜矿周家园尾矿库外,其他尾矿库样品大多超过该边界品位,其中金山店锡冶山尾矿库样品中含量最高,平均品位 269.5g/t,均具一定的综合回收价值,应注意综合回收利用。

(六)尾矿资源综合利用评价

面对日益减少的矿产资源,科学利用和合理开发显得尤为重要。尾矿资源综合利用与资源化是解决资源匮乏、治理与保护环境的根本措施。只有对开采、制造及使用过程中丢失和废弃的尾矿等进行再生利用,使其成为"第二资源",才能使人类赖以生存的矿产资源得以持续。尾矿资源综合利用与资源化,不仅可以直接带来经济效益,还能产生良好的环境效益与社会效益。面对日益严重的生态问题,无污染的开采资源、废弃矿产资源综合利用与资源化是大势所趋。矿山尾矿可以制造砖、水泥、陶瓷材料、

表 2-2-16 主要尾矿库中稀土元素分析结果

单位：g/t

尾矿库名称	样号编号	Nd	Ce	Sm	Eu	Gd	Tb	Dy	Ho	Er	Tm	Yb	Lu	Sc	Pr	Y	La	ΣREE
灵乡选矿场尾矿库	LX01-01	15.2	45.0	2.40	0.69	2.24	0.32	1.66	0.33	0.97	0.15	0.97	0.15	4.23	4.35	9.53	37.6	125.79
	LX01-02	15.4	46.4	2.69	0.76	2.41	0.34	1.77	0.36	1.00	0.16	1.02	0.16	4.02	4.48	9.93	36.3	127.20
铜山口铜矿周家园尾矿库	CG03-01	8.66	24.1	1.54	0.48	1.29	0.18	0.92	0.18	0.52	0.08	0.50	0.08	2.67	2.56	4.88	13.4	62.04
	CG03-02	8.37	22.1	1.58	0.41	1.31	0.20	1.08	0.21	0.63	0.09	0.58	0.09	3.57	2.35	5.92	12.0	60.49
	CG03-03	9.09	27.7	1.68	0.44	1.48	0.24	1.26	0.25	0.74	0.11	0.72	0.11	4.39	2.63	7.01	13.8	71.65
石头咀(新)尾矿库	JH01-01	19.0	59.3	2.38	0.75	2.20	0.27	1.30	0.24	0.72	0.10	0.69	0.11	2.58	5.64	6.68	53.6	155.56
	JH01-02	15.0	48.8	2.27	0.72	1.94	0.26	1.21	0.23	0.68	0.10	0.67	0.10	2.62	4.47	6.25	36.6	121.92
铜绿山尾矿库	JH05-01	20.7	55.9	3.45	1.41	2.82	0.40	2.02	0.39	1.12	0.17	1.00	0.15	4.90	6.10	10.9	32.1	143.53
	JH05-02	21.7	51.0	3.35	1.41	2.70	0.39	1.98	0.37	1.10	0.16	0.99	0.15	4.57	5.80	10.3	30.5	136.47
	JH05-03	18.6	50.0	3.07	1.60	2.63	0.36	1.75	0.33	0.99	0.14	0.90	0.13	3.75	5.47	9.90	27.8	127.42
鸡冠嘴铜矿大青山尾矿库	JH08-01	22.2	60.8	3.19	1.31	2.87	0.38	1.95	0.38	1.11	0.16	1.00	0.16	3.86	6.25	11.3	50.2	167.12
	JH08-02	22.9	62.2	3.16	1.32	2.87	0.38	1.96	0.38	1.11	0.16	1.03	0.15	3.98	6.06	11.5	49.9	169.06
	JH08-03	22.6	62.5	3.33	1.33	2.97	0.40	2.03	0.38	1.14	0.16	1.03	0.15	4.03	6.31	11.8	52.6	172.76
三鑫公司冯家山尾矿库	JH13-01	40.5	99.1	6.49	1.91	5.50	0.72	3.48	0.65	1.85	0.28	1.68	0.26	19.0	10.70	18.2	61.2	271.52
	JH13-02	28.3	58.9	4.54	1.10	4.42	0.66	3.84	0.76	2.15	0.31	1.87	0.28	5.62	7.42	26.3	34.3	180.77
	JH13-03	8.66	23.8	1.43	0.51	1.20	0.18	0.94	0.19	0.55	0.08	0.50	0.08	1.86	2.53	5.73	13.1	61.34
金山店铁矿锡冶山尾矿库	JSD01-01	35.1	97.5	5.53	1.18	5.10	0.75	4.30	0.86	2.66	0.38	2.45	0.35	7.42	9.83	24.6	66.5	264.51
	JSD01-02	33.5	101.5	5.41	1.21	5.44	0.78	4.33	0.88	2.73	0.39	2.56	0.36	7.28	9.98	24.8	70.6	271.75
	JSD01-03	36.7	100.2	5.34	1.18	5.44	0.79	4.44	0.86	2.61	0.40	2.47	0.37	7.30	10.1	25.0	69.1	272.30

新型玻璃材料、建筑微晶玻璃等建筑材料,不但解决了环境污染、维持了生态平衡,而且实现了尾矿的综合利用和资源化。

(七)尾矿资源综合利用方向

1. 尾矿回收有价金属元素

以往由于选矿工艺、技术手段、开发成本的限制,大量矿山尾矿资源未充分进行选冶利用,导致部分主要矿产及伴生有用、有益矿产均堆放在尾矿库中。随着选冶工艺、技术手段、开发成本、市场需求的革新和改变,尾矿资源的开发价值得以大大提升。

以龙角山铜矿尾矿库为例,尾矿中 WO_3 品位为 0.26%,远超工业指标,资源储量达 0.8 万 t,近中型矿床的规模,其中还有铁、铜等其他有价金属,其综合开发价值极高。据估算,黄石地区中型以上规模的尾矿库开发价值就超百亿,均极具开发利用价值。

从资源的角度看,尾矿中有价金属矿产均属不可再生资源,大冶地区金属矿产具有共伴生元素多的特点,含有镓、铼、锗、碲等稀有元素。这些稀有元素由于各种原因很多都遗留在尾矿库中,再次开发利用尾矿资源时,必须考虑回收这部分稀有矿产。总之,尾矿库综合利用时必须首先评价其中的有价金属元素的价值,综合评估后再决定是否回收利用。

2. 尾矿生产建筑材料

尾矿中金属元素在尾矿中占比不到 5%,绝大部分为富含 SiO_2、Al_2O_3、$CaCO_3$ 等的非金属矿物,可以通过现有的成熟工艺生产建筑材料,主要有尾矿制砖、水泥掺和料、建筑用砂、混凝土骨料、陶瓷材料、新型玻璃材料等。

以尾砂制砖为例,采用尾矿为原料研发的产品有免烧砖、透水砖、蒸压砖、加气混凝土切块等,其中免烧砖是以密度较小的细粒石英砂尾矿为主料,经钙化处理而获得的一种新型建筑制品,透水砖中高硅尾矿掺入量达 80% 左右,外加一些煤矸石、黏土,注意合适的颗粒级配经过烧结成型制得。

硅酸盐水泥生产中一般需要配一定比例的黏土和铁,而铁矿类、铜矿类尾矿主要成分与水泥生料所用黏土质原料接近,同时还含有校正原料铁,完全可以替代水泥生产所需的全部黏土。利用尾矿作为混凝土细骨料、铁路和公路筑路碎石以及建筑用砂的成功例子较多,其应用较为广泛。

总之,利用尾矿生产建筑材料已有一些成熟技术,但主要是借鉴建材行业已有的成熟工艺,其特点是利用量较大,但原始创新性不足、产品附加值低、销售半径小,没有显示出生产成本、运输成本和产品质量的综合优势。

3. 尾矿充填矿山采空区

矿山采空区回填是直接利用尾矿最行之有效的途径之一,尤其对于无处设置尾矿库的矿山企业,利用尾矿回填采空区就具有很好的环境和经济意义。胶结充填采矿法目前已属于成熟技术,可以使地下采矿回采率提高 20%~50%,并使原来根本无法开采的且位于水体下面、重要交通干线下面和居民区下面的矿体能够被开采出来。理想的胶结充填采矿法可完全避免地表塌陷和基本避免破坏地下水平衡造成的重大危害。

随着我国建设绿色矿山的规划,提高资源综合利用率、节能减排、保护环境、科学发展的模式得到人们的普遍认同,全尾砂胶结充填在以上这些方面具有明显的优越性。全尾砂胶结充填技术是一种新型高效的充填方式,随着该技术在矿山的实施运用,能最大限度地利用尾矿资源,以减少对环境的污染和土地、资源的浪费。可以从根本上解决矿产资源开采带来的环境和安全问题,同时还能充分地回收矿产资源,可促进采矿工业与资源、环境、安全的协调发展,避免或减轻对大气、水体、土壤的污染,保护地表生态环境,节能减排降耗,保护人民群众的生命财产安全,提高矿山开采经济效益和社会效益。

4. 尾矿用于制作肥料

有些尾矿中含有植物生长所需要的多种微量元素,经过适当处理可制成用于改良土壤的微量元素肥料。20世纪90年代中钢集团马鞍山矿山研究总院将磁化尾矿加入到化肥中制成磁化尾矿复合肥,并建成一座年产10 000t的磁化尾矿复合肥厂,在尾矿利用上起到了变废为宝的效果。但这些只停留在对少量尾矿的利用上,还无法减少大宗尾矿的堆存。

5. 尾矿制备高附加值产品

(1)制备新型材料:尾矿矿物成分和化学组成常与一些建材、轻工、无机化工原料较为接近,是一种不完善的天然混合料,可以通过掺入少量其他原料,经适当调配且经过一定的制备工艺来开发新产品,如微晶玻璃、建筑陶瓷等。利用尾矿制备微晶玻璃属高层次尾矿利用途径在国内已有30多年的研发历史。微晶玻璃是由基础玻璃控制晶化而形成的微晶体和玻璃品,为均匀分布的复合多晶陶瓷,兼有玻璃和陶瓷的性能,具机械强度高、耐腐蚀、耐磨、抗氧化、热稳定性好等特点。

(2)作为土壤改良剂:尾矿中含有大量的微量元素,经过适当处理可制成用于改良土壤的微量元素肥料,针对这一理化特性,长春金世纪矿业技术开发有限公司与国外某科研机构共同探索,进行了利用尾矿制作土壤改良剂方面的探索性试验研究,并取得了突破性进展。

(3)制备泡沫混凝土:泡沫混凝土也称为发泡混凝土,尾矿具有合理的颗粒级配,是泡沫混凝土理想的填充料,矿山尾矿在泡沫混凝土中起到了一定的骨架作用,可以提高混凝土的抗压强度和耐久性。

四、典型尾矿库综合利用分析

选择龙角山铜矿尾矿库作为研究目标,进行选冶实验。确定龙角山尾矿的物质组成及矿石性质,分别提出有价金属和非金属矿物的综合回收方案,主要包括提出钨、磁性铁、硫铁矿等金属矿物的选矿回收工艺技术方案,以及其余非金属尾矿的选矿分离工艺技术方案,为该尾矿库资源的综合开发利用提供技术依据,为大冶市尾矿资源综合开发利用树立典范。

(一)工艺矿物学研究

1. 物质组成

化学分析结果表明,样品中WO_3质量分数为0.26%,Cu质量分数为0.072%,S质量分数为1.23%,主量成分SiO_2、CaO、TFe质量分数分别为29.82%、25.87%、14.40%。样品中Au、Ag等贵金属元素,稀有元素,稀土元素和稀散元素未见异常。

在矿物分类的基础上,通过薄片鉴定、光片鉴定、电子显微镜、X射线能谱及X射线衍射,确定了矿石中矿物的类型,对其相对含量进行了统计。将矿物划分为六大工艺类型矿物,即金属氧化物(4.37%)、金属硫化物(2.90%)、钨酸盐矿物(0.31%)、碳酸盐矿物(36.19%)、硅酸盐矿物(55.11%)和其他矿物(1.12%)。质量分数大于1%的矿物有磁铁矿(2.17%)、褐铁矿(1.13%)、黄铁矿(2.50%)、方解石(34.45%)、白云石(1.74%)、钙铁榴石(26.54%)、铝榴石(1.42%)、石英(13.65%)、橄榄石(1.12%)、辉石(3.63%)、斜长石(1.37%)、碱性长石(2.63%)、白云母(1.03%)、斜绿泥石(1.13%)、高岭石(1.41%)。另外,白钨矿质量分数为0.31%。

2. 结构构造

样品主要为选铜尾矿，呈现土状构造，为黑褐色，肉眼可见黄铁矿、褐铁矿、黏土矿物、石英等矿物，其他矿物包裹严重，无法用肉眼区分；通过光学显微镜对矿石的显微结构进行了研究，结果显示矿石的结构主要为砂状沉积结构。样品中磁铁矿、褐铁矿、黄铁矿、白钨矿等反射率较高的金属矿物分散在方解石、白云石、钙铁榴石、石英、辉石、斜长石、碱性长石、白云母、斜绿泥石、高岭石等组成的空隙中。

3. 工艺粒度

钙铁榴石的工艺粒度整体偏细：0.15mm 累计筛上占比 9.42%，0.075mm 累计筛上占比 25.77%，0.022mm 累计筛上占比 73.13%；0.15mm 累计筛下占比 90.58%，0.075mm 累计筛下占比 74.23%，0.022mm 累计筛下占比 26.87%。

石英的工艺粒度整体偏细：0.15mm 累计筛上占比 7.44%，0.075mm 累计筛上占比 22.8%，0.022mm 累计筛上占比 71.91%；0.15mm 累计筛下占比 92.56%，0.075mm 累计筛下占比 77.20%，0.022mm 累计筛下占比 28.09%。

方解石的工艺粒度整体偏细：0.15mm 累计筛上占比 3.19%，0.075mm 累计筛上占比 22.98%，0.022mm 累计筛上占比 67.89%；0.15mm 累计筛下占比 96.81%，0.075mm 累计筛下占比 77.02%，0.022mm 累计筛下占比 32.11%。

4. 解离度

对选矿综合回收利用有价元素较重要的矿物进行了解离度分析，包括钙铁榴石、白钨矿、方解石和石英。其中，钙铁榴石解离度为 82.15%，1.26% 为包裹状态；白钨矿解离度为 88.12%，5.14% 为包裹状态；方解石解离度为 72.69%，6.32% 为包裹状态；石英解离度为 77.36%，4.13% 为包裹状态。

样品中白钨矿仅为 0.31%，解离度为 88.12%，粒径集中在 10~50μm，但是大部分呈星点状，被黏土矿物、方解石和石英等脉石矿物紧密包绕，难以进一步解离。

5. 矿物工艺特征

矿石中对选矿工艺影响较大的矿物主要为钙铁榴石、斑铜矿、磁铁矿、黄铁矿、白钨矿、方解石、石英和钾长石，主要从基本性质、嵌布特征、化学成分3个方面对其进行研究；钙铁榴石是样品中重要的综合利用矿物，因此通过 X 射线相分析，重点分析了样品中的钙铁榴石的矿物相，通过相分析可以直观地观测钙铁榴石的形态、嵌布特征以及连生关系。

6. 赋存状态

矿石中有用和有害元素的赋存状态是拟定选矿试验方案的重要依据。通过矿相显微镜、电子显微镜、X 射线能谱、X 射线衍射等分析手段，确定了重要元素的赋存状态，评述了其可利用性。钨的载体矿物为白钨矿，白钨矿质量分数为 0.31%，虽然白钨矿的解离度较高（88.12%），但其粒度微细，粒径集中在 10~50μm，大部分呈星点状，被黏土矿物、方解石和石英等脉石矿物紧密包绕，难以进一步解离；钼的载体矿物为辉钼矿，其含量极微；S 的质量分数为 1.23%，载体矿物主要包括黄铁矿、磁黄铁矿、斑铜矿、黄铜矿，其中最重要的硫的载体矿物为黄铁矿，其矿物质量分数为 2.5%，含量较低，且大部分嵌布关系复杂；TFe 的质量分数为 14.4%，基本上所有矿物都含 Fe，其中比较重要的独立矿物为磁铁矿、黄铁矿和钙铁榴石。钙铁榴石的解离度为 82.15%，工艺粒度 22μm 累计筛上占比 73.13%，矿物质量分数为 26.54%，决定了其具有综合利用的基础，建议重点综合利用。

7. 其他有益及有害组分

为了进一步了解尾矿中伴生有益组分,采集分析了钨矿石类型的两件化学全分析样品。分析结果显示,尾矿中钨矿石类性相关有益伴生组分均暂不能利用。

本次选用特级钨精矿质量标准,钨矿石的有害组分为 Fe、S、Ca、SiO_2、Cu、Pb、Zn、Mo、Bi、Sn、Mn、P、As、Sb。除 Fe、S、Ca、SiO_2 含量较高外,其他有害杂质的含量均较低。Cu 质量分数 0.043 8%~0.048 7%,Pb 质量分数 0.001%~0.001 1%,Zn 质量分数 0.008%~0.01%,Mo 质量分数 0.002%~0.003%,Sn 质量分数 0.007 3%~0.007 6%,Mn 质量分数 0.26%~0.29%,P 质量分数 0.024 4%~0.024 7%,As 质量分数 0.001%~0.004%,Sb 质量分数 0.000 21%~0.000 23%,Bi 质量分数 0.000 15%~0.000 16%。

(二)选矿试验研究

1. 尾矿样品中可回收的金属元素和非金属矿物

根据工艺矿物学研究结果,该铜矿尾矿库尾矿样品中白钨矿质量分数为 0.31%,含量大于 1% 的矿物为磁铁矿(2.17%)、褐铁矿(1.13%)、黄铁矿(2.50%)、方解石(34.45%)、白云石(1.74%)、钙铁榴石(26.54%)、铝榴石(1.42%)、石英(13.65%)、橄榄石(1.12%)、辉石(3.63%)、斜长石(1.37%)、碱性长石(2.63%)、白云母(1.03%)、斜绿泥石(1.13%)、高岭石(1.41%);样品中 WO_3 质量分数为 0.26%,S 质量分数为 1.23%,Cu 质量分数为 0.072%;样品中主量元素 SiO_2、CaO、Fe_2O_3 质量分数分别为 29.82%、25.87%、22.50%。

该铜矿尾矿样品中,可回收的有价金属矿物有黄铁矿、磁铁矿、白钨矿,可综合回收利用的非金属矿物有钙铁榴石、方解石和石英,其他矿物成分含量较低,且该尾矿样品粒度偏细,含泥量很高(−0.038mm 占 57.52%),所以很难通过物理选矿得到有效分离。

2. 黄铁矿、磁铁矿、白钨矿、钙铁榴石和方解石的选矿工艺方法

该尾矿样品中黄铁矿含量较低,但通常在选白钨矿和磁铁矿之前要求优先脱除,否则会导致磁铁矿和白钨矿产品中的硫含量超标,同时也会影响非金属尾矿的综合回收利用。黄铁矿主要通过浮选工艺富集回收,对于粒度较粗、单体解离度高的黄铁矿,也可采用重选工艺富集回收。本次试验样品中泥量大粒度较细,黄铁矿的粒度也较细且粗细分布不均匀,只能考虑采用浮选方法脱除,争取选出合格的硫精矿。黄铜矿会一起富集进入硫精矿,粒度很细难解离的硫化铜矿物和氧化铜矿物则很难富集回收,进入硫精矿的铜矿物通过铜硫分离作业有可能得到回收利用。

白钨矿通常采用浮选工艺进行富集回收,一般要经过常温粗选和加温精选(彼得洛夫法)两个阶段,才能产出合格的白钨精矿产品,粒度较粗的白钨矿也可采用重选工艺富集回收。本次试验研究的尾矿样品含泥量大、粒度较细,样品的粒度筛析结果表明,有 82.44% 的白钨矿分布在 −0.038mm 的粒级中,所以首先考虑采用浮选工艺,如浮选尾矿中钨的损失率较高,可采用重选工艺加强回收。

磁铁矿是最方便回收的金属矿物,采用湿式弱磁选工艺就可产出磁铁矿精矿产品。

选出黄铁矿、磁铁矿、白钨矿后,尾矿中以方解石、钙铁榴石和石英为主要非金属矿物。钙铁榴石具硬度高、密度较大(3.7~4.1g/cm³)、弱磁性的特征,所以可以通过强磁选、重选或磁-重联合工艺富集回收。样品中方解石的工艺粒度整体偏细且粗细不均,在选出钙铁榴石之后,采用浮选工艺与石英及其他矿物分离,争取得到 CaO 达到 45% 以上的方解石产品,可作为水泥的石灰石原料得到综合利用。

3. 选矿试验方案的确定

根据工艺矿物学研究结果,选矿试验方案初步考虑为,首先浮选脱除硫化矿物,产出合格的硫精矿,并进行铜硫分离试验,争取分离出铜矿物,产出铜精矿;通过常温粗选和加温精选(彼得洛夫法),产出白钨精矿产品,如果浮选尾矿中钨的损失率较高,通过重选工艺进一步加强回收;选钨尾矿通过湿式弱磁选回收磁铁矿,产出铁精矿;弱磁选尾矿通过磁选或重选工艺回收钙铁榴石,产出石榴子石精矿;剩余的尾矿脱泥后,浮选分离方解石矿物,争取产出含 CaO 大于 45% 的方解石产品,同时尾矿中的 SiO_2 含量得到一定程度的提高。

4. 选矿试验的结果

依据矿石性质及矿物组成特性,在多方案选矿探索试验研究的基础上,进行了硫化矿物和白钨矿的浮选试验研究,包括铜硫混合浮选、铜硫分离、白钨矿粗选、加温精选、白钨精矿酸浸等工艺技术研究;针对浮选尾矿,进行了弱磁选铁、重选进一步回收钨、重选回收石榴子石、强磁选-分级重选回收石榴子石、浮选分离方解石和石英、加温精选尾矿强磁选方解石、摇床细泥分选及制备矿物硅肥等试验研究,获得的主要研究成果如下。

1)有价金属回收

(1)采用"铜硫混浮-铜硫分离"的流程方案,闭路试验可获得产率 0.10%、Cu 品位 13.80%、Cu 回收率 21.71% 的铜精矿,以及产率 1.22%、S 品位 44.50%、S 回收率 50.89% 的硫精矿。

(2)针对铜硫混浮尾矿,采用"白钨矿粗选-加温精选-酸浸"的工艺流程,可获得产率 0.40%、WO_3 品位 34.19%、回收率 53.04% 的酸浸白钨精矿,符合行业标准《钨精矿》(YS/T 231—2015)中对钨细泥精矿(WO_3 品位大于 30%)的要求。

(3)针对钨粗选尾矿,采用"弱磁选-摇床重选"工艺可获得产率 3.73%、TFe 品位 60.45%、回收率 15.66% 的铁精矿,可获得产率 0.13%、WO_3 品位 10.93%、回收率 5.54% 的重选钨精矿,可获得产率 2.44%、钙铁榴石品位 89.25%、回收率 8.21% 的石榴子石精矿。

2)非金属综合利用

(1)针对摇床脱泥尾矿采用"强磁选-分级摇床重选"工艺,产出钙铁榴石品位 83.50%~90.00%、两个粒级的石榴子石精矿,其产率合计 4.82%,回收率合计 15.72%;同时产出产率 11.02%、钙铁榴石品位 71.93%、回收率 29.87% 的石榴子石次精矿,获得的石榴子石精矿及次精矿产率合计 18.28%,回收率合计 53.80%。

(2)针对强磁选石榴子石后的非磁性脱泥尾矿,采用"浮选分离方解石和石英"工艺,经过"一粗一扫二精闭路"浮选流程,可获得 CaO 品位 44.21%、产率 6.51%、回收率 14.92% 的方解石精矿,以及 SiO_2 品位 52.38%、产率 14.44%、回收率 55.42% 的石英尾矿;经过一次粗选简单开路浮选流程,可产出 CaO 品位 38.34%、产率 11.76%、回收率 23.37% 的方解石粗精矿,同时产出 SiO_2 品位 61.17%、产率 9.19%、回收率 41.18% 的石英尾矿。两种品位的方解石精矿都可作为水泥工业石灰质原料,两种品位的石英尾矿都可作为水泥工业的黏土质配料和砖瓦用黏土原料。

(3)采用加温精选尾矿和摇床细泥选矿流程中各自的产率配比,只需添加少量助剂纯碱,可制备出指标优异的多功能硅肥产品,有效硅含量(25.70%)、重金属符合国家和行业标准对硅肥产品的指标要求,可实现两种尾矿产品的规模化消纳和高值化利用。

(4)研发的尾矿综合利用工艺技术方案,可产出铜精矿、硫精矿、铁精矿、酸浸白钨精矿、重选钨精矿、石榴子石精矿、方解石精矿、石英尾矿及矿物硅肥产品,有望实现大冶铜矿尾矿资源的无尾化利用及规模化消纳。

5. 选矿综合利用试验全流程图

大冶龙角山铜矿尾矿样品选矿综合利用试验流程见图 2-2-4。

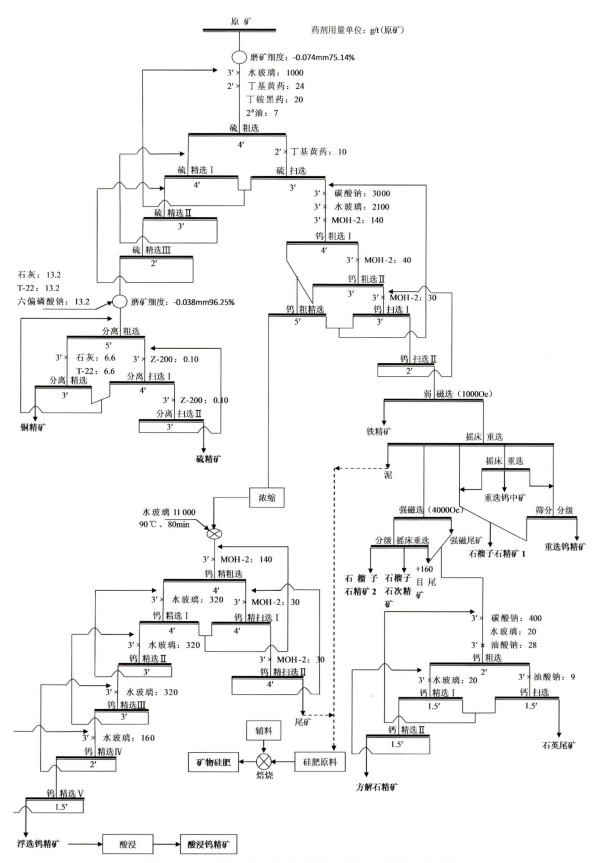

图 2-2-4 大冶市龙角山尾矿样品选矿综合利用试验流程图

第三节 地下水资源调查评价

一、水文地质条件

黄石地区地下水类型按含水岩类的岩性、储水空间形态和水力性质等因素不同,可划分出 4 个含水岩类和 2 个隔水岩类。含水岩类的富水性不仅受岩性、厚度、储水空间形态等控制,还受所处地貌单元、地质构造部位等因素控制。

根据区内各含水岩类泉水流量和井孔出水量常见值对碳酸盐岩含水岩类和冲积孔隙含水岩组的富水程度分出两个级别,即:①水量丰富级,泉流量大于 $200m^3/d$,单井出水量在 $1000m^3/d$ 以上;②水量中等级,泉流量为 $120\sim200m^3/d$,单井出水量在 $120\sim1000m^3/d$。

对碳酸盐岩隐伏和埋藏地区,主要将钻孔单位涌水量作为富水程度分级的依据,分级为:①水量丰富级,钻孔单位涌水量在 $100m^3/(d\cdot m)$;②水量中等级,钻孔单位涌水量在 $50\sim100m^3/(d\cdot m)$。由于区内其他含水岩类富水性均很弱,属于水量小至贫乏的级别,不进行细分。

二、地下水资源概算和水质评价

黄石地区地下水主要含水层位为碳酸盐岩和长江冲积松散岩类,其他层位地下水水量贫乏,不具备供水意义。因此,本次地下水资源概算仅计算岩溶地下水和长江一级阶地孔隙承压水的资源量(岩溶又称喀斯特,本书统一用"岩溶"一词表述)。

1. 岩溶地下水资源计算

区内碳酸盐岩地下水的补给区主要是基岩裸露山地,而隐伏—埋藏区的上覆盖层均为透水性弱的黏性土和岩浆岩体,不利于大气降水渗入补给地下水。

对岩溶水资源的概算主要是计算降水通过裸露地段入渗的天然补给量,具体计算公式如下:

$$Q_{降补} = \sum P_{年} \cdot a \cdot F \qquad (2-3-1)$$

式中:$Q_{降补}$ 为计算块段年降水入渗量或地下水循环量(t/a);a 为入渗系数,根据岩溶发育程度采用经验值;$P_{年}$ 为多年平均降水量(m);F 为计算块段接受补给面积(m^2)。

计算时分 4 个大的地块,即黄石、保安、鹿耳山和铜山口,计算结果见表 2-3-1。

表 2-3-1 黄石地区不同地块岩溶地下水资源概算结果表

块段	F/万 m^2	$\sum P_{年}/m$	a	$Q_{降补}$/万 $t\cdot a^{-1}$
黄石	6489	1.382 6	0.25	2 242.9
保安	1346	1.382 6	0.25	465.2
鹿耳山	6 674.7	1.382 6	0.25	2 307.1
铜山口	9 038.43	1.382 6	0.25	3 124.1
合计	23 548.13			8 139.3

2. 长江黄石段一级阶地孔隙承压水资源计算

本含水岩组呈狭长带状展布在西塞山以东地段,且与江水间有着密切的水力联系,随着人工开采的激化,江水会产生侧向补给,同时该含水层上部有黏性土覆盖,其接受降水补给量不大。阶地后缘基岩为含水贫乏的白垩系—新近系砂砾岩,其侧向补给量也不大。因此,主要计算其开采补给量。

计算采用稳定流地下水动力学法,将井排划为单侧进水的水平廊道,计算原则及计算式如下。

(1)计算分成两个块段,即风波港以东和以西,井排距江边的距离主要根据降深10m的影响半径和水利部门对江堤内侧打井规定距离这两个因素而定,风波港以西取300m,以东取50m。

(2)以长江黄石段年平均水位标高17m作为地下水的静止水位标高。

(3)水位降深值取10m。

(4)因水位降低10m,动水位仍位于含水部位顶板之上,故$Q_{补}$计算式为:

$$Q_{补} = BK\frac{MS}{R} \qquad (2-3-2)$$

式中:K为渗透系数(m/d);M为承压水含水层厚度(m);S为水位降深(m);R为影响半径(m);B为含水层厚度(m)。

主要计算参数及计算结果见表2-3-2。

表2-3-2 长江黄石段一级阶地孔隙承压水资源计算结果表

计算分段	K	M	S	R	B	$Q_{补}$
	m/d	m	m	m	m	t/d
风波港以东	43.012 7	21.71	10.0	500.0	6500	121 395
风波港以西	16.241 5	15.37	10.0	300.0	3500	29 124
合计	150 519t/d					

注:$Q_{补}$折算年水资源为5 493.94万t/a。

三、地下水资源评价

通过以上计算,黄石地区岩溶地下水资源比较丰富,地下水循环量达8 139.3万t/a,这尚不包含隐伏—埋藏区的弹性释放量。但这部分岩溶地下水水量的70%以上分布在中部和南部的低山丘陵地带,黄石市区仅占27%。另外,在基岩裸露山地地带,水位埋深较大,只能利用泉水作供水点,由于岩溶地下水赋存运移和排泄的控制因素较多,造成泉点分布不均,给充分利用这部分资源带来困难。隐伏—埋藏区的地下水受矿床开采影响易发生地面塌陷。因此,要利用岩溶水这一丰富地下水资源时,尚需进一步查清地下水分布规律和水源地的水文地质结构,采取稳妥措施和方法方能充分利用。

岩浆岩和碎屑岩裂隙含水岩类以及冲洪积孔隙含水岩组,分布面积达50%以上。虽未计算其地下水资源量,但地下水的总循环量也有相当的数量,但由于该含水岩类和含水岩组含水贫乏,不具备作为集中供水源地的价值,只具有作为小型供水和分散居民人畜饮用的价值。

长江黄石段一级阶地孔隙承压水的开采补给量为5 493.94万t/a,因其距长江近,含水层顶板埋深低于水位高程,一旦开采,长江水将对其补给,水量可以得到保证。因水中铁、锰超标,未经处理不能饮用,但铁、锰较易处理,而且有成熟的工艺技术。

四、地下水水质评价

本次主要针对黄石地区岩溶地下水和长江黄石段一级阶地冲积承压孔隙水的水质优劣程度进行评价。

长江黄石段一级阶地孔隙承压水主要超标因子为铁、锰和砷,其中,铁、锰超标倍数分别是 4.7 和 7.2,砷超标倍数为 2.33,而黄石港以北 NO_2^- 含量很高,达 2.8mg/L。

岩溶地下水水质评价的主要对象是裸露区和隐伏—埋藏区最上部一个含水岩组的地下水,而对深埋型地下水水质未进行评价。

第四节 浅层地温能资源调查评价

评价区范围为黄石市城市规划区(简称规划区),包括黄石港区、西塞山区、下陆区、铁山区的全部,大冶市金山街道托管部分,汪仁镇全部,阳新县沸源口镇(也称韦源口)、大王镇与太子镇全部,总面积为 701km²,见图 2-4-1。

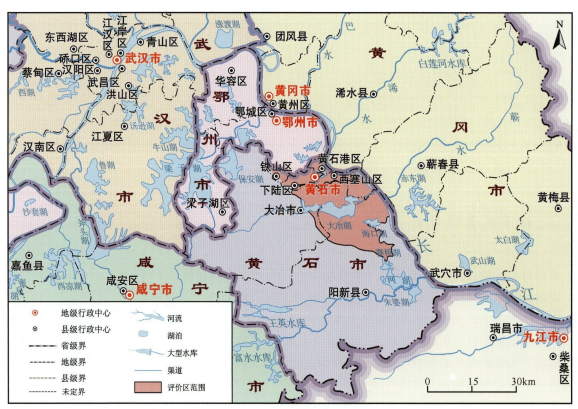

图 2-4-1 评价区范围图

根据黄石地区钻探技术与气候条件,受施工能力和成本的影响,加上目前黄石地埋管地源热泵项目换热钻孔深度通常为 100m,确定本次调查评价深度范围为地表-100m 以浅,故本次浅层地温能适宜性分区、资源量计算及潜力评价深度范围取 100m。

一、浅层地温能地质条件

(一)浅层地质结构特征

工作区位于黄石市北东部,幕阜山脉的北部边缘,南以父子山为界,北临鄂州低洼的花家湖,黄石中心城区与大冶湖生态新区中间为近东西向的黄荆山。区内地质构造复杂,地层浅部为剥蚀堆积、冲洪积、湖积成因的第四系黏性土、砂层,深部基岩为古生界至新生界,岩性包括砂岩、粉砂岩、灰岩、页岩等。

1. 岩土体特征

第四系覆盖层特征:工作区地质构造复杂,覆盖层在长江沿线主要为第四系全新统冲积物粉质黏土、粉细砂、中粗砂、砂砾石,而大冶湖、海口湖等周边主要为全新统湖积物粉质黏土、淤泥质黏土等,地势相对较平坦的垄岗地区则为更新统残破积、冲积、洪积物粉质黏土、黏性土等。

基岩特征:工作区北部黄石港地区下伏基岩为白垩系—新近系粉砂岩、砂砾岩以及侏罗系砂岩。黄荆山地区岩石类型比较复杂,志留系到第四系均有出露,其中黄荆山—铁山沿线主要为三叠系灰岩、白云岩、页岩等,间夹二叠系硅质岩、团块灰岩等。工作区中部大冶湖两岸第四系较为发育,最厚处可达20m,其下伏上白垩系—古近系公安寨组粉砂岩、泥质粉砂岩等;南部地区以二叠系生物碎屑灰岩、泥质灰岩、白云岩及部分志留系坟头组泥质粉砂岩为主。

2. 工程地质结构分区

根据地层结构、岩相变化、空间展布,结合地貌特征和浅层地热能利用条件,地质结构可分为以下几种类型。

(1)构造剥蚀低山丘陵工程地质区:该区主要分布于黄荆山、父子山及金海开发区一带,地形起伏不平,以低山、丘陵为主,低丘零星散布于岗地平原上。

山体由层状坚硬半坚硬石英砂岩、硅质岩、碳酸岩及岩浆岩构成,坡麓多由页岩、泥岩、泥灰岩、长石砂岩等组成。受构造运动影响,岩石强烈褶皱且多倒转,产状较陡,构造裂隙发育,赋存基岩裂隙水,局部地段下伏碳酸盐岩,深部隐伏岩溶发育,赋存碳酸盐岩岩溶水,但含水性不均一。

丘陵多为基岩出露,表层为风化岩体,低丘间覆盖第四系更新统网纹状黏土,含水透水性差,基岩埋藏较浅。

该类型地区特点为基岩裂隙水水量普遍偏小,碳酸盐岩岩溶水主要发育在岩溶通道内,且埋藏较深,水量不均一。基岩埋藏较浅,局部地段基岩出露地表。

(2)剥蚀残丘工程地质区:该区主要分布于低山丘陵与湖盆洼地之间的过渡地带,地面标高一般低于100m,相对切割深度不大,以垄岗和沟谷相间的条状地形为主。剥蚀残丘主要由薄—中厚层状结构软硬相间的砂页岩、块状岩浆岩及红黏土组成,基岩埋深一般在10~20m。

(3)湖盆洼地工程地质区:该区主要分布在磁湖、大冶湖等地表水体周边,地势低洼平坦,一般标高在18~50m,湖岸线曲折,多湖汊、半岛状岗地及湖岛,以黏性土为主,在湖汊、湖塘、湖水入江道两侧上部有淤泥、淤泥质软土分布,基岩埋深10~25m,以碎屑岩为主,碳酸盐岩次之。

(4)长江黄石段一级阶地工程地质区:该区为长江冲积形成的阶地、漫滩,地形平坦低洼,标高18~20m,呈狭长带状展布,多河湖入江道和人工渠道。上部是由亚砂土、亚黏土、黏土组成的一般黏性土,局部夹淤泥质软土,下部为以粉细砂、中砂为主的砂性土,下伏基岩以砾岩为主。

(二)水文地质条件

黄石城市规划区地处构造活动带,其含水岩组的分布除受地形、地貌条件影响外,也明显地受地质构造的控制。根据地下水的赋存条件、岩石的水理性质及其地下水的水力特征,工作区地下水含水岩类可划分为碳酸盐岩含水岩类、岩浆岩类风化裂隙含水岩类、碎屑岩裂隙孔隙含水岩类和第四系松散岩类孔隙含水岩类4个大类。

1. 碳酸盐岩含水岩类

碳酸盐岩含水岩类在本区广泛出露。含水介质为本区3套碳酸盐岩(中上寒武统—奥陶系、中石炭统—下二叠统、下三叠统大冶组第二至第七岩性段)。地下水化学类型以 HCO_3-Ca 和 $HCO_3-Ca \cdot Mg$ 型为主,下二叠统局部岩溶水的化学类型为 SO_4-Ca 型。根据富水程度,岩溶水含水介质可划分为两个含水岩组。

(1)裂隙溶洞含水岩组:包括下三叠统大冶组第四至第七岩性段、中下石炭统、中上寒武统、下二叠统茅口组。储水空间以溶洞为主,富水性不均一,泉流量一般为1~50L/s,富水性中—强等。

(2)溶蚀裂隙含水岩组:包括下三叠统大冶组第二至第三岩性段、中三叠统陆水河组、中二叠统与下二叠统栖霞组、奥陶系和中上寒武统。储水空间以溶隙为主,泉流量一般为1~7.4L/s,富水性中等。

2. 岩浆岩类风化裂隙含水岩类

岩浆岩主要在工作区东南角靠近陶港镇一带出露,岩性为花岗闪长斑岩及闪长玢岩,其余的都零星分布于调查区内。浅部花岗闪长斑岩风化带厚度一般为5~30m,上部为残坡积层覆盖。大气降水的渗入补给,往往在山沟及半山坡出露少量的裂隙泉。裂隙泉动态与大气降水密切相关,流量变化较大,无统一地下水水位,水头性质为无压型,泉流量0.09~3L/s,富水性极不均一,富水性弱—中等,地下水化学类型主要为 $HCO_3 \cdot SO_4-Ca \cdot Mg$ 型。

3. 碎屑岩裂隙孔隙含水岩类

含水岩组由上白垩统—古近系公安寨组(K_2E_1g)、侏罗系、中三叠统蒲圻组(T_2p)、中上泥盆统云台观组($D_{2-3}y$)、志留系砂岩、砂砾岩、页岩和粉砂岩组成,主要出露在黄荆山南麓山前地带和父子山北麓山前地带。地下水水头性质属承压型,泉流量0.035~2.5L/s,富水性弱—中等,地下水化学类型主要为 $HCO_3 \cdot SO_4-Ca \cdot Mg$ 型。

4. 第四系松散岩类孔隙含水岩类

含水岩组由第四系冲积、冲洪积松散沉积物组成,主要分布于长江沿岸、山前地带及坡麓和湖盆边缘地一带。含水岩类按分布特征及水力性质,可进一步划分为冲积孔隙含水层和冲洪积孔隙含水层。

(1)冲积孔隙含水层:主要分布在长江黄石段一级阶地,含水层主要由粉细砂、中粗砂及砾石组成,厚度一般4~25m,埋深4~23m,水位埋深0.6~6m。水头性质为承压型,地下水化学类型为 $HCO_3-Ca \cdot Mg$。含水层钻孔单位涌水量一般为1~3.5L/(s·m),富水性强,但水质不佳,是Fe、Mn、As原生异常区。

(2)冲洪积孔隙含水层:分布在山间小溪、坡麓与湖盆边缘地带,富水性弱。

（三）地下水的补给、径流、排泄条件

1. 地下水补给

（1）大气降水入渗补给：大气降水是区内地下水的主要补给来源。地下水水位变化皆受到大气降水的控制。区内泉的补给范围小且径流途径短，泉水流量也随大气降水变化而变化。

（2）地表水补给：区内大的地表水体有长江、大冶湖、磁湖及海口湖等，地表水系较为发育。大冶湖位于工作区中部，湖水水位变化主要受气象因素影响。沟渠内的水位受大气降水的影响，随季节变化。水位标高一般为14.5~19.5m。湖水流向从东向西，经沣源口镇流入长江。

（3）含水层的层间补给：区内南、北两侧构造发育，岩石类型复杂，南部（黄荆山一线）和北部（父子山一线）地区受断裂作用影响，往往造成上、下含水层互相沟通而彼此产生水力联系，使得地下水富集于断裂带内，让原本富水性较弱的含水岩层富水性增强。

2. 地下水的径流与排泄

工作区具有典型的"两山夹一湖"的地貌特征，南、北两侧黄荆山和父子山地势较高，中部大冶湖地势较低，第四系发育且为区内最大的地表水系层位，南、北两侧边缘基岩裂隙水、碎屑岩类孔隙裂隙水，接受大气降水入渗补给后，部分地下水顺坡向径流补给中部的第四系孔隙水和大冶湖。

（四）地下水水位动态特征

区内地下水含水岩类主要为松散岩类孔隙水，可进一步分为第四系全新统孔隙潜水和第四系全新统孔隙承压水。

第四系全新统孔隙潜水的地下水水位动态受大气降水控制，大气降水量大时，潜水水位高，大气降水量小时，潜水水位低。

第四系孔隙承压水主要分布于长江沿岸一带。该类型地下水水位动态表现为以天然动态型为主，水位动态明显受江水及大气降水的综合影响，季节性变化规律明显，尤其丰水期、枯水期随江水起落，地下水水位相应升降。丰水期地下水水位自岸堤至山前逐渐降低，表现为江水补给地下水，地下水水位一般为13.28~23.47m；枯水期江水位低于地下水水位，表现为地下水补给江水，山前地下水水位高，临江处低，地下水位一般为6.81~18.26m，地下水水位波动与降水入渗影响有关。

（五）含水层回灌能力

含水层空隙（裂隙、孔隙、溶洞及溶隙）是地下水回灌的主要通道，裂隙、溶洞的发育规模及连通性决定了含水层的回灌能力。

由本次搜集的相关回灌试验资料及野外现场试验可知，在岩溶水发育丰富地区，回灌量可达50m³/h；在长江沿岸第四系孔隙承压水含水层中，含水层颗粒粒径越小，回灌量越小，从空间分布上反映为岸堤至山前，回灌量逐渐减小，临江地区回灌量达30~50m³/h，至山前地区回灌量一般小于20m³/h。

（六）岩土体热物性特征

1. 岩土初始平均温度

岩土体初始温度即为地层在自然条件下的地温，是浅层地温能评价中的重要参数，它的取值大小对计算结果有较大影响。

本次初始地温测试采用两种测试方式进行对比，即埋设传感器和地埋管无功循环。

(1)埋设传感器法测试：埋设传感器法是在热响应测试之前，将温度传感器均匀且等间距放入地埋管中，测得每个测点的温度并记录，根据每个测点的实际温度取算数平均值作为岩土体平均初始温度。

根据《地源热泵系统工程技术规范》(GB 50366—2005)要求，测点间隔不宜大于10m，本次测试间隔为2~5m，满足上述规范要求。

埋设传感器法测试数据显示，ZK1钻孔岩土体平均初始温度19.8℃（表2-4-1），ZK2钻孔岩土体平均初始温度19.6℃，ZK3钻孔岩土体平均初始温度19.5℃，ZK4钻孔岩土体平均初始温度19.4℃，ZK5钻孔岩土体平均初始温度19.5℃，ZK6钻孔岩土体平均初始温度19.8℃，ZK7钻孔岩土体平均初始温度19.7℃，ZK8钻孔岩土体平均初始温度19.7℃，ZK9钻孔岩土体平均初始温度18.5℃，ZK10钻孔岩土体平均初始温度18.6℃。

(2)无功循环法测试：无功循环法是在不向地埋管换热器加载冷、热量的情况下，使水在地埋管内形成循环，在循环水的温度达到稳定时，此时循环水与岩土达到热平衡，该温度即为岩土初始平均温度。在实际测试过程中，当地埋管换热器的进水温度和回水温度的温差持续1h不大于0.1℃时，即可认为循环水温度达到稳定。

测试孔岩土体初始温度达到平衡时稳定时间为11~23h，见图2-4-2。

将两种测试方法取得的岩土体平均初始温度结果进行对比，取得的数据较为一致，各钻孔岩土体平均初始温度见表2-4-2。

2. 岩土体物理性质、热物理性参数

岩土层物理参数及热物性参数包括导热系数、比热容、热扩散系数、密度、干密度、含水率、孔隙率（裂隙率）等，本区岩土体热物理性质参数通过实地采集钻孔岩土样进行室内测试获取。本次测试样品370件，样品测试过程均符合相关技术要求及有关行业技术规范，样品测试结果可直接用于本次评价工作。

主要岩土体物理参数、热物性参数统计见表2-4-3。

已有搜集资料及本次测试结果显示，土体比热容高于岩石比热容，一般多大于$1.1kJ/(kg·℃)$，且土体粒径越小，含水量越高，比热容一般越大。本区广泛分布的粉砂岩比热容在$1.0kJ/(kg·℃)$左右。灰岩、页岩、角砾岩比热容相对较小，多小于$1.0kJ/(kg·℃)$，在$0.87~0.98kJ/(kg·℃)$之间。

在导热系数方面，黏性土的导热系数较小，一般小于$1.5W/(m·℃)$，灰岩、页岩的导热系数较大，一般大于$2.0W/(m·℃)$。粉砂岩居中，一般在$1.68~2.01W/(m·℃)$之间。

（七）地层热响应特征

本书开展了10组现场热响应试验，测试深度为100m左右，测试方法主要为恒热流测试，试验过程均符合相关技术规范要求，测试结果是本书研究的重要依据。

稳定热流模拟试验是通过试验台向地埋管换热器提供恒定热流，通过监测地埋管换热器进水、出水温度的变化和流量数据，进行数据分析处理计算后得到岩土体的平均导热系数。

表 2-4-1　ZK1 钻孔(埋设传感器法)岩土体平均初始温度测试表

孔号	ZK1	测温曲线
测量时间	2020 年 4 月 8 日 17:06	
气温	22.9℃	
深度/m	温度/℃	
2	22.9	
4	21.4	
6	21.2	
8	21.7	
10	21.9	
12	23.9	
14	20.4	
16	16.8	
18	17.4	
20	18.0	
22	19.1	
24	19.5	
26	19.8	
28	19.8	
30	19.6	
35	19.3	
40	19.7	
45	19.3	
50	19.2	
55	19.3	
60	19.6	
65	19.3	
70	19.5	
75	19.8	
80	20.0	
85	20.0	
90	19.8	
95	19.9	
100	19.7	

注：温度算术平均值为 19.8℃。

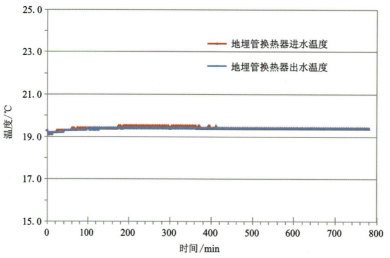

图 2-4-2 ZK1 钻孔岩土体平均初始温度曲线

表 2-4-2 各钻孔岩土体平均初始温度统计表　　　　　　　　　　　单位:℃

孔号	温度		
	埋设传感器法	无功循环法	平均值
ZK1	19.5	19.4	19.45
ZK2	19.6	19.6	19.60
ZK3	19.5	19.4	19.45
ZK4	19.4	19.5	19.45
ZK5	19.5	19.6	19.55
ZK6	19.8	19.8	19.80
ZK7	19.7	19.7	19.70
ZK8	19.7	19.7	19.70
ZK9	18.5	18.5	18.50
ZK10	18.6	19.9	19.25

表 2-4-3 各钻孔岩土体热物性参数测试结果表

测试钻孔	岩土名称	密度 ρ kg/m³	比热容 C kJ/(kg·℃)	含水率 w %	孔隙率或裂隙率 φ %	导热系数 λ W/(m·℃)
ZK1	粉质黏土	1 971.67	1.432	22.73	40.20	1.45
	粉砂岩	2 411.46	1.048	2.63	12.15	1.70
ZK2	粉质黏土	2 001.25	1.18	23.11	40.51	1.42
	粉砂岩	2 420.00	0.83	2.98	12.08	2.01
ZK3	粉质黏土	1 980.00	1.37	27.00	42.70	1.54
	粉砂岩	2 419.30	0.89	4.62	13.54	1.93

续表 2-4-3

测试钻孔	岩土名称	密度 ρ kg/m³	比热容 C kJ/(kg·℃)	含水率 w %	孔隙率或裂隙率 φ %	导热系数 λ W/(m·℃)
ZK4	粉质黏土	1 871.25	1.35	33.61	48.91	1.32
	泥质页岩	2 442.40	0.87	1.79	9.95	2.32
ZK5	淤泥	1 870.00	1.52	29.82	47.01	1.08
	粉砂岩	2 430.71	0.97	2.90	11.68	1.69
ZK6	黏土	1 973.33	1.44	23.70	41.75	1.59
	粉砂岩	2 438.82	0.91	3.94	12.28	1.74
ZK7	粉质黏土	1 953.33	1.26	22.92	41.80	1.49
	粉砂岩	2 424.78	0.98	3.07	12.04	1.68
ZK8	粉质黏土	2.11	1.29	15.65	33.30	1.68
	泥质页岩	2.51	0.90	1.69	6.56	2.29
ZK9	黏土	2 026.00	1.36	20.94	38.42	1.67
	角砾岩	2 488.07	0.98	1.85	8.72	2.00
ZK10	粉质黏土	1 815.00	1.20	28.78	48.10	1.33
	灰岩	2 666.78	0.87	1.50	1.95	2.60

本次恒热流模拟试验孔共10组，测试功率为恒定6kW，各孔试验求取的岩土体热物性参数结果见图2-4-3、图2-4-4。

根据测试数据绘制地埋管入口温度与地埋管出口温度随时间变化的曲线图。由曲线图2-4-3、图2-4-4可以看出，在测试的最初5h内，埋管进出口温度的变化比较快。这是因为测试初期，试验孔内土壤温度较低，在加热条件下热量不断积聚，温度迅速上升，埋管内的水温也就相应不断上升；在经历一段时间的热量累积后，孔内土壤温度提高，埋管提供的热量可以不断向周围扩散，孔内土壤相对温度上升慢，所以埋管进出口温度也就相对稳定，缓慢上升。

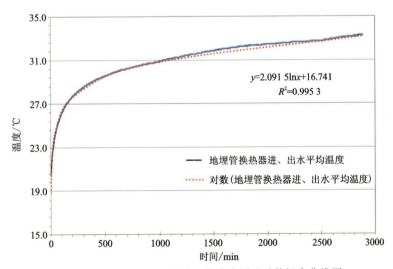

图2-4-3 ZK1钻孔恒热流热响应测试对数拟合曲线图

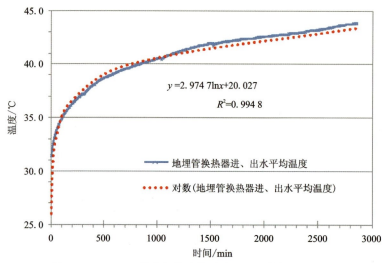

图 2-4-4　ZK2 钻孔恒热流热响应测试对数拟合曲线图

IGSHPA 线源模型是目前普遍采用的地埋管换热器计算模型,其表达式为:

$$T_f(t) = \frac{q_l}{4\pi\lambda} \cdot \left[\ln\left(\frac{4a\tau}{r^2}\right) - \gamma\right] + q \cdot R_b + T_0 \qquad (2-4-1)$$

式中:$T_f(t)$ 为随时间 t 变化的地埋管换热器进出水平均温度(℃);τ 为从开始计算的时间;q_l 为单位延米地埋管换热孔换热量(W/m);λ 为岩土体导热系数[W/(m·℃)];a 为岩土体导温系数(m²/s);r 为钻孔半径(m);γ 为常数,取值 0.577 2;q 为单孔换热功率;R_b 为钻孔内热阻(m·℃/W);T_0 为地层初始温度(℃)。

根据式(2-4-1)可推导利用恒热流模拟试验数据计算岩土体导热系数 λ 的公式和方法,公式为:

$$T_f(t) = k \cdot \ln t + m \qquad (2-4-2)$$

$$k = \frac{q}{4\pi\lambda} \qquad (2-4-3)$$

式中:k 为系数;m 为常数;q 为单孔换热功率。将恒热流模拟试验的试验数据做成曲线图,并将其拟合为式(2-4-2)的形式,通过曲线拟合结果可计算系数 k,将 k 代入式(2-4-3)可计算岩土体导热系数 λ。

以 ZK1 钻孔为例,计算 6kW 加热时 T_f-$\ln t$ 的曲线方程。绘制加热稳定段 T_f 随 $\ln t$ 的变化曲线如图 2-4-5 所示。

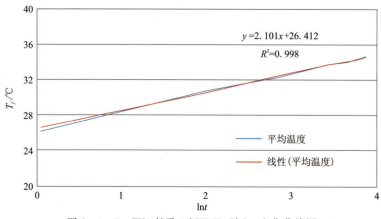

图 2-4-5　ZK1 钻孔(6kW)T_f 随 $\ln t$ 变化曲线图

结果显示:$y = 2.101x + 26.412$,$R^2 = 0.988$。

单孔换热量计算公式为：

$$Q = G \times \Delta t / 0.86 \qquad (2-4-4)$$

式中：Q 为地埋管小时产热量(kW)；G 为地埋管小时循环水流量(m^3/h)；Δt 为地埋管进出水温差(℃)；

流量 $G=1.8m^3/h$，温差 $\Delta t=2.8℃$，单孔换热量 $Q=\varphi_{heat}=qH=G\times\Delta t/0.86=1000\times1.8\times2.8/0.86=5860(W)$，埋管深度 $H=100m$，$q_l=\varphi_{heat}/H$ 代入式(2-4-3)计算得：

$$k = \frac{\varphi_{heat}}{4\pi\lambda H} \qquad (2-4-5)$$

则 $\lambda=5860/(4\times3.14\times2.101\times100)=2.2[W/(m\cdot℃)]$

据现场热响应试验结果及搜集到的相关参数进行统计和计算，结果见表2-4-4。

表 2-4-4 现场热响应试验计算参数成果一览表

钻孔	地埋管类型	初始平均地温 ℃	每延米换热量 W/m	平均热导率 W/(m·℃)
ZK1	双U制热	19.45	58.60	2.24
ZK2	双U制热	19.60	65.66	2.64
ZK3	双U制热	19.45	59.46	2.55
ZK4	双U制热	19.45	59.30	2.75
ZK5	双U制热	19.55	58.90	2.11
ZK6	双U制热	19.80	59.13	2.10
ZK7	双U制热	19.70	58.60	2.61
ZK8	双U制热	19.70	57.83	2.32
ZK9	双U制热	18.50	58.60	2.53
ZK10	双U制热	19.25	61.24	2.28

根据现场热响应试验结果，该区换热孔每延米换热量一般为55～65W/m。以往试验分析结果显示，换热功率受孔径、埋管方式、埋管口径、有效埋管深度、回填料、加热功率、循环水流量、流速、换热温差、地层初始温度、地层综合导热系数、比热容以及地下水发育程度等多方面因素影响，是岩土体在特定场地、试验条件下的综合反映。总体而言，岩土层比热容越大，导热系数越大，换热地层中含水层厚度越厚，地层的单位长度换热效率也越高。

（八）浅层地温场特征

调查评价区100m深度内由浅至深，地温由低到高，温度值的变化范围为18.6～20.1℃。地下约15m至地表范围内温度变幅较大，其中0～5m段年温度变幅最大，5～15m段温度变幅逐渐减小，地下深度15m以下受季节气候影响相对较小(王贵玲等，2015)。

二、浅层地温能开发利用适宜性分区

（一）评价体系的建立

根据目标层、属性层、要素层中各指标要素建立评价体系，如图2-4-6所示(胡元平等，2014)。

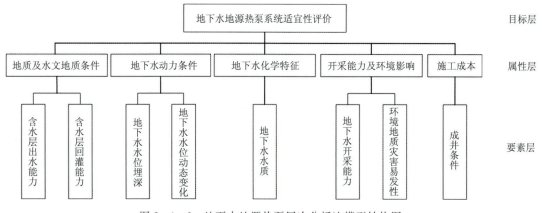

图 2-4-6 地下水地源热泵层次分析法模型结构图

(二)因子权重的确定

根据各属性层及要素层对地下水地源热泵系统适宜性的影响大小,结合专家意见,分别确定要素层指标权重(表 2-4-5)。

表 2-4-5 地下水地源热泵系统适宜性评价二级要素权重表

二级要素	权重
含水层出水能力	0.334 6
含水层回灌能力	0.167 3
地下水水位埋深	0.075 3
地下水水位动态变化	0.037 7
地下水水质	0.090 0
地下水开采能力	0.131 0
环境地质灾害易发性	0.131 0
成井条件	0.033 1

(三)要素指标赋值标准

对各要素指标进行分段评分,不同指标评价方法如下。地下水地源热泵适宜性评价要素指标分级及赋值数详见表 2-4-6。

1. 含水层出水能力

含水层出水能力主要由单井涌水量反映,单井涌水量越大,地下水地源热泵系统的可利用能力越强。依据黄石城市规划区水文地质图中有关含水组富水性分区,结合区内抽水试验数据,含水层出水能力可分为<10m³/d、10~100m³/d、100~500m³/d、500~1000m³/d 及>1000m³/h 共 5 个分数段,其中,单井涌水量小于 100m³/d 的地区可直接判定为适宜性差区。

表2-4-6 地下水地源热泵适宜性评价要素指标分段评分表

二级要素		要素评价标准(0~100)					
含水层出水能力	单井涌水量/m³·h⁻¹	<10	10~100	100~500	500~1000	>1000	
	赋值	0	0	0	70	100	
含水层回灌能力	回灌率/%	<30	30~50	50~80	>80		
	赋值	10	50	80	100		
地下水水位埋深	地下水水位埋深/m	<5	5~10	10~15	>15		
	赋值	20	50	70	100		
地下水水位动态变化	地下水水位年变幅/m	<3	3~5	5~10	>10		
	赋值	10	40	80	100		
地下水水质	地下水水质等级 F	优良(I)	良好(II)	较好(III)	较差(IV)	极差(V)	
	赋值	100	75	50	25	10	
地下水开采能力	开采模数/万m²·a⁻¹·km⁻²	<5	5~10	10~20	20~30	30~40	>40
	赋值	0	40	40	80	90	100
环境地质灾害易发性	环境地质灾害易发分区	高易发区	中易发区	低易发区	不易发区		
	赋值	0	40	80	100		
成井条件	成井类型	碳酸盐岩基岩井	碎屑岩类裂隙孔隙井	砂、砾石含水层井			
	赋值	30	50	100			

2. 含水层回灌能力

含水层回灌能力主要由回灌率确定,根据黄石市含水层开采与回灌情况,含水层回灌率可分为＜30％、30％～50％、50％～80％及＞80％共 4 个分数段。

3. 地下水水位埋深

地下水水位埋深范围为 0.1～12.0m,结合地下水地源热泵系统利用现状,将地下水水位埋深分为＜5m、5～10m、10～15m、＞15m 共 4 个分数段。

4. 地下水水位动态变化

地下水水位动态变化分类依据与地下水位埋深相同,考虑地表水的补给、排泄对动态的影响,将地下水水位年变幅分为＜3m、3～5m、5～10m、＞10m 共 4 个分数段。

5. 地下水水质

水质分区主要依据黄石市地质调查水文地质调查专项水样测试结果,根据《地下水质量标准》(GB/T 14848—93)中规定的评分法计算水质等级,将地下水质量量等级分为优良(Ⅰ)、良好(Ⅱ)、较好(Ⅲ)、较差(Ⅳ)和极差(Ⅴ)共 5 个分数段。

6. 地下水开采能力

地下水开采能力是根据开采模数的大小而决定的,开采模数主要依据《黄石市地下水开发利用潜力分区图》,利用图中地下水资源开采模数分区,将开采模数分为＜$5\times10^4 m^3/(a\cdot km^2)$、$5\times10^4 m^3$～$10\times10^4 m^3/(a\cdot km^2)$、$10\times10^4$～$20\times10^4 m^3/(a\cdot km^2)$、$20\times10^4$～$30\times10^4 m^3/(a\cdot km^2)$、$30\times10^4$～$40\times10^4 m^3/(a\cdot km^2)$、＞$40\times10^4 m^3/(a\cdot km^2)$ 共 6 个分数段。

7. 环境地质灾害易发性

地质灾害易发性主要参考黄石市地质灾害易发性分区图,根据黄石市软土分布范围、软土分布厚度、岩溶塌陷易发地段、隐伏岩溶分布区等资料,该区内环境地质灾害易发程度可分为高易发区、中易发区、低易发区和不易发区 4 个类型,其中研究地质灾害高易发区可直接判定为地下水水源热泵适宜性差区。

8. 成井条件

成井条件主要根据黄石市基础地质条件及钻孔资料,并结合第四系砂、砾卵石和覆盖型碎屑岩、裸露型碎屑岩的分布情况来进行评价。碳酸盐岩形成的岩溶地形以及碎屑岩形成的裂隙极大地增加了施工难度,因而地下水成井条件可按碳酸盐岩基岩井,碎屑岩类裂隙孔隙水井,砂、砾石含水层井来划分。

(四)评价结果

利用 MapGIS 软件,将各单元格的各项要素根据评分标准表进行赋分;再采用综合指数法,对各项属性赋值与其相对应的权重值相乘;最后求和,即可得出各区域的适宜性评价最终得分。根据得分分布,确定地下水地源热泵系统各个适宜区的得分范围(表 2-4-7),绘制分区图,对影响分区的特殊指标岩溶塌陷等地质灾害高易发区实行一票否决制,最终完成地下水地源热泵系统适宜性分区。

表 2-4-7　地下水地源热泵系统适宜性分区得分表

适宜性区划	适宜性差区	较适宜区	适宜区
得分	<40	40～70	>70

根据地下水地源热泵系统适宜性分区层次分析法评价确定的权重及各要素分析结果得分情况,从而进行适宜性分区,将地下水地源热泵系统适宜性分区分为较适宜区、适宜性差区两类,分区结果如图 2-4-7 所示。结果显示,评价区内地下水资源量较小,多为适宜性差区,仅覆盖性岩溶裂隙水发育区水量较大,为较适宜区。

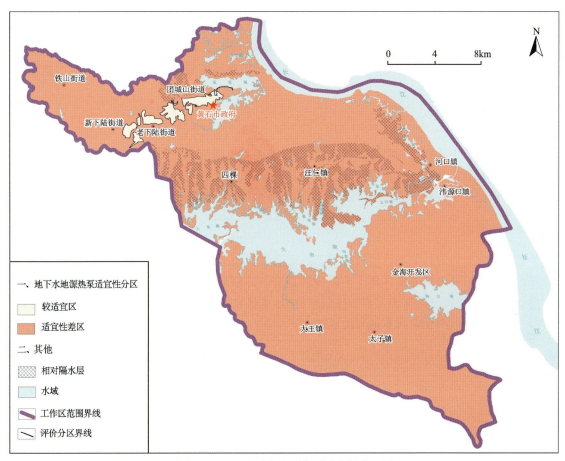

图 2-4-7　地下水地源热泵适宜性分区图

由地下水地源热泵适宜性分区图得知,研究区无适宜区;较适宜区主要分布在团城山—下陆区一带,地下水以隐伏岩溶裂隙水为主,面积为 6.94km^2,占整个调查评价区面积的 1.19%;适宜性差区为除较适宜区和水域之外的地区,面积为 576.13km^2,占整个调查评价区面积的 98.81%;水域面积为 117.93km^2。

三、地埋管地源热泵适宜性分区

地埋管地源热泵适宜性分区的评价范围为整个调查评价区(不含地表水分布区)。

本次采用层次分析法(AHP)对地埋管地源热泵进行适宜性评价,通过对地埋管地源热泵运行影响因素进行分析研究,目标层即为地埋管地源热泵适宜性分区;属性层由地质条件、水文地质条件、地层换热能力和施工成本组成;要素指标层包括第四系厚度、浅层地质结构分区、有效含水层厚度、分层地下水水质、地层热扩散系数、地层每延米换热量和钻进条件7个要素(胡元平等,2015)。

（一）评价指标选取

通过对地埋管地源热泵运行影响因素进行分析研究,结合专家意见,将地埋管地源热泵系统适宜性区划指标分为以下4个方面。

1. 地质条件

由于第四系覆盖层与下伏基岩在储热及导热性能上存在区别,基岩换热效率高于第四系覆盖层,更有利于地埋管系统换热。浅层地质结构分区考虑到不同岩土体的不同组合方式,其换热效率及地埋管系统利用能力也不同。相对来说,在上覆中更新统老黏土下伏非碳酸盐岩类岩体的组合下,地埋管系统的利用效率更高。

2. 水文地质条件

已搜集资料及岩土体测试表明,含水岩土体的导热能力及储热能力均比不含水岩土体高,因此地下水发育对地埋管系统有利,含水层厚度越大,换热效率越高;地埋管施工可能对地下水水质造成污染,或在不同水质含水层间形成渗透通道。因此,无优质地下水区域更适宜地埋管地源热泵系统。

3. 地层换热能力

地下埋管处岩土体的热物理性质对地埋管系统换热性能有着重要影响,决定着地埋管地源热泵系统的适宜性。地层每延米换热量体现了单位长度岩土体的换热能力,换热功率越高的地区越适宜地埋管地源热泵系统;平均比热容反映了岩土体储热能力,比热容越高,则储热能力越强;地层热扩散系数越高,越有利于热量扩散,产生热堆积的可能性越小。

4. 施工成本

钻进条件是施工成本、施工经济性的直接体现,主要从地层结构、岩层可钻性等方面反映地埋管施工难易程度。

（二）评价体系的建立

根据层次分析法目标层、属性层、要素层各指标要素建立评价体系,如图2-4-8所示。

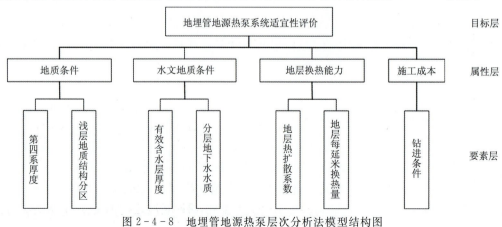

图2-4-8 地埋管地源热泵层次分析法模型结构图

(三)因子权重的确定

根据各属性层及要素层对地下水地源热泵系统适宜性的影响大小,结合专家意见,分别确定属性层、要素层指标权重(表2-4-8)。

表2-4-8 地埋管地源热泵适宜性评价二级要素权重表

二级要素	权重
第四系厚度	0.029 4
浅层地质结构分区	0.058 8
有效含水层厚度	0.117 7
分层地下水水质	0.039 2
地层热扩散系数	0.161 1
地层每延米换热量	0.322 1
钻进条件	0.271 7

(四)要素指标赋值标准

对各要素指标进行分段评分,方法如下。地埋管地源热泵适宜性评价要指标见表2-4-9。

1. 第四系厚度

据调查,黄石市地埋管地源热泵系统的利用深度多为100m左右,按100m利用深度统一考虑,以第四系厚度占总体利用深度百分比为依据,将第四系厚度分为＜5m、5～10m、10～20m、20～30m、＞30m共5个分数段。

2. 浅层地质结构分区

浅层地质结构分区主要依据黄石市工程地质图,将不同亚类的工程地质类型按照地埋管适宜性分区要求重新整合,结合本书实际情况分为以下5类,即构造剥蚀低山丘陵区、湖盆洼地区、长江沿岸区、剥蚀堆积平原下伏碳酸盐岩区、剥蚀堆积平原下伏非碳酸盐岩类区。

3. 有效含水层厚度

地埋管有效含水层厚度主要分为0m、0～10m、10～25m、25～50m及＞50m共5个分数段。其中,在得分能力上,隔水层区域远小于含水层区域,着重区分隔水层与含水层之间的差异性。

4. 分层地下水水质

水质分区主要依据黄石市1∶5万水文地质调查中水文地质分区结果,根据《地下水质量标准》(GB/T 14848—2017)中规定的评分法计算水质。水质分析结果中优良、良好的水定为(多层且)有优质水,结果较好、较差和极差的水定为无优质水。

5. 地层热扩散系数

地层热扩散系数分区主要室内分析数据结合热响应测试,按照岩土体的岩性、物理性质分类统计,

表 2-4-9 地埋管地源热泵适宜性评价要素指标分段评分表

二级要素		要素评价标准（0～100分）				
第四系厚度	第四系厚度/m	>30	20～30	10～20	5～10	<5
	赋值	0	25	50	75	100
浅层地质结构分区	工程地质类型	构造剥蚀低山丘陵区	湖盆洼地区	长江沿岸区	剥蚀堆积平原下伏碳酸盐岩区	剥蚀堆积平原下伏非碳酸盐岩区
	赋值	0	30	60	80	100
有效含水层厚度	厚度/m	0	0～10	10～25	25～50	>50
	赋值	0	60	70	80	100
分层地下水水质	分层水水质类型	（多层且）有优质水	无优质水			
	赋值	0	100			
地层热扩散系数	热扩散系数/10^{-6} $m^2·s^{-1}$	<0.7	0.7～0.8	0.8～0.9	0.9～1.0	>1.0
	赋值	50	60	70	80	100
地层每延米换热量	地层每延米换热量/$W·m^{-1}$	50～55	55～60	>60		
	赋值	50	75	100		
钻进条件	钻进条件分区	长套管支护区	碳酸盐岩分布区	一般区		
	赋值	20	40	100		

求得各岩土层热扩散系数标准值,在统计成果的基础上对全孔段各单层岩土体的热扩散系数进行加权平均求得单孔平均热扩散系数。热扩散系数共划分为$<0.7\times10^{-6}\,\mathrm{m^2/s}$、$0.7\times10^{-6}\sim0.8\times10^{-6}\,\mathrm{m^2/s}$、$0.8\times10^{-6}\sim0.9\times10^{-6}\,\mathrm{m^2/s}$、$0.9\times10^{-6}\sim1.0\times10^{-6}\,\mathrm{m^2/s}$ 和 $>1.0\times10^{-6}\,\mathrm{m^2/s}$ 共5个级别。

6. 地层每延米换热量

地层每延米换热量计算主要依据搜集到的钻孔数据,按《地源热泵系统工程技术规范(2009年版)》(GB 50366—2005)中"附录B竖直地埋管换热器的设计计算方法",假定条件均为各钻孔埋设PE双U管,管径(D_e)为25mm,壁厚2.3mm,同等流速,同等回填料,在夏季制冷工况中取传热介质水的平均温度为32.5℃,运行份额为0.5,计算各钻孔每延米换热量。将地层每延米换热量分为50~55W/m、55~60W/m 和 >60W/m 共3个分数段。

7. 钻进条件

钻进条件分区主要依据各地区岩性、施工工艺以及市场情况等进行综合评价分区。钻进条件分区分为长套管支护区、碳酸盐岩分布区和一般区3个等级。

(五)评价结果

根据地埋管地源热泵适宜性分区层次分析法评价确定的权重及各要素分析结果得分情况,进行适宜性分区。依据分区标准,地埋管地源热泵适宜性分区可分为适宜区、较适宜区、适宜性差区3类,分区结果如图2-4-9所示。

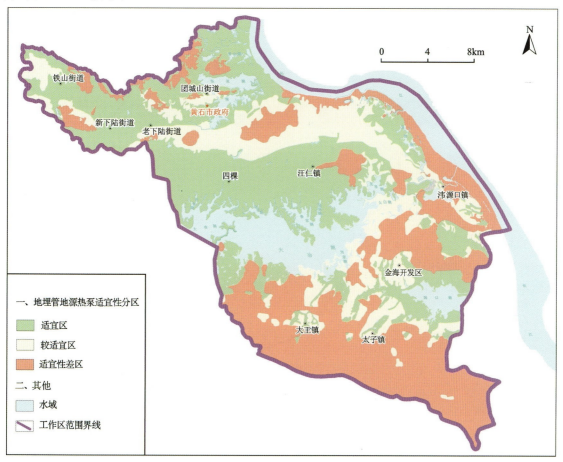

图2-4-9 地埋管地源热泵适宜性分区图

根据地埋管地源热泵适宜性分区图得知,适宜区主要分布在大冶湖北岸、海口湖周边及市区大部分地区,面积为320.30km²,占整个调查评价区面积的54.93%;较适宜区主要分布在黄荆山至金海一带和大冶湖南岸零星地区,面积为46.81km²,占整个调查评价区面积的8.03%;适宜性差区为除适宜区、较适宜区和水域之外的地区,主要为黄荆山森林公园、东方山森林公园、磁湖湿地公园、大冶湖湿地公园、磁湖风景区、父子山生态公益林、基本农田保护区等禁建区,面积为215.96km²,占整个调查评价区面积的37.04%;水域面积为117.93km²。

四、浅层地温能开发利用适宜性区划

根据地下水地源热泵适宜性分区及地埋管地源热泵适宜性分区结果,进行黄石城市规划区浅层地温能开发利用适宜性区划。黄石城市规划区大部分区域均较适宜开发利用浅层地热能,仅禁建区、地质灾害发育区和河道堤防500m范围内开发利用适宜性差。

地下水地源热泵系统开发利用较适宜区主要为团城山—下陆区一带,分布面积约6.94km²,其特点为可利用的地下水资源量较丰富且含水层出水、回灌能力较强;其他区域含水层出水能力弱,开发利用地下水地源热泵系统适宜性差,以开发利用地埋管地源热泵系统为主。区内大部分区域均适宜或较适宜地埋管地源热泵系统建设,分布面积约为367.11km²,主要特点为覆盖层厚度相对较薄,地埋管换热孔的施工成本较低,同时换热孔内基岩段所占比例较高,换热功率整体较好。

黄石城市规划区浅层地温能开发利用综合适宜性区划见图2-4-10。

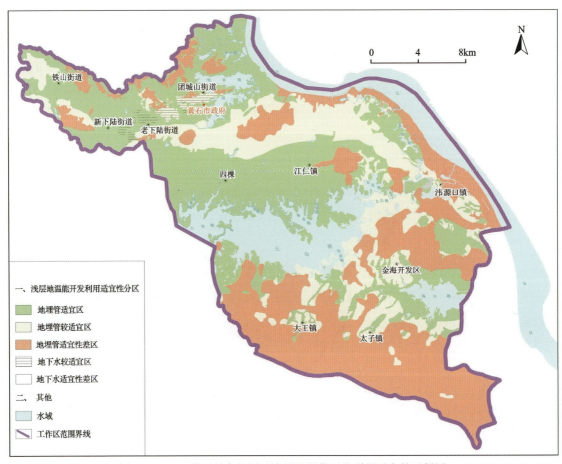

图2-4-10 黄石城市规划区浅层地温能开发利用适宜性区划图

五、浅层地温能热容量计算

(一)计算公式的选取

考虑到黄石市地质条件及浅层地温能市场应用现状,目前各地源热泵系统施工钻孔深度为100m左右,所以计算了100m深度范围内的浅层地温能资源热容量。

根据本区的实际情况,本次浅层地温容量评价按《浅层地热能勘查评价规范》(DZ/T 0225—2009)中的体积法计算。利用体积法计算浅层地温容量,分别计算包气带和饱水带中单位温差储藏的热量,然后合并计算评价范围内地质体的储热量。在包气带和饱水带中,用体积法计算浅层地温能储存量的公式分别如下。

1. 包气带

在包气带中,浅层地温容量按下式计算:

$$Q_R = Q_S + Q_W + Q_A \qquad (2-4-6)$$

$$Q_S = \rho_S C_S (1-\varphi) M d_1 \qquad (2-4-7)$$

$$Q_W = \rho_W C_W \omega M d_1 \qquad (2-4-8)$$

$$Q_A = \rho_A C_A (\varphi - \omega) M d_1 \qquad (2-4-9)$$

式中:Q_R 为浅层地温容量(kJ/℃);Q_S 为岩土体中的热容量(kJ/℃);Q_W 为岩土体所含水中的热容量(kJ/℃);Q_A 为岩土体中所含空气中的热容量(kJ/℃);ρ_S 为岩土体密度(kg/m³);C_S 为岩土体骨架的比热容[kJ/(kg·℃)];φ 为岩土体的孔隙率(或裂隙率);M 为计算面积(m²);d_1 为包气带厚度(m);ρ_W 为水密度(kg/m³);C_W 为水比热容[kJ/(kg·℃)];ω 为岩土体的含水量;ρ_A 为空气密度(kg/m³);C_A 为空气比热容[kJ/(kg·℃)]。

2. 饱水带

在饱水带中,浅层地温容量按下式计算:

$$Q_R = Q_S + Q_W \qquad (2-4-10)$$

式中:Q_R 为浅层地温容量(kJ/℃);Q_S 为岩土体骨架的热容量(kJ/℃);Q_W 为岩土体所含水的热容量(kJ/℃)。

Q_W 的计算公式为:

$$Q_W = \rho_W C_W \omega M d_2 \qquad (2-4-11)$$

式中:d_2 为潜水面至计算下限的岩土体厚度(m)。

Q_S 的计算公式参照式(2-4-7),但厚度采用 d_2。

(二)参数的确定

参数选择的准确与否直接关系到热容量的计算精度。本次计算评价主要参数包括计算面积、包气带和饱水带厚度、热物理参数、水和空气的参数。

1. 计算面积(M)

计算分区面积利用 GIS 软件在计算分区图上计算求取。

2. 计算厚度(d_1 和 d_2)

包气带厚度(d_1)取计算分区内浅层地下水水位监测点水位埋深的平均值,监测点数据来源于本次工作地下水统测数据及收集以往地下水水位监测资料,全区统计水位监测点 14 个;饱水带厚度(d_2)取浅层热能计算深度 100m 与包气带厚度(d_1)的差值。

3. 热物理参数

岩土体比热容、密度、孔隙度和含水率来自于本次取样测试结果。相同水文地质单元相同岩性岩样的参数值取岩样分析结果的平均值。各参数取值见表 2-4-10。

表 2-4-10 岩土体热物性参数取值表

岩土名称	密度 ρ kg/m³	比热容 C kJ/(kg·℃)	含水率 w %	孔隙率或裂隙率 φ %
粉质黏土	1 957.14	0.664	24.8	42.2
淤泥	1 870.00	0.791	29.8	47.0
黏土	1 956.67	0.702	24.8	42.4
粉砂岩	2 423.33	0.391	3.4	12.3
砂岩	2 500.00	0.336	3.6	10.0
页岩	2 475.00	0.358	1.7	8.2
角砾岩	2 490.00	0.394	1.9	8.7
灰岩	2 670.00	0.326	1.5	2.0
空气	1.29	1.003		
水	1 000.00	4.180		

4. 水的参数

水的密度和比热容均按《浅层地热能勘查评价规范》(DZ/T 0225—2009)中附表 B.1 取值。水的密度取 1000kg/m³,水的比热容取 4.180kJ/(kg·℃)。

5. 空气的参数

空气的密度和比热容均按《浅层地热能勘查评价规范》(DZ/T 0225—2009)中附表 B.1 取值。空气的密度取 1.29kg/m³,空气的比热容取 1.003kJ/(kg·℃)。

(三)计算结果

根据本次调查评价岩土体分类及各类岩土体物理性质、热物理性质参数,对施工钻孔的成果数据按照其地层岩性,结合不同岩性参数值进行加权平均,求取各钻孔点的加权平均比热容、导热系数、含水率、密度及孔隙率等相关参数,见表 2-4-11。

表 2-4-11 100m 以浅单孔浅层地温能热容量计算表

钻孔编号	第四系厚度	地下水位	Q_S	Q_W	Q_A	Q_R
	m		10^9 kJ/(km²·℃)			
ZK1	6.97	2.85	210.67	56.88	0.000 64	267.55
ZK2	16.85	1.80	188.19	69.21	0.000 41	257.40
ZK3	23.08	8.70	179.37	79.02	0.001 8	258.40
ZK4	2.00	5.85	189.01	47.57	0.001 2	236.59
ZK5	12.97	0.98	200.20	49.57	0.000 22	249.76
ZK6	17.04	2.47	189.94	70.46	0.000 58	260.40
ZK7	14.30	8.12	199.22	61.71	0.002 0	260.93
ZK8	1.00	3.65	210.79	28.81	0.000 83	239.59
ZK9	24.07	7.65	209.85	60.74	0.001 7	270.59
ZK10	26.10	5.50	197.90	54.06	0.001 4	251.96

工作区 100m 以浅浅层地温能热容量计算分区主要是根据本次项目施工的钻孔资料,并结合区内岩土体物理、热物性质参数综合计算所得。计算结果分为以下 3 级:$<2.40 \times 10^{11}$ kJ/(km²·℃)、$2.40 \times 10^{11} \sim 2.60 \times 10^{11}$ kJ/(km²·℃)、$>2.60 \times 10^{11}$ kJ/(km²·℃),按各分区面积分别计算即可得出调查评价区总热容量。

此外,本次热容量计算评价不包括地表水区和适宜性差区。黄石城市规划区浅层地温能 100m 以浅热容量分区计算结果见表 2-4-12。

表 2-4-12 黄石城市规划区 100m 以浅浅层地温能热容量分区计算表

分区编号	分区面积	区内单位面积热容量值	区内热容量值
	km²	10^{11} kJ/(km²·℃)	kJ/℃
1	46.81	<2.40	1.11×10^{13}
2	235.13	2.40~2.60	6.03×10^{13}
3	85.17	>2.60	2.26×10^{13}

分区结果显示(图 2-4-11),黄石城市规划区单位面积热容量值为 $2.30 \times 10^{11} \sim 2.75 \times 10^{11}$ kJ/(km²·℃)。100m 深度以浅的浅层地温能总热容量统计结果见表 2-4-13。工作区 100m 浅层地温能总容量为 9.40×10^{13} kJ/℃,每摄氏度约折合标准煤 539.94 万 t。

六、浅层地温能换热功率计算

根据夏季、冬季地下水单井换热功率和地埋管单孔换热功率,考虑土地利用系数及可利用面积,可计算出黄石城市规划区地下水和地埋管浅层地温能资源夏季、冬季换热功率,最终得出黄石城市规划区浅层地温能换热功率总量。评价计算主要针对规划区内建设用地范围。

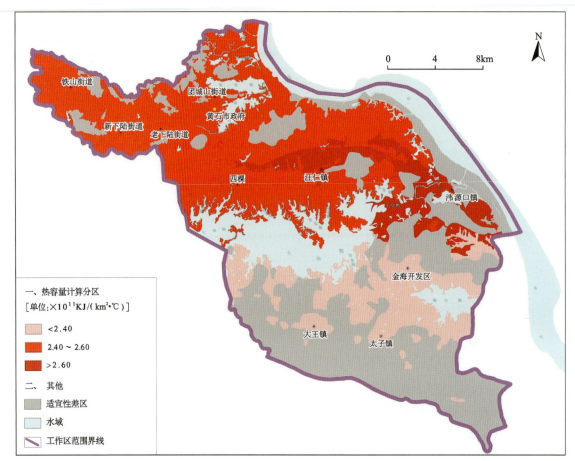

图 2-4-11 黄石城市规划区浅层地温能热容量计算分区图

表 2-4-13 黄石城市规划区浅层地温能热容总量

参数	计算深度/m	浅层地温能热容量/kJ·℃$^{-1}$	折合标煤/t·℃$^{-1}$
数值	100	9.40×10^{13}	5.3994×10^{6}

(一)土地利用系数

黄石市城市规划区分为老城区和新城区,新城区为最新规划的新城,本着"统筹国土空间规划、资源合理开发利用、生态地质环境保护"的理念打造"蓝绿交织、人水和谐、产城融合、集约发展"的绿色生态宜居新城。根据《黄石市城市总体规划(2001—2020年)(2017年修订)》,从最新规划布局来看,新城区内城镇建设、居住用地和公园防护绿地占比最大(图 2-4-12)。

黄石市城市规划区为黄石市未来发展主要的中心地带,进行评价计算和作图时,均要利用规划图中建设用地和城镇建设用地的范围。其中,适宜建设区面积约 459km²,包括限建区 120km² 和适建区 339km²,占城市规划区总面积的 65.48%;中心城区规划用地中建设用地面积约 94.63km²,包括居住用地、公共服务设施用地、商业服务业设施用地、工业用地等;城镇建设用地面积约 74.96km²。经综合计算,分别得出评价区地埋管、地下水两种开发利用方式下城镇建设用地土地利用系数,计算结果见表 2-4-14。

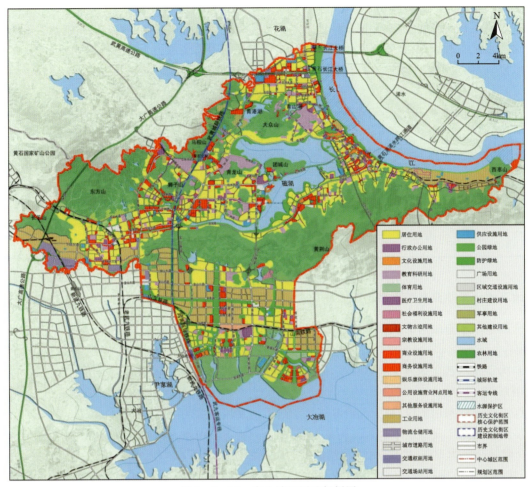

图 2-4-12 中心城区用地规划图

表 2-4-14 黄石市城市规划区浅层地温能土地利用系数计算表

土地利用系数类型	地埋管地源热泵系统土地利用系数		地下水地源热泵系统土地利用系数		备注
	可利用土地面积占比×空地率	综合利用系数	可利用土地面积占比×空地率	综合利用系数	建设用地综合土地利用系数，根据城镇建设用地面积计算的综合土地利用系数，参考城镇建设用地面积占建设用地面积的比例进行折算
城镇建设用地综合土地利用系数	0.654 8×0.60	39.29%	0.654 8×0.65	42.56%	
建设用地综合土地利用系数	—	31.11%	—	33.71%	

（二）地下水换热功率计算分区

1. 地下水单井换热功率计算

地下水单井换热功率利用下列公式计算：

$$Q_h = q_w \cdot \Delta T \cdot \rho_w \cdot C_w \times 1.16 \times 10^{-5} \quad (2-4-12)$$

式中：Q_h 为单井浅层地温能可开采量(kW)；q_w 为单井出水量(m³/d)；ρ_w 为水的密度 1000(kg/m³)；

ΔT 为地下水利用温差(℃);C_W 为水的比热容,取 4.18 kJ/(kg·℃)。

黄石市属夏热冬冷地区,按常规条件地下水换热温差夏季取10℃,冬季取5℃。依据本次调查期间收集到的抽水试验数据,结合黄石市城市规划区多要素城市地质调查中含水岩组富水性分区、不同区域单井出水量,可确定不同区域内单井换热功率,计算结果如表 2-4-15 所示。

表 2-4-15 工作区单井换热功率计算表

地下水循环利用量/$m^3 \cdot d^{-1}$	地下水利用温差/℃		水密度/$kg \cdot m^{-3}$	水比热容/$kJ \cdot kg^{-1} \cdot ℃^{-1}$	单井换热功率/kW	
	制冷期	供暖期			制冷期	供暖期
1000					484.88	242.44
500	10	5	1000	4.18	242.44	121.22
300					145.46	72.73

2. 地下水地源热泵系统换热功率计算

评价区地下水地源热泵系统总换热功率计算方法如下:

$$Q_q = Q_h \times n \times \tau \qquad (2-4-13)$$

式中:Q_q 为评价区浅层地热能换热功率(kW);Q_h 为单井换热功率(kW);n 为可钻抽水井数(口);τ 为土地利用系数。

根据综合土地利用系数,地下水地源热泵系统土地利用系数为 33.71%。

根据调查黄石市现有地下水地源热泵工程,综合分析黄石市水文地质条件,初步确定抽水井间距为100m,抽灌井间距为50m,则在 1km² 范围内均匀布孔的钻孔数为 100 个,综合考虑土地利用系数,则平均 1km² 建设用地范围内较适宜区可布置的抽水井数为 33 口。黄石市属夏热冬冷地区,因而地下水换热温差夏季取10℃,冬季取5℃;参与地下水评价的区域主要为建设用地范围内的地下水地源热泵系统适宜区及较适宜区。

按照前述地下水地源热泵系统换热功率常规方法计算(按照土地利用系数布井),在适宜区及较适宜区内,不同区域所布水井按该区单井最大涌水量抽取地下水,夏季运行 4 个月,冬季运行 3 个月,每天运行12h,以单井涌水量 500m³/d、土地利用系数 33.71% 为例计算,单位面积(km²)年开采量 3.36×10^6 m³ 远超出《黄石市地下水资源分布与开发利用区划》中有关地下水开采潜力的范围,全域范围年地下水开采总量也超出黄石市地下水可开采量(4.89亿 m³/a)。

一般参与地下水评价的区域主要为建设用地范围内的地下水地源热泵系统适宜区及较适宜区,本次黄石市城市规划区地下水地源热泵系统适宜性评价结果中没有适宜区,因此本次评价只考虑较适宜区。

在目前地下水管理严格、实行取水许可且不考虑回灌因素的现状下,结合以往经验,采用单井最大涌水量法来计算和评价黄石市城市规划区地下水地源热泵系统可利用资源量可能会超过区内地下水资源的可采限度,故此方法欠妥。本次参照《湖北省地下水资源调查评价报告》中黄石地区地下水可开采模数取值来计算评价,以全部用完适宜区和较适宜区内可开采部分的地下水为基准。

根据黄石地区地下水可开采模数分区,黄石市城市规划区地下水地源热泵系统较适宜区地下水开采模数取值为 19.55×10^4 m³/(a·km²),结合评价计算公式[式(2-4-8)],可分别计算出评价范围内地下水地源热泵系统夏季制冷期换热功率为 6 349.68kW,冬季采暖期换热功率为 3 174.8kW,换热功率计算结果见表 2-4-16,其计算分区详见图 2-4-13、图 2-4-14。

表 2-4-16 黄石市城市规划区地下水换热功率计算表

工作期	分区面积	开采模数	地下水利用温差	水密度	水比热容	换热功率	单位面积换热功率
	km²	10⁴m³/(a·km²)	℃	kg/m³	kJ/(kg·℃)	kW	kW/km²
制冷期	6.94	19.55	10	1000	4.18	6 349.68	914.94
供暖期	6.94	19.55	5	1000	4.18	3 174.84	457.47

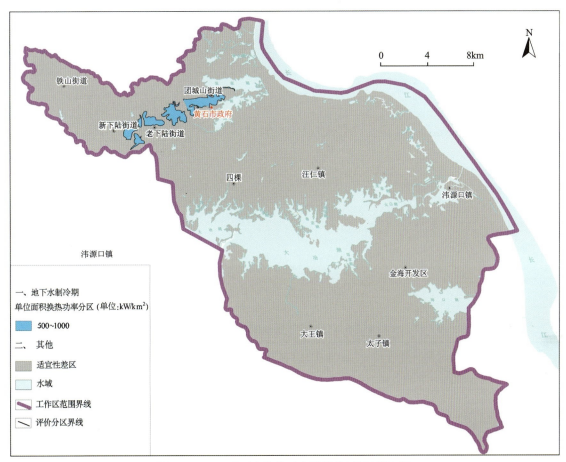

图 2-4-13 地下水换热功率计算分区图(制冷期)

3. 地下水地源热泵系统可利用资源量计算

根据黄石市城市规划区地下水地源热泵系统适宜性分区结果,利用地下水地源热泵系统换热功率和系统运行时间,可计算出黄石市城市规划区地下水地源热泵系统浅层地温能可利用资源量。

黄石市城市规划区地下水地源热泵系统开发利用无适宜区,较适宜区面积为 6.94km²,夏季制冷工况下换热功率为 6 349.68kW,冬季供暖工况下换热功率为 3 174.84kW,系统运行份额取 0.5,则一个制冷季(120d)可向地下排放的热量为 $6\,349.68\times3600\times24\times120\times0.5=3.29\times10^{10}$ (kJ);一个采暖季(90d)可从地下提取的热量为 $3\,174.84\times3600\times24\times90\times0.5=1.23\times10^{10}$ (kJ)。

黄石市城市规划区建设用地范围内地下水地源热泵系统较适宜区可利用资源量为 4.53×10^{10} (kJ),折合标准煤 2 584.51t。

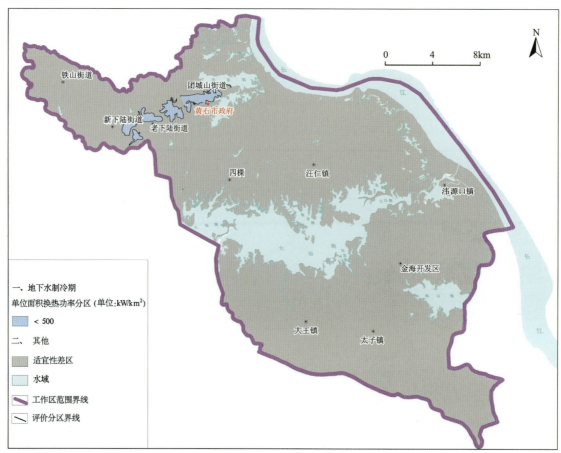

图 2-4-14 地下水换热功率计算分区图（供暖期）

表 2-4-17 黄石市城市规划区地下水地源热泵系统可利用资源量计算表

参数	面积/km²	夏季排热量/kJ	冬季取热量/kJ	全年可利用资源量/kJ	全年折算标煤/t
数值	6.94	$3.29×10^{10}$	$1.23×10^{10}$	$4.53×10^{10}$	2 584.51

（三）地埋管换热功率计算分区

1. 地埋管单孔换热功率计算

首先根据现场热物性测试结果，结合搜集到的钻孔数据，按《地源热泵系统工程技术规范》(GB 50366—2009)中"附录 B 竖直地埋管换热器的设计"计算方法。计算在假定条件为孔深 100m，各钻孔埋设 PE 双 U 管，管径为 25mm，壁厚 2.3mm，同等流速，同等回填料，在夏季制冷工况中取传热介质水的平均温度为 32.5℃，冬季供暖工况中取传热介质水的平均温度为 7.5℃，运行份额 0.5 的情况下，计算各区钻孔每延米换热量(注：单孔换热功率等于钻孔每延米换热量乘以孔深，且此单孔换热功率把钻孔深度定为 120m)。

按上述方法，最终根据钻孔每延米换热量计算出各区域单孔换热功率，结果见表 2-4-18。

2. 地埋管地源热泵系统换热功率计算

评价区地埋管地源热泵系统总换热功率计算公式为：

$$D_q = D × n × τ \qquad (2-4-14)$$

表 2-4-18　黄石市城市规划区制冷、供暖工况下单孔换热功率　　　单位:kW

钻孔编号	平均换热量	
	制冷期	供暖期
ZK1	5.85	5.63
ZK2	6.16	5.98
ZK3	5.88	5.64
ZK4	7.41	7.09
ZK5	5.75	5.55
ZK6	5.79	5.70
ZK7	6.51	6.21
ZK8	5.74	5.61
ZK9	6.18	5.51
ZK10	6.37	6.04

式中:D_q 为评价区浅层地温能换热功率(kW);D 为单孔换热功率(kW);n 为可钻换热孔数;τ 为土地利用系数。

黄石市城市规划区地埋管地源热泵系统建设用地综合土地利用系数为 31.11%。

根据黄石市地埋管地源热泵系统经验,换热孔均按照网格状分布,孔间距为 5m,则在 1km² 范围内均匀布孔的钻孔数量为 40 000 个(刘红卫等,2014)。综合考虑土地利用系数,则黄石市城市规划区平均 1km² 适宜区和较适宜区内可钻换热孔数量为 12 444 个。

根据计算的调查评价区内单孔换热功率,对单孔换热功率进行分区,分别计算各分区内的地埋管换热功率,调查评价区地埋管地源热泵系统换热功率即为各分区地埋管换热功率总和。换热功率计算见表 2-4-19、表 2-4-20。

表 2-4-19　黄石市城市规划区 100m 以浅制冷期地埋管换热功率分区计算表

分区编号	面积/km²	单孔换热功率/kW	可利用钻孔数目/个	换热功率/kW
1	46.81	5.5~6.0	582 503	3 379 682.4
2	235.13	6.0~7.0	2 925 957	18 448 158.9
3	85.17	7.0~7.5	1 059 855	7 853 525.6
合计	367.11	—	4 568 315	29 681 366.9

表 2-4-20　黄石市城市规划区 100m 以浅供暖期地埋管换热功率分区计算表

分区编号	面积/km²	单孔换热功率/kW	可利用钻孔数目/个	换热功率/kW
1	46.81	5.0~5.5	582 503	3 221 241.6
2	235.13	5.5~6.5	2 925 957	17 058 329.3
3	85.17	6.5~7.0	1 059 855	7 514 372.0
合计	367.11	—	4 568 315	27 793 942.9

黄石市城市规划区地埋管地源热泵系统制冷期、供暖期换热功率计算分区图见图 2-4-15、图 2-4-16。

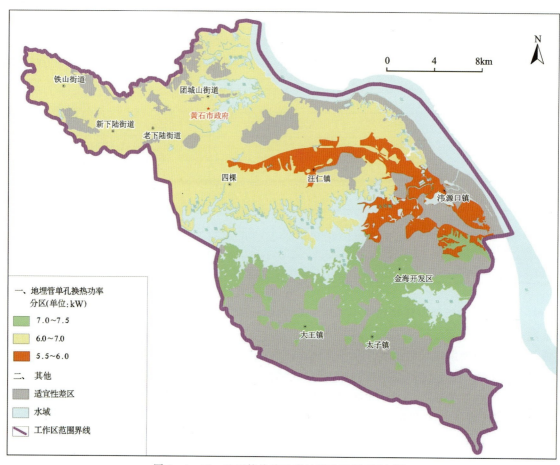

图 2-4-15 地埋管换热功率计算分区图(制冷期)

根据表中参数及计算公式,可分别得出黄石市城市规划区地埋管地源热泵系统夏季制冷期换热功率为 2.97×10^7 kW,冬季供暖期换热功率为 2.78×10^7 kW。

倘若不考虑土地利用系数,则参照上述公式和参数可计算得出建设区 100% 土地利用系数下地埋管地源热泵系统夏季制冷期换热功率 9.54×10^7 kW,冬季供暖期换热功率为 8.93×10^7 kW。

(四)地埋管地源热泵系统可利用资源量计算

根据黄石市城市规划区地埋管地源热泵系统适宜性分区结果,利用地埋管地源热泵系统换热功率和系统运行时间,可计算出黄石市城市规划区地埋管地源热泵系统浅层地温能可利用资源量。

经统计,黄石市城市规划区地埋管地源热泵系统适宜区和较适宜区面积为 367.11 km²,夏季制冷工况下换热功率为 2.97×10^7 kW,冬季供暖工况下换热功率为 2.78×10^7 kW,则一个制冷季(120d)可向地下排放的热量为 $2.97\times10^7\times3600\times24\times120\times0.5=1.54\times10^{14}$ (kJ);一个采暖季(90d)可从地下提取的热量为 $2.78\times10^7\times3600\times24\times90\times0.5=1.08\times10^{14}$ (kJ)。

黄石市城市规划区地埋管地源热泵系统适宜区和较适宜区可利用资源量为 2.62×10^{14} kJ,折合标准煤 1 495.47 万 t。若不考虑土地利用系数,则可利用资源量为 8.42×10^{14} kJ,折合标准煤 4 807.06 万 t。

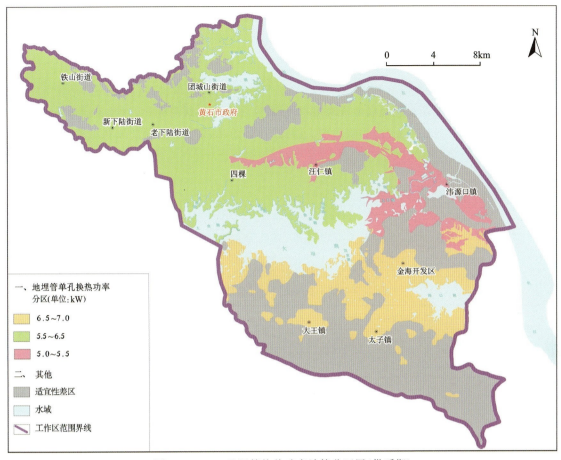

图 2-4-16 地埋管换热功率计算分区图(供暖期)

(五)浅层地温能可利用总量

调查评价区范围内换热功率总量为区内地埋管、地下水评价的总量,重合区域按照地埋管 2/3、地下水 1/3 的比例计算,夏季、冬季换热功率总量计算结果见表 2-4-21。

表 2-4-21　黄石市城市规划区 100m 以浅制冷期地埋管换热功率分区表　　单位:kW

分项	夏季换热功率		冬季换热功率	
	地下水	地埋管	地下水	地埋管
非重合区域	0	2.97×10^7	0	2.78×10^7
重合区域(折算后)	2 116.56	3.58×10^5	1 058.28	3.28×10^5
换热功率总量	2.97×10^7		2.78×10^7	

夏季制冷工况下换热总功率为 2.97×10^7 kW,冬季供暖工况下换热总功率为 2.78×10^7 kW。由于地下水地源热泵系统浅层地温能可利用资源量远远小于地埋管可利用资源量,故可忽略不计,即黄石市城市规划区浅层地温能可利用总量为黄石市城市规划区地埋管地源热泵系统可利用资源量,总量为 2.62×10^{14} kJ,折合标准煤 1 495.47 万 t。若不考虑土地利用系数,则可利用资源量为 8.42×10^{14} kJ,折合标准煤 4 807.06 万 t。

七、浅层地温能资源潜力评价

根据夏季、冬季浅层地温能可利用资源量以及夏季制冷负荷、冬季供暖负荷指数,可计算出黄石市城市规划区地下水和地埋管浅层地温能资源夏季可制冷、冬季可供暖总面积,以及不同地段单位面积土地上浅层地温能资源可提供的制冷、供暖面积。因此,可评价出浅层地温能资源利用潜力,编制浅层地温能潜力评价分区图。

(一)建筑平均冷热负荷

黄石市地处冬冷夏热地区,参照有关标准规范,黄石地区空调室外计算参数、建筑负荷概算指标见表2-4-22。

表 2-4-22 不同建筑种类负荷概算指标

建筑种类	空调面积冷热负荷/W·m^{-2}		系数	建筑面积冷热负荷/W·m^{-2}	
	供冷	供暖		供冷	供暖
住宅	85	95	0.7	60	67
商业	115	87	0.85	98	74
餐饮	225	140		191	119
医院	130	80		111	68
旅馆	95	70		81	60

在实际设计和应用时,建筑物冷热负荷值的确定还需要考虑峰值系数、同时系数等,住宅建筑中央空调系统的同时考虑系数指标,当小于100户时可按0.7计;当在100~150户时,可按0.65~0.7计;住户接近200户时,可按0.6计,确定总冷热负荷时尚应乘以系数。

黄石市城市规划区黄荆山以南为新区,本次在估算新区区内建筑物冷热负荷指标时,统一按新建筑物考虑(其中公建和民建各占60%、40%)。对黄石市城市规划区浅层地温能利用潜力评价综合负荷指标计算结果见表2-4-23,夏季平均制冷负荷为79.9W/m^2,冬季平均供暖负荷为58.3W/m^2,将上述指标用于黄石市城市规划区浅层地温能开发利用潜力评价。

表 2-4-23 黄石市城市规划区空调负荷指标计算表

分项	制冷		供暖	
	民建(新)	公建	民建	公建(新)
负荷值/W·m^{-2}	80	58	60	45
计算占比/%	60	40	60	40
折算值/W·m^{-2}	48	23.2	36	18
综合值/W·m^{-2}	79.9		58.3	

（二）浅层地温能地下水地源热泵系统资源潜力评价

在不考虑土地利用系数的前提下，利用开采模数计算单位面积（km²）地下水浅层地温能可利用资源量与制冷、供暖负荷值，从而可求得单位面积地下水浅层地温能资源可制冷、供暖面积。黄石市城市规划区地下水地源热泵较适宜区单位面积（km²）夏季可制冷面积为 $1.14\times10^4\text{m}^2$，单位面积（km²）冬季可供暖面积为 $0.79\times10^4\text{m}^2$。地下水地源热泵较适宜区浅层地温能资源利用总潜力为：夏季可制冷面积 $7.94\times10^4\text{m}^2$，冬季可供暖面积 $5.47\times10^4\text{m}^2$，总体可利用潜力较小。

黄石市城市规划区地下水地源热泵系统制冷期、供暖期潜力评价分区见表 2-4-24，分区评价结果见图 2-4-17、图 2-4-18。

表 2-4-24　黄石市城市规划区地下水地源热泵潜力评价分区统计表

较适宜区面积/km²	制冷期潜力值/$10^4\text{m}^2\cdot\text{km}^{-1}$	供暖期潜力值/$10^4\text{m}^2\cdot\text{km}^{-2}$	潜力分区等级/$10^4\text{m}^2\cdot\text{km}^{-2}$			评价等级	
			高	中	低	制冷期	供暖期
6.94	1.14	0.79	＞2.0	1.0~2.0	＜1.0	中	低

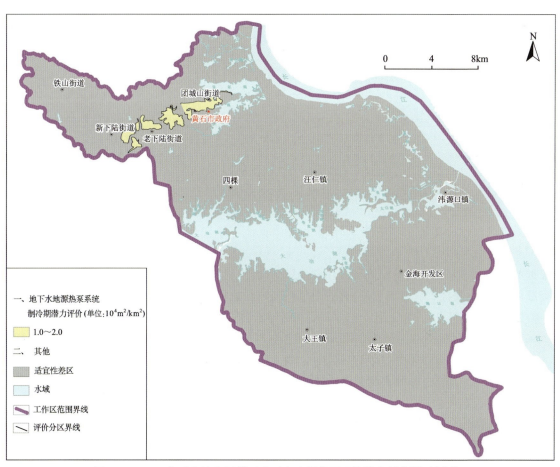

图 2-4-17　黄石市城市规划区地下水地源热泵系统潜力评价图（制冷期）

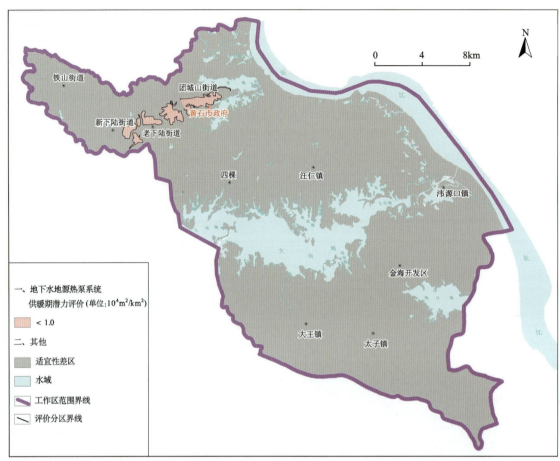

图 2-4-18 黄石市城市规划区地下水地源热泵系统潜力评价图(供暖期)

(三)浅层地温能地埋管地源热泵系统资源潜力评价

计算地埋管浅层地温能资源开发利用潜力与计算地下水浅层地温能资源开发利用潜力的方法相似。

根据单位面积地埋管浅层地温能可利用资源量与制冷、供暖负荷值,可求得单位面积地埋管浅层地温能资源可制冷、供暖面积。计算可得,黄石市城市规划区地埋管地源热泵适宜区和较适宜区单位面积(km^2)夏季可制冷面积为 $0.902×10^6 \sim 1.15×10^6 m^2$,单位面积($km^2$)冬季可供暖面积为 $1.19×10^6 \sim 1.52×10^6 m^2$。地埋管地源热泵适宜区和较适宜区浅层地温能资源利用总潜力中夏季可制冷面积为 $3.71×10^8 m^2$,冬季可供暖面积为 $4.79×10^8 m^2$。倘若不考虑土地利用系数,则参照上述公式和参数可计算得出建设用地范围内 100% 土地利用系数的地埋管地源热泵适宜区和较适宜区浅层地温能资源利用总潜力中夏季可制冷面积为 $1.19×10^9 m^2$,冬季可供暖面积为 $1.54×10^9 m^2$。

黄石市城市规划区地埋管地源热泵系统制冷期、供暖期资源潜力评价分区见表 2-4-25、表 2-4-26,评价分区结果见图 2-4-19、图 2-4-20。

表 2-4-25 黄石市城市规划区 100m 以浅地埋管制冷期潜力评价分区统计表

潜力分区等级	潜力范围值/$10^4 m^2·km^{-2}$	面积/km^2
1	40~45	43.29
2	45~50	221.59

续表 2-4-25

潜力分区等级	潜力范围值/$10^4 m^2 \cdot km^{-2}$	面积/km^2
3	50~55	32.49
4	55~60	69.74

表 2-4-26 黄石市城市规划区 100m 以浅地埋管供暖期潜力评价分区统计表

潜力分区等级	潜力范围值/$10^4 m^2 \cdot km^{-2}$	面积/km^2
1	55~60	43.29
2	60~65	221.59
3	65~70	32.49
4	70~75	69.74

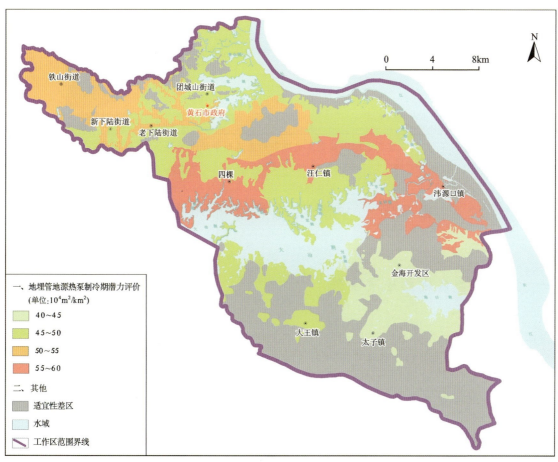

图 2-4-19 黄石市城市规划区地埋管地源热泵系统潜力评价图(制冷期)

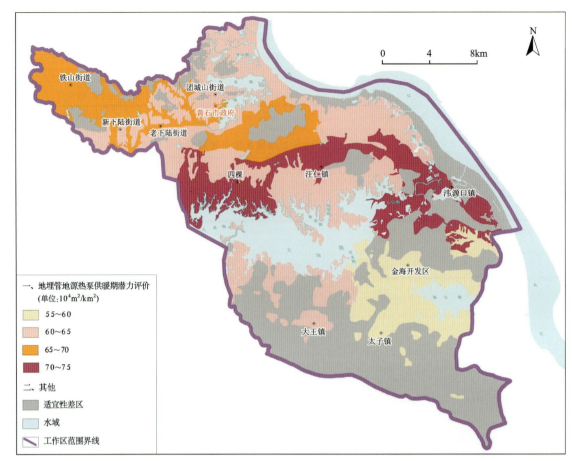

图 2-4-20　黄石市城市规划区地埋管地源热泵系统潜力评价图（供暖期）

第五节　中深层地热资源调查评价

一、重点调查区地热地质条件

根据工作区构造、地层分布及地热异常特征，本次圈定了汪仁-章畈、胡家湾、李家坊 3 个重点调查区开展工作。区内不同调查区地热地质条件分述如下。

（一）汪仁-章畈重点调查区

1. 基础地质条件

汪仁-章畈重点调查区处保安-汪仁复背斜东段（即章山倒转背斜）与大冶复向斜的转换部位，大冶湖盆地的北部。章山倒转背斜轴向呈北东 65°方向延伸，轴向延长约 22km，轴线呈北东 30°方向突出呈弧形弯曲，轴面南倾。背斜核部地层为寒武系、奥陶系，翼部地层为志留系、泥盆系、石炭系、二叠系和三叠系。褶皱的北翼地层发育较全，地层倾向南南东，倾角 10°～80°，南翼为近东西向断裂切割，保存不完全，总体倾向南南东，倾角 40°～55°。

区内地表自下而上出露地层有中上寒武统、奥陶系、下志留统、中上泥盆统、下二叠统、白垩系—古近系（K_2E_1g）、第四系。

2. 地热异常特征

本区地热异常点在 20 世纪 70 年代即有发现，主要分布于调查区中部章山宗换雨一带。

1971 年，湖北石油地质研究院在黄荆山地区进行地热调查时发现了 3 处自然出露的温泉，即 61 号泉、62 号泉、70 号泉，其均沿北北东方向排列，其中 61 号泉水温最高达 37℃，后因周边工程建设被掩埋。

2015 年，湖北省地质局第四地质大队受当地温泉度假村委托，于原温泉点附近施工了 SHK01、SHK02、SHK04 共 3 口地热井，孔深分别为 158.50m、151.58m、500.10m。其中，SHK01 地热井内温度最高达 40℃，SHK01、SHK02 地热井抽水时水温近 39℃。据本次调查，SHK02 地热井热水长期自溢，水温在 37℃以上。

本次在区内施工了 2 口地热井，孔内温度均达到 28℃以上，终孔后自溢水温均在 27℃左右。

3. 热储特征及其埋藏条件

1）热源

章畈地热异常区断裂构造发育，地下水可通过深大导水断裂进行深循环，利用地温梯度吸取深部热量，再通过地下水对流将热量运移到浅部，从而获得增热。根据本次施工钻孔井温测量结果，地热田地温梯度约 4.5℃/100m，远远高于黄石地区地温梯度平均值（2℃/100m）。

章畈村一带已揭露的地下热水中可溶性二氧化硅、氟、硫酸根离子及溶解性总固体（TDS）均明显升高，可证明是热水参与深部循环溶滤的结果。

2）热储和通道

根据调查区内钻孔资料分析，目前揭露的热水出露于寒武系—奥陶系的断裂带附近，主要含水层为岩溶裂隙含水层和构造破碎带裂隙含水层。这两个含水层互相接触，之间无隔水层分布，宏观上为同一含水单元，但伴断裂而生的构造裂隙含水层中岩溶、裂隙一般更发育，渗透性和导水性要强于岩溶裂隙含水层，且发育深度更大。下面从导水、储热等角度分别进行论述。

（1）岩溶裂隙含水层：该层由章山倒转背斜核部寒武系—奥陶系白云岩、灰质白云岩、白云质灰岩、灰岩等碳酸盐岩类组成，其岩溶发育规律与区域上基本一致，大致体现为自地表往下岩溶发育渐弱、浅部渗透性高于深部的特点，在地表亦可见溶洞（工作区东部著名的章山洞即为一较大溶洞）。钻探岩芯揭露溶蚀孔洞、岩溶裂隙较发育，地下水运移主要沿岩溶通道顺地势自高往低径流。寒武系—奥陶系白云岩、灰质白云岩、白云质灰岩、灰岩等碳酸盐岩在调查区内多隐伏于第四系之下，仅在丘陵顶部局部出露；在东部的章山一带大面积裸露于地表，为主要大气降水补给的区域。当达到一定深度后，岩溶发育程度逐渐变差，导致该含水层的深部水循环主要依靠与其相连通的构造裂隙间接进行，地下水在地表构造裂隙较发育部位出露形成温泉。

（2）构造破碎带裂隙含水层：该层虽然因第四系覆盖多未出露，但依据物探及钻孔资料可以发现该层伴随导水断裂而生，分布于断裂两侧。本层地下水除了接受寒武系—奥陶系岩溶含水层的侧向补给外，同时由于各断裂延伸长、纵横交错也接受区域其他含水层的补给。由于断裂切割深度大，地下水在运移过程中产生深循环形成增温，在合适部位再通过断裂上涌，故构造破碎带裂隙含水层既是热储含水层，又是导热构造，二位一体。需要指出的是，当热水沿破碎带上升过程中，随着寒武系—奥陶系岩溶发育的增强将会混入其中的冷水，导致温度降低。这也是造成章畈村出露的温泉和钻孔揭露的水温均不高的原因之一。

综合上述，汪仁-章畈调查区的热储含水层为岩溶裂隙含水层与构造破碎带裂隙含水层，尤其以切割寒武系—奥陶系的构造破碎带裂隙含水层为主。

3)热储埋藏条件

本区南部地表分布为志留系坟头组、泥盆系云台观组、白垩系—新近系以及第四系残坡积等隔水层,地层均南倾,寒武系—奥陶系岩溶含水层及其中的构造破碎带裂隙含水层隐伏于隔水层之下,埋深一般为20~800m不等。上述隔水层透水透热性能差,组成了隔水隔热层,即盖层,对区内南部热水起到了很好的保温作用。

4)地热成因模型分析

汪仁-章畈地热田处章山倒转背斜的核部偏南翼,地表零星出露寒武系碳酸盐岩。章山倒转背斜的核部、核翼转折部位发育两条北东东向断层,与碳酸盐岩含水层形成区内重要的储水构造,倒转背斜的两翼形成北东向、北西向的共轭断层,共同构成区内地下水的运移通道,具有良好的地下水储运条件。

区内下陆—四棵—王叶以南是由大冶湖北部断陷盆地边界深大断裂近东西向的主断裂和北东向、北西向的共轭断裂共同组成断裂破碎带,断裂带东西长约62km,总体倾向南,倾角55°~75°,该断裂带切割较深,长度大。断裂的上盘为白垩系—新近系紫红色泥岩、杂角砾岩,由北向南逐渐变厚,是良好的热储盖层。

通过对区内成热地质背景条件和相关资料分析研究认为,当前揭露的地热田北部(即ZK801钻孔以北)地表出露碳酸盐岩地层,近东西向、北东向、北西向的断裂构造发育,大气降水沿地表裂隙下渗,受地热梯度加热,由于受倒转背斜深部志留系砂页岩的阻隔,地下水向山脊南部排泄,在低洼处北东向断裂点溢出。因地热流体大部分无保温盖层,且浅部寒武系—奥陶系碳酸盐岩岩溶发育,地表冷水极易混入浅部热水中,造成地热田整体温度偏低,甚至出现先升高后降低的情况。

汪仁-章畈地热田热储层整体往南倾,倾角约45°,地热田南部(即ZK801钻孔以南)地温梯度最高达4.5℃/100m,远远高于黄石地区地温梯度平均值(2℃/100m)。区内罗桥—四棵—王叶以南的近东西向断裂带规模大、延伸长,深部有含水碳盐岩地层,具有良好的导热储水空间。另外,越往南大冶湖断陷盆地的北缘上覆地层白垩系—新近系紫红色粉砂岩越厚,产状稳定,对地热田起到良好的保温作用(图2-5-1)。

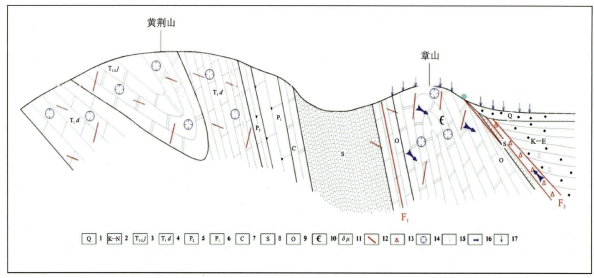

图2-5-1 汪仁-章畈地热成因模型示意图

1.第四系残坡积;2.白垩系—新近系粉砂岩;3.中下三叠统嘉陵江组白云岩;4.下三叠统大冶组含泥质灰岩;5.上二叠统含硅质条带灰岩;6.下二叠统含燧石结核灰岩;7.石炭系白云岩、灰岩;8.志留系泥质粉砂岩;9.奥陶系含泥质生物碎屑灰岩;10.寒武系白云岩;11.闪长玢岩;12.断裂;13.构造角砾岩;14.岩溶洞穴;15.泉点;16.地下水运移方向;17.大气降水

综上所述,区内罗桥—四棵—王叶以南的近东西向断裂带规模大、延伸长,深部有含水碳酸盐岩地层,下部有志留系砂页岩隔水层,上部有白垩系—新近系砂页岩不透水盖层;区域性断裂带又是良好的

地热水储运空间,赋存于断陷盆地边缘的地下水利用地球深部大地热流进行热传导加热,温度升高,形成兼具层状热储和带状热储特征的混合型地热田。

(二)胡家湾重点调查区

1. 基础地质条件

胡家湾重点调查区位于黄荆山南坡,受桐梓堡倒转背斜核部和黄荆山向斜控制。

桐梓堡背斜构成黄石市南黄荆山北麓的丘陵低山区,东端中窑湾高点由上古生代地层组成核心,西端胡家湾高点则为下部大冶组灰岩,再往西的白塔岩高点一直延伸到新下陆区则全为嘉陵江组灰岩。背斜总体显示向西倾伏,向东翘起;轴向西端为北东东—北东向,东端则折转为近东西向;背斜北翼倒转,西端与铁山侵入体东延部分呈侵入接触,东端则为长江所淹没,南翼即黄荆山向斜北翼部分。

黄荆山向斜位于下陆-汪仁复式背斜北侧,长达数十千米,贯穿全区,轴向自西向东,由北西西转为北东,至杨武山一带为近东西向。核部地层黄荆山一带为中下三叠统嘉陵江组($T_{1-2}j$)第一岩性段,卫新湾一带为第二岩性段,杨武山一带以嘉陵江组第一岩性段为主,偶见第二岩性段。两翼地层为三叠系,南翼出露二叠系,北翼倾向南,倾角10°~40°;南翼产状变化较大,总体倾向北,局部倒转,倾角35°~65°不等。向斜翼部派生有层间拖曳褶皱及挤压破碎带等。受后期构造叠加改造,向斜轴被分截成几段,有的地段轴向也发生了改变。

区内北东向、北西向断裂构造发育,出露地层主要为三叠系大冶组、嘉陵江组。

2. 地热异常特征

胡家湾调查区内地热异常主要为胡家湾煤矿开采揭露。自1960年至1970年,矿工曾先后5次在矿坑掘进过程中在-111.9m、-157.6m、-160.0m、-265.4m、-311.3m标高发现了热水。2014年以前,热水被煤矿生活利用,矿山闭坑后热水一直处于未利用状态。

从5个热水点情况来看,第一个热水点接近桐梓堡倒转背斜轴部,煤层在该处突然变厚又变薄,推测有断裂发育;第二个热水点情况类似第一个热水点情况;第三个热水点系沿两条宽0.1~0.4m的层面裂隙涌水,这两条裂隙又与一条北西30°向、向北东倾斜、倾角72°的断层相连。据调查,第二个热水点涌水后,第一热水点水量顿时变小;第三个热水点涌水后,前述两点当即干枯;第四热水点涌水时,第三热水点水量由70m³/h骤减至10m³/h;第五热水点涌水时,前述热水点全干枯。由此可见,各热水点彼此连通,并与一定方向的裂隙有关。5个热水点大致呈北西40°方向展布。而且在其东和南东方向的704、406两个钻孔中,分别于孔深553.28~556.1m(标高-325.96~-322.87m、孔深558m(标高-507.28m)的茅口组灰岩中揭露了33.5°和34.8°的热水。除此之外,钻孔中和坑道内再没有发现水温异常现象,热水按一定方向分布,并与本区主要断裂北西向张扭性断裂方向一致,也充分显示出沿构造断裂充水的特点。

热水水温变化在32~38℃之间,而且随着深度的增加水温逐渐升高,但愈往下,水温增加幅度愈小;水量通常为70m³/d左右,承压水头高出含水层顶板可达百米以上;水质与冷泉截然不同,热水最显著的特点是硫酸根离子、氟离子、可溶性二氧化硅含量高,TDS高,硬度大,为中矿化含$Cl \cdot F \cdot SO_4 - Ca$型极硬水,其中氟离子含量(2.8mg/L)已达到矿水标准。根据光谱定量分析结果,锶离子含量达29.8mg/L,也已超过矿水标准。

3. 热储特征及其埋藏条件

1)热源

胡家湾地热异常带周边地层并无放射性异常及岩浆热源,但断裂构造发育。区内的深大断裂带,切割较深,地下水沿断裂带以及黄荆山向斜运移,经深循环加热后,在胡家湾煤矿底部运移并经矿坑揭露,形成地热。由于径流区具有较厚的隔热保护层,地下水在径流过程中遇围岩加热不致散失,高温、高压水(汽)沿断裂径流到地质环境条件适宜的地段形成地热田。因此,胡家湾地热田的加热方式主要为地下水沿深大断裂进行深循环获取的自然增温,即自然梯度增温。

2)热储和通道条件

胡家湾出露热水点的构造部位为桐梓堡倒转背斜轴部及南翼(即黄荆山向斜北翼),而且恰位于背斜高点处。出水点岩层皆为龙潭组煤层底板下茅口组灰岩。地热流体主要赋存于石炭系—下二叠统白云岩、灰岩等碳酸盐岩的裂隙岩溶中,石炭系—下二叠统分布于黄荆山向斜中下部及南翼,在地热田南部可见该层出露,地热田北部该层隐伏于第四系松散堆积层之下,由南往黄荆山向斜中部埋深逐渐加大,符合黄荆山向斜中下部及南翼这一基本形态。石炭系—下二叠统白云岩、灰岩等碳酸盐岩裂隙岩溶发育。根据煤矿资料,在矿区深度范围内,发育多个裂隙岩溶带,在−160m标高以下5次发现茅口组灰岩裂隙中涌出热水。

胡家湾地热田的形成与褶皱、断层构造关系密切,地热田位于黄荆山向斜北翼,受到新华夏构造体系及前弧影响,区内广泛发育北西向及北东向断层。根据胡家湾煤矿矿坑资料,在矿坑掘进过程中5次揭露地热涌水均来自于二叠系的断层带中,钻孔中和坑道内再没有发现水温异常现象,热水按一定方向分布,并与本区主要断裂北西组张扭性断裂方向一致,也充分显示出沿构造断裂充水的特点。胡家湾地热资源的赋存和运移主要受到断裂控制,尤其是多组断裂的交会处。

3)热储埋藏条件

胡家湾地热田属于埋藏型地热田,地表并无温泉露头,其为煤矿开采过程中人为揭露所发现,根据前期人的资料显示,本区的白垩系—新近系红层、中三叠统蒲圻组泥质粉砂岩、下三叠统大冶组底部钙质页岩、上二叠系顶部保安组页岩和底部龙潭组煤层等,属塑性岩层,裂隙发育程度及张开程度较差,透水性导热性均不及上述含水层,可视为相对的隔水热层。其中,二叠系龙潭组的煤层为主要隔水层,该地层在地热田周边分布广泛,厚5~20m不等,最大埋深超过750m,具有隔绝上部冷水的作用,属地热田的盖层。

4)地热成因模型分析

胡家湾地热田的成因模式为典型的断裂对流型地热系统,从区域地质环境条件分析,地热流体的补给区位于地热田西的金山林场,出露地层主要为石炭系—二叠系碳酸盐岩,受淮阳"山"字形构造影响,碳酸盐岩地层中发育一系列北西向褶皱、断裂。通过这些深大断裂,大气降水补给胡家湾地热田,地下水沿着断裂及黄荆山向向斜底部运移,径流深度达上千米。胡家湾具备深循环加热条件,且径流区具有较厚的隔热保护层(二叠系龙潭组的煤层及以上地层),地下水在径流过程中遇深部热源加热且不致散失,高温、高压水(汽)沿断裂径流经过胡家湾煤矿区在矿坑中被揭露出来,形成地热田。

(三)李家坊重点调查区

1. 基础地质条件

李家坊重点调查区位于桐梓堡背斜向西倾伏延伸的白塔岩山北麓。该区分布一系列北西向断裂,以李家坊-四棵水库断裂为代表,断裂走向约300°,倾角80°~90°,东盘往南移动上升,西盘往北移动下降,在李家坊附近背斜轴水平位移1300m,为工作区范围内规模较大的扭张性断裂。从胡家湾煤矿井下接近断裂带的灰岩产生挠折和灰岩温冷浸水现象可推断出,该断裂带是充水的。

2. 地热异常特征

1971年,湖北石油地质研究院在黄荆山地区进行地热调查中发现,区内胡家庄的45号井硫酸根离子、钾离子、钠离子、可溶性二氧化硅的含量比较高。1988年,湖北省鄂东南地质大队进行黄石市区域性水工环地质调查工作时在该区发现了5个热水孔,即37号、41号、50号、56号、71号,分布于铁山侵入体东延部分与黄荆山大冶组灰岩的接触部位一带。

3. 地热资源预测

从现有资料分析,突起的黄荆山和凹陷的磁湖,相对高差达三四百米,成为两个截然不同的地貌单元,两者的分界线向西还可与长乐山和下陆的分界线相连,向东又正好是长江由北西向转为东西向的部位。另上述不同地貌单元的分界线恰处于桐梓堡倒转背斜的倒转翼,易产生较大断裂,物探工作也于山前发现一低阻带。综上所述,推断黄荆山前存在一条较大的东西向断裂带。

从地质、地貌条件推测,在李家坊以西,桐梓堡背斜向西倾伏延伸的白塔岩山北麓,第四系覆盖层下的三叠系灰岩中,可能存在一条较大的断裂带,且其近南北向的张性或扭张性断裂系统较发育,深循环、热封闭条件与胡家湾热水条件相似,是找热水比较有希望的地区。

综上所述,汪仁-章畈、胡家湾两个重点调查区内已有热水出露,地热异常特征明显,地热成因模型较为清晰,是有进一步勘查潜力的地热异常区;李家湾重点调查区虽未发现明显的地热异常显示,但其地质背景利于地热资源形成,可作为黄石市地热远景勘查区。

二、地热资源评价(汪仁-章畈地热田)

本次工作在地面调查的基础上,重点对汪仁-章畈地热田开展了CSAMT测量、钻探等工作,大致查明了汪仁-章畈地热田的地热资源分布规律,现对区内地热资源评价如下。

(一)地球物理特征

区内各时代的地层岩性差别较大,岩石的物性参数相差较远,可应用地球物理方法间接判别出不同地质体。

1. 物性特性

(1)岩石的密度:据统计,区内第四系黏土密度最小,一般小于$1.80g/cm^3$,碎屑岩的密度较小,砂(粉砂)岩密度一般在$2.5\sim2.6g/cm^3$之间,页岩类密度一般在$2.55\sim2.68g/cm^3$之间。碳酸盐岩密度最大,一般在$2.67\sim2.78g/cm^3$之间。区内各层位岩石密度参数见表2-5-1。

表2-5-1 工作区地层密度统计表　　　　　　　　　　　单位:g/cm^3

地层	主要岩性	收集密度	实测密度	密度变化范围
第四系	黏土、淤泥、砾石	1.80		
古近系、新近系	砂岩、粉砂岩	2.49		
白垩系	砂砾岩、砂岩、粉砂岩夹页岩	2.53	2.24	
二叠系	灰岩、白云岩、页岩、硅质岩	2.68	2.68	2.68~2.70
泥盆系	石英砂岩、石英砾岩	2.59	2.65	2.58~2.61
志留系	砂质页岩、粉砂岩、细砂岩	2.60	2.52	2.57~2.61
奥陶系	灰岩、含燧石白云岩夹页岩	2.71		2.69~2.75
寒武系	白云岩、灰岩、硅质岩	2.74		2.71~2.80

由表 2-5-1 可以看出,第四系黏土、淤泥和砾石层的密度值为 1.80g/cm³,属超低密度层。

古近系、新近系、白垩系泥岩、粉砂岩、砂岩、砾岩类的其密度值变化在 2.49~2.55g/cm³ 之间,特征值为 2.52g/cm³,属中低密度层。

二叠系碳酸盐岩类的密度变化在 2.68~2.70g/cm³ 之间,特征值为 2.68g/cm³,属中高密度层。

泥盆系石英砂岩、石英砾岩类,其密度变化在 2.58~2.61g/cm³ 之间,其特征值为 2.65g/cm³,属中高密度层。

志留系粉砂质页岩、泥岩、砂岩、泥质砂岩类的密度变化在 2.59~2.65g/cm³ 之间,其特征值为 2.62g/cm³,属中低密度层。

寒武系、奥陶系的灰岩、白云岩、生物碎屑灰岩类的密度变化在 2.71~2.80g/cm³ 之间,其特征值为 2.73g/cm³,属高密度层。

(2)岩石的电性:工作区内岩矿石的电性差异较大,总体表现为大理岩、灰岩和白云岩的电阻率最大,极化率较小;砂岩、粉砂岩和黏土岩的电阻率最小,极化率中等;岩浆岩的极化率中等,电阻率较小;但岩石破碎后,由于矿化蚀变和岩层充水,电阻率明显降低,极化率升高。

2. 主要地质体的物探异常特征

(1)碎屑岩地层:区内奥陶系龙马溪组,志留系新滩组、坟头组,泥盆系云台观组、上白垩统—古近统公安寨组为粉砂岩、泥质粉砂岩、砂质页岩及细砂岩,为区内相对隔水层,密度低,电阻率中等,无—弱磁性,总体表现出低重、低磁、中阻的物探异常特征。随着地质体规模变大、埋藏深度减小,这种组合异常的特征更加明显。当这些碎屑岩地层破碎充水后,岩石的密度、磁性和电阻率更加降低。

(2)碳酸盐岩地层:区内中上寒武统、中下奥陶统、石炭系、二叠系、三叠系为白云岩、白云质灰岩、生物碎屑灰岩、含碳质灰岩和含燧石结核灰岩,为区内相对岩溶含水层,其密度高、电阻率大、无磁性,总体表现出高重力、无磁性、高电阻的物探异常特征。随着地层厚度变大、埋藏深度减小,这种组合异常的特征更加明显。当这些地层破碎充水后,岩石的密度略有下降,电阻率明显降低。

(3)岩浆岩:工作区北西部中酸性侵入岩密度中等,电阻率中等,中—高磁性,明显表现出高磁异常的特征,在碳酸盐岩地层背景下表现出低重力、低电阻率的异常特征,在碎屑岩背景条件下表现出高重力、中—高电阻率的异常特征。

(4)断层(断裂带)异常特征:区内的碎屑岩、碳酸盐岩地层受节理、断裂构造破碎后,岩层的完整性被破坏,断裂带及两侧的岩石产生热液蚀变,形成绢云母化、绿泥石化、高岭石化和黄铁矿化、铅锌矿化。同时地表水沿破碎带下渗或地下水沿断裂带侧向径流,断裂带总体表现出低重力、低磁性、低电阻率的物探异常特征。断裂带上明显表现出重力异常梯度带或异常曲线的同步弯曲现象,剖面上明显表现出带状截切的低电阻率异常特征。

3. CSAMT 解译推断

本次工作于汪仁-章畈重点调查区部署了 4 号至 8 号线 5 条综合剖面,同时收集了前期施工的剖面 1 号线及黄石市太子庙-道士湾地热预可行性勘查项目施工的 2 号线、3 号线 8 条综合剖面成果。同时为进一步确定隐伏断裂的产状,在 8 号线增加了高密度电法剖面测量。

在剖面测量成果的基础上,根据钻孔揭露岩性分布特征进行反演,8 条 CSAMT 剖面在寒武系、奥陶系碳酸盐岩地层内显示极高电阻率异常,局部岩石破碎地段,显示出高阻背景下的线状低电阻率异常;在志留系砂页岩、白垩系—新近系碎屑岩中显示出极低电阻率异常特征;在志留系与寒武系—奥陶系接触带岩溶及节理裂隙发育级断裂带岩石破碎部位表现为明显的高低电阻率梯度带。

8 号线高密度电法剖面测量资料显示,断陷盆地北部为寒武系、奥陶系的碳酸盐岩为高阻异常区,中部志留系砂页岩为中低电阻率分布区,白垩系—新近系杂砂岩为低电阻率分布区,断裂带岩石破碎及岩溶裂隙发育部位为高低电阻率梯度带。因此推断，断裂带倾向南，倾角约45°，与地表地质调查测量的断裂带产状基本一致。

(二) 地温场特征

汪仁-章畈地热田处章山倒转背斜的核部偏南翼，地热田南、北边界受章山倒转背斜核翼两侧发育的两条北东东向断裂控制，同时又沿倒转背斜的两翼形成北东向、北西向的共轭断裂展布，兼具层状热储和带状热储的特征，共同构成汪仁-章畈地热田。

1. 地热田分布范围

地热田的边界由多方面因素综合确定，主要考虑热储层的温度、构造等。本次工作布设施工了2个地热勘查孔，使用热敏感应温度计进行测量，另收集温泉度假村以往施工的3个钻孔资料，根据地热地质特征、物探解译深大断裂破碎带及岩溶裂隙等空间分布特征，根据钻孔揭露地热流体温度外推至25℃温度等值线，大致圈出了地热田异常范围。

地热田平面形态呈半椭圆形，整体呈北东向带状分布，南部受大冶湖断陷盆地北缘深大隐伏断裂F_2控制，向南倾伏，倾角约45°，上覆地层为白垩系—新近系粉砂岩，为该地热田的盖层，同时控制着地热田南部边界，北西、北东边界以SHK01钻孔为起点分别向SHK02、ZK801钻孔方向外推至25℃，形成控制地热田的北西、北东边界（图2-5-2）。

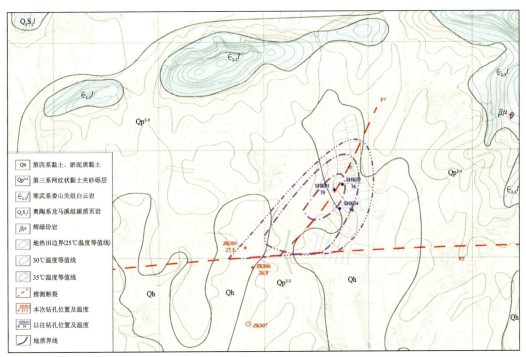

图2-5-2 汪仁-章畈地热田范围示意图

由图2-5-2可知，地热田的水温在27～39℃之间，依据《地热资源地勘查规范》(GB/T 11615—2010)的划分标准，低温地热资源的温度分级可分为：高于60℃的热水、40～60℃的温热水、25～40℃的温水3级。汪仁-章畈地热田属小型温水地热田，热源中心在SHK01钻孔附近，受冷水混合作用及远离热源影响，水温由热源中心向两侧扩散并逐渐降低。依据上述方法圈定，汪仁-章畈地热田温水面积约109 467 m^2。

2. 热储温度

地热田北部主要受北东向共轭断裂 F_7 控制,具有带状热储的特点,异常中心温度在 34～39℃,温度往两侧缓慢降低,南部在白垩系粉砂岩盖层的保温作用下,受近东西向深大断裂 F_2 控制,地热流体深循环过程中经地温梯度增温,具有层状热储的特点,热储埋深越大,温度越高。

(三) 地热流体水化学特征

本次调查共采集地下水样共 10 组,对采集的水样进行了常规离子、微量元素等的检测。检测分析结果显示,汪仁-章畈重点调查区内本次施工钻孔 ZK801、ZK806 及以往钻孔 SHK02、SHK03 及所采集的水样经检测发现了水温异常,孔口温度在 26.9～37.2℃ 之间,达到低温地热资源标准,其水化学类型为 $SO_4-Ca \cdot Mg$ 型,TDS 为 2138～2712mg/L,硫酸根离子为 1487～1810mg/L,矿化度为 2.5～2.8g/L,钙离子为 509～575mg/L,镁离子为 105～168mg/L;在微量元素方面,较突出的有偏硅酸、锶、氟等,偏硅酸高达 22.1～31.4mg/L,锶高达 12.3～112.0mg/L,氟高达 1.65～2.67mg/L。

综上所述,氟、偏硅酸、锶等特征组分的增高,是该地热田地下热水特有的性质,是地下热水明显异于区域地下冷水水质的特征组分。同时地下热水中硫酸根离子含量约为氯根离子的 1000 倍,因此热水应属于中深度循环水。另外,虽然热水的矿化度较高,但仍属于低矿化水,未超过 3g/L,说明热水的循环条件较好。

(四) 地热资源储量计算

根据钻孔内地热流体温度异常、地温梯度异常以及可控源测量成果等,可大致圈定的汪仁-章畈地热田热储范围。因勘查程度较低,地热流体温度小于 40℃,故本次地热资源储量计算的热储面积,依据《地热资源评价方法及估算规程》(DZ/T 0331—2020)温度分级利用中温水的温度界限标准圈定地热田温度的下限标准的热储面积,即 25℃ 温度等值线圈定的面积。

因本次调查工作程度低,水位降低到目前取水能力极限深度时热储所释放的水量无法确定,且汪仁-章畈地热田范围内热储盖层整体较薄,水头高度接近地表,估算热储所释放水量(Q_2)远远小于热储孔隙中的静储量(Q_1),故本次地热流体储量仅计算热储中的静储量。

将以上各项计算参数分别代入要求计算公式,计算结果详见表 2-5-2。

表 2-5-2　汪仁-章畈地热田地热资源储量计算结果一览表

计算参数	参数单位	参数值	计算结果	结果单位	资源储量
热储面积 A	m^2	109 739	静储量 Q_1	m^3	7.85×10^6
热储层厚度 M	m	1 047.67			
岩石密度 ρ_R	kg/m^3	2590	地热流体储存量 Q_L	m^3	7.85×10^6
岩石比热 C_R	$J/(kg \cdot ℃)$	858			
孔隙率 Φ	无量纲	0.068 3	岩石储存热量 Q_R	J	6.57×10^{15}
热储温度 T_r	℃	44.59			
顶板温度 T_0	℃	17	地热流体热量 Q_W	J	9.01×10^{14}
地热流体密度 ρ_w	kg/m^3	994.5			

续表 2-5-2

计算参数	参数单位	参数值	计算结果	结果单位	资源储量
水头高度 H	m	1.496	总热量 Q	J	7.47×10^{15}
地热流体比热 C_w	J/(kg·℃)	4183			

由表 2-5-2 地热资源储量计算结果可知，汪仁-章畈地热田地热流体储存量为 $7.85\times10^6\mathrm{m}^3$，地热资源储存热量为 $7.47\times10^{15}\mathrm{J}$，若按 1kg 标准煤＝7000kcal＝$2.93\times10^7\mathrm{J}$ 折算，折合标准煤 $2.55\times10^5\mathrm{t}$，折合发电量 $2.07\times10^9\mathrm{kW\cdot h}$。

(五)地热资源评价

1. 地热田的地热流体储存量、地热田规模

依据地热田的分布与形体特征，利用热储法计算汪仁-章畈地热田热储中地热流体的储存量为 $7.85\times10^6\mathrm{m}^3$，地热资源储存热量为 $7.47\times10^{15}\mathrm{J}$，折合标准煤 $2.55\times10^5\mathrm{t}$，折合发电量 $2.07\times10^9\mathrm{kW\cdot h}$；按回收率 15% 计算，可采热能为 $1.12\times10^{15}\mathrm{J}$，按保证开采年限 100 年(一年 365 天)计算，日均地热资源可开采量为 $3.07\times10^{10}\mathrm{J/d}$，折合标准煤 1.05t/d，折合发电量 8.53MW/d。

依据《地热资源地质勘查规范》(GB/T 11615—2010)中地热田规模分级划分标准，中低温地热田保证开采年限为 100 年，热能小于 10MW，汪仁-章畈地热田规模为小型。

该地热田内地下热水的温度一般为 26.9～39℃，依据《地热资源评价方法及估算规程》(DZ/T 0331—2020)划分标准，属低温地热资源中的温水。

2. 地热储量级别

本次调查工作是在充分收集利用前人已有地质成果资料基础上，地热田边界是依据地热地质调查、物探可控源测量成果及钻探揭露等有关资料综合分析推测的，大致查明了该地热田的边界情况与热储特征。由于该地热田尚未进行大规模的开采与利用，同时缺乏长时间的动态监测资料，加上抽水试验法的试验时间偏短，影响了本次的评价精度。本次地热资源储量计算工作严格按照相关规范进行，地热流体可开采量依据地质勘查可靠程度划分为推断级别，初步评价了汪仁-章畈地热田的地热资源储量，研究程度达到调查阶段，为该地热田开发远景规划和进一步勘查提供依据。

第六节 地质遗迹资源调查评价

一、地质遗迹类型及特征

(一)地质遗迹类型

经调查统计，黄石市共筛选出重要地质遗迹 68 处，其中基础地质大类 33 处，地貌景观大类 32 处，地质灾害大类 3 处。基础地质大类中，地层剖面 3 处，岩石剖面 5 处，构造剖面 3 处，重要化石产地 8 处和重要岩矿石产地 14 处。地貌景观大类中，岩土体地貌 12 处，水体地貌 15 处，火山地貌 4 处，构造地

貌 1 处。地质灾害大类中,崩塌 1 处,滑坡 1 处,泥石流 1 处。各亚类遗迹数量详见表 2-6-1。

表 2-6-1 黄石市重要地质遗迹类型统计表　　　　　　　　单位:处

遗迹类型			典型实例	数量		
大类	类	亚类		亚类	类	大类
基础地质	地层剖面	层型(典型剖面)	HS01 马叫山大冶群地层剖面	3	3	33
	岩石剖面	侵入岩剖面	HS04 铁山复式岩体	1	5	
		火山岩剖面	HS06 率州玄武岩	2		
		变质岩剖面	HS07 铁山矿冶峡谷接触变质带	2		
	构造剖面	褶皱与变形	HS10 沙田南采石场大型流水波痕	2	3	
		断裂	HS11 章山断裂带	1		
	重要化石产地	古植物化石产地	HS12 磨山香溪植物群化石产地	1	8	
		古动物化石产地	HS13 秀山大冶似裂齿鱼化石产地	7		
	重要岩矿石产地	典型矿床类露头	HS20 铜绿山铜铁矿	11	14	
		典型矿物岩石命名地	HS31 黄荆山黄石菊花石产地	1		
		矿冶遗址	HS32 铜绿山古铜矿遗址	2		
地貌景观	岩土体地貌	碳酸盐岩地貌	HS41 云台山岩溶地貌	10	12	32
		侵入岩地貌	HS45 东方山侵入岩地貌	2		
	水体地貌	河流(景观带)	HS46 长江黄石北段	2	15	
		湖泊与潭	HS49 大冶湖	4		
		湿地沼泽	HS52 网湖湿地	1		
		瀑布	HS53 后山瀑布	4		
		泉	HS57 章山温泉	4		
	火山地貌	火山岩地貌	HS61 雷山火山岩地貌	4	4	
	构造地貌	峡谷(断层崖)	HS65 父子山断层崖	1	1	
地质灾害	地质灾害遗迹	崩塌	HS66 F₉ 断层崩滑带	1	3	3
		滑坡	HS67 铜绿山古铜矿遗址地面变形及地裂缝	1		
		泥石流	HS68 崩山泥石流遗迹	1		

(二)总体特征

本次调查工作查明的重要地质遗迹总体特征可概括为以下 6 个方面。

1. 数量丰富、类型众多

黄石地区夹持于大别造山带与江南造山带之间,属于扬子陆块陆内变形区,保留了自寒武纪晚期以来海相、陆相的完整沉积记录,也是中国东部中生代构造岩浆强烈活动和大规模成矿的代表地区之一。全区各地质时代的沉积、生物、构造、岩浆、变质物质等发育,保留出露良好,较好地记录了 5 亿多年以来鄂东南地区的大地岩石圈演化、环境变迁、生命进化等诸多重要事件。长期而复杂的地质作用过程也造就了黄石重要地质遗迹资源类型多元化的特点。按照调查统计的初步成果,全区重要地质遗迹68处,囊括3个大类10个类23个亚类,堪称类型丰富、数量众多。

2. 典型代表性强、科学价值高

自19世纪中叶开始,就有国内外地质学家在黄石地区开展地学工作。100多年来,大批地质工作者的辛勤劳动形成和保留了海量的调查研究报告、专著、文献,基本查明了全区的地层、构造、岩浆岩、变质岩和地史演变过程,也使本区成为国内地学研究程度最高、研究成果最丰硕的地区之一。与此同时,各种不同类型的地质遗迹也被不断查明,并被赋予重要科学价值,具有很好的典型性和代表性,以及巨大开发潜力。例如谢家荣1924年创建的"大冶石灰岩"地层单位,近百年来一直是中国南方地区广泛使用的早三叠世标准岩石地层单位。大冶铁矿为中国应用科学方法勘查的首座铁矿,是中国重工业的摇篮——汉冶萍工业的骨干矿山。1935年谢家荣等"大冶式"铁矿概念的提出,更使大冶铁矿成为我国大型矽卡岩型富铁矿的典型代表,推动了我国大型矽卡岩型富铁矿的勘查和开发。铜绿山铜铁矿是我国矽卡岩型富铜矿的代表,是全国八大铜基地之一——大冶铜基地的主力矿山。大冶铁矿、铜绿山等富铁、富铜矽卡岩型矿床因其在国内外的典型代表性,使黄石曾被列入第30届国际地质大会考察路线节点之一。鸡冠嘴金铜矿是我国全隐伏矿勘查发现的代表,引领了全国大比例尺的成矿预测工作。冯家山是新矿物湖北石的命名地和目前世界上的唯一产地,以及全世界红硅钙锰矿、湖北石、鱼眼石、日本律双晶—紫晶矿物的集中产地,是开展相关矿物学研究的重要标本产地。铜绿山古铜矿遗址是从商代晚期一直延续到汉代开采和冶炼的古铜矿遗址,是迄今为止中国保存最好最完整、采掘时间最早、采掘时间最长、冶炼水平最高、规模最大的一处古铜矿遗址,对了解、研究早期古代铜矿的开采和冶炼具有重要意义。金牛-保安白垩纪陆相火山岩盆地保留着巨厚的火山岩堆积,层序完整,记录多个火山喷发旋回,其与阳新宰州一带的基性熔岩层共同记录了全区中—新生代由激烈转向稳定的火山活动,也是普及火山岩知识的极佳场所。黄石地区沉积岩广泛发育,地层中保存了大量的各种门类的古生物化石,尤其是古生代的古动物化石和中生代的植物化石颇为丰富,是进行地史演化研究和普及生物演化进程知识的实物重要产地。此外,黄石地区地表、地下的岩溶景观,河、湖、泉、瀑等水体景观也颇有观赏、游览和科研价值。

3. 许多地质遗迹具有独特观赏性

黄石地区地质记录连续、岩石种类丰富、构造活动多期、火山活动强烈,全区地质地貌结构极为复杂。在这种背景下形成的黄石各种地质遗迹,无论是微观尺度的矿物晶体、化石生物结构,还是中尺度的特殊岩石、构造露头,或是宏观尺度的地貌景观,均不乏精美罕见、观感独特、视觉冲击力强大的"画面"。例如皮壳状的孔雀石矿物集合体、鲜红成簇的红硅钙锰矿、如花般绽放的黄石菊花石、圈圈叠叠的纺锤虫化石、丰富多彩的矽卡岩矿物、稀奇独特的火山弹、古朴沧桑的铜绿山古铜矿遗址、彰显人工伟力的大冶铁矿东露采场、气势澎湃的长江干流、半城山色半城湖的磁湖美景、铁锁横江般的西塞山江矶景观、怪异独特的石泉洞钟乳石、拔地而起的父子山断层崖、数千米长的灰色长河崩山泥石流遗迹等。这些具有独特观赏性的各类地质遗迹也正是构建黄石市未来产业——山水地学旅游体系,成为推进黄石地学旅游业发展的重要资源保障。

4. 许多地质遗迹系统关联性高、集中发育

黄石地质地貌单元、地学研究程度很强的分区分带特征,使全区重要地质遗迹资源也具有系统性强、关联度高、集中分区分带展布的特点。例如黄石重要矿产资源主要与中生代岩浆侵入活动和接触变质作用有关,因此重要岩矿石产地主要位于侵入体和碳酸盐岩地层的接触部位。又如在铁山、铜绿山这两大矿产资源最为丰富、相关研究程度高的地区,与重要岩矿石产地、地层剖面、岩石剖面、地质灾害等有关联的地质遗迹范围相互耦合、伴生产出,显示出特殊地区成岩成矿专属性以及人类矿业活动和现代地质灾害的关联。另外在黄石中部父子山—龙角山—云台山一线东西向带状区域和黄石东北部黄荆山一线近东西向带状区域,因印支期构造活动形成的宽缓向斜发育成一系列地貌高地,成为碳酸盐岩地貌景观保存最多、最好的两个地区;再如靠近金牛-太和中生代火山岩盆地的大冶西部地区,火山岩地貌、相关火山岩剖面较为集中,成为黄石市与白垩纪古火山活动有关地质遗迹发育的代表地区。

5. 与矿产相关的地质遗迹禀赋较突出

黄石市位于长江中下游铁铜多金属成矿带西段。该成矿带是我国著名的中生代内生金属矿产集中产地之一,尤其以矽卡岩型富铁、富铜矿以及伴生金矿闻名国内外,典型矿产地遍布全区。按照初步调查评价结论,黄石市国家级及以上地质遗迹共12处,其中与矿产有关的地质遗迹包括铜绿山古铜矿遗址、冯家山硅灰石矿及矿物晶体产地、马叫山大冶群地层剖面(铜绿山矿床综合研究成果之一)、铁山矿冶峡谷接触变质带、铜绿山铜铁矿、大冶铁矿、鸡冠嘴金铜矿、大冶铁矿近现代铁矿遗址、铜绿山古铜矿遗址地面变形及地裂缝9处,占全部国家级地质遗迹总数量的75%,充分说明该类地质遗迹资源禀赋突出,堪称黄石市最具代表性的地质遗迹类型。

6. 部分遗迹资源具有较大开发潜力

黄石市矿产资源丰富,城市发展长期以工业、矿业为主,旅游业起步较晚,截至目前旅游综合效益不够显著。尽管区内地质遗迹数量丰富、类型多样、禀赋优秀,但开发程度总体偏低,还未能有效融入区域大旅游格局。从调查情况来看,黄石市部分地质遗迹资源在区域具有稀有性、典型性和代表性,如3000多年历史的古铜矿遗址、100多年历史的铁山东露采场、世界独一无二的矿物湖北石产地冯家山等,可以成为打造黄石旅游名片、有效提升黄石旅游目的地综合形象的代表资源;还有部分地质遗迹资源赋存区具有较完整的景观组合、较高的游客容量、较便利的交通条件和较优越的基础设施,如保安西北部的沼山古火山相关地质遗迹-保安湖湿地资源-桃花生态资源-尹解元石雕文化资源区、阳新富池的长江河流地貌-网湖湿地-丰山铜金矿产地-古铜矿遗址-鸡笼山岩溶地貌-三国历史文化资源区等,它们可以成为黄石未来打造大型旅游目的地、带动区域发展的潜力区。

二、地质遗迹的分布规律

1. 地质遗迹的空间分布规律

本次调查筛选出的黄石市重要地质遗迹共计68处,遍布黄石全区。按照行政区域,大冶市有34处,阳新县有12处,黄石经济技术开发区有10处,铁山区有6处,西塞山区有4处、下陆区有2处。

黄石市大致以近东西向横跨市域中部的毛铺-两剑桥断裂为界,南、北地质遗迹类型有较大差别。北部以矿床、矿业遗迹和各类基础地质地质遗迹类特别丰富为特征,尤以矿床、矿业遗迹最为震撼,兼具优美的构造岩溶地貌和火山岩地貌景观,地质灾害多与矿业开发有关,其中古生物化石遗迹主要分布在其南部石炭系—二叠系分布区。南部以地貌景观为主,基础地质遗迹次之,地质灾害以自然形成或筑路等工程引起为主。

2. 遗迹类型分布规律

按照类型,主要有基础地质、地貌景观和地质灾害三大类,基础地质大类共33处,占48.53%,地貌景观大类共32处,占47.06%,地质灾害大类有3处,占4.41%。

基础地质大类可分为地层剖面、岩石剖面、构造剖面、重要化石产地和重要岩矿石产地5个类,地貌景观大类可分为岩土体地貌、水体地貌、火山地貌和构造地貌4个类,地质灾害大类有地质灾害遗迹1个类。黄石市各类地质遗迹分布很不均衡,重要岩矿石产地(14处,占20.59%)、岩土体地貌(含火山岩地貌共16处,占23.53%)和水体地貌(15处,占22.06%)三类数量最多,约占黄石市地质遗迹的三分之二(66.18%);其次为重要化石产地(8处,占11.77%)、地层剖面(3处,占4.41%)、岩石剖面(5处,占7.35%)、构造剖面(3处,占4.41%)、构造地貌(1处,占1.47%)和地质灾害遗迹(3处,占4.41%)。

从亚类上看,基础地质大类可分为层型典型剖面、侵入岩剖面、火山岩剖面、变质岩剖面等12个亚类,以古动物化石产地(7处,占基础地质大类的21.21%)、典型矿床类露头(11处,占33.33%)两个亚类数量最多,二者合计共18处,占基础地质大类的54.54%;层型(典型剖面)(3处,占基础地质大类的9.09%)、变质岩剖面(2处,占基础地质大类的6.06%)、火山岩剖面(2处,占基础地质大类的6.06%)和矿冶遗址(2处,占基础地质大类的6.06%)次之;侵入岩剖面、褶皱与变形、沉积构造、断裂、古植物化石产地、典型矿物岩石命名地6个亚类各1处(各占基础地质大类的3.03%)。

地貌景观大类可分为碳酸盐岩地貌、侵入岩地貌、火山岩地貌、河流(景观带)、湖泊与潭等9个亚类,以碳酸盐岩地貌(10处)亚类最多,占地貌景观大类的31.25%;次为火山岩地貌(4处),湖泊、潭(4处)、瀑布(4处)和泉(4处)4个亚类,各占地貌遗迹数的12.50%,分布较为均衡;侵入岩地貌(2处)、河流(景观带)(2处)、湿地沼泽(1处)和峡谷(断层崖)(1处)5个亚类相对较少,合计仅6处,分别占地貌景观大类的6.25%、6.25%、3.125%、3.125%。

3. 地质遗迹的时间分布规律

根据地质发展历史,把黄石市地质遗迹形成的时代划为3个阶段:古生代、中生代和新生代。统计表明,新生代分布的遗迹数量最多,达36处,占黄石市遗迹的52.94%;中生代分布的遗迹数量次之,达25处,占黄石市遗迹的36.77%;古生代分布的遗迹数量较少,为7处,占黄石市遗迹的10.29%。中生代和新生代是黄石市重要地质遗迹的主要形成期。

从遗迹形成时代上分析,基础地质大类地质遗迹主要分布在古生代和中生代,而地貌大类和地质灾害大类主要分布在新生代。

基础地质大类遗迹分布在中生代的有24处,约占该大类遗迹的72.73%;古生代7处,约占该大类遗迹的21.21%;新生代遗迹数量分布最少,仅2处,约占该大类遗迹的6.06%。该大类的5个类中,地层剖面、岩石剖面和构造剖面全部分布在中生代,共11处。重要化石产地主要分布在古生代(6处)和中生代(2处),重要岩矿石产地主要分布在中生代共11处,新生代2处和古生代1处。

地貌景观大类遗迹分布在新生代(31处)、中生代(1处),以新生代遗迹为主,占该大类的98.875%,居绝对优势,仅有1处可能以中生代为主形成的地貌类遗迹(父子山断层崖),地质灾害遗迹全部形成于新生代(近现代)。

从遗迹保护现状分析,各大类地质遗迹保护方式不均衡,保护方式各有侧重。基础地质大类遗迹主要以其他风景旅游区(5处)和地质矿山公园(6处)的形式进行保护,未保护(22处,占大类的66.67%)的地质遗迹数量占绝大多数,对于此种类型的地质遗迹的保护工作任重道远。

地貌景观大类遗迹主要以风景旅游区(26处,占大类的81.25%)的形式进行保护,未保护(6处,占大类的18.75%)的地质遗迹数量仍占有一定的比重。

地质灾害大类遗迹总体较少,主要以地质矿山公园(2处)的形式进行保护,未保护(1处)。

三、地质遗迹开发保护现状分析

根据黄石市地质遗迹现状保护特点,可把黄石市地质遗迹的保护方式分为4类:已设保护区保护、地质(矿山、森林、湿地)公园保护、其他风景旅游区保护和未保护。

1. 已设保护区(文物保护单位)保护

黄石市目前已设省级自然保护区 2 个(网湖、黄坪山),在保护生态环境的同时,保护了这两处地质遗迹资源;全国重点保护文物单位,涉及矿冶遗址两处(铜绿山古铜矿遗址、汉冶萍煤铁厂矿旧址),对铜绿山古铜矿遗址取到很好的保护作用。

2. 地质(矿山、森林、湿地)公园保护

黄石市目前有国家矿山公园 1 处(黄石国家矿山公园)、森林公园 6 处(雷山、大王山、黄荆山、东方山、七峰山、沼山,待定 1 处为大众山)、国家湿地公园 1 处(保安湖)。这些公园的建成和运行较好地保护了区内的地质遗迹资源。

3. 其他风景旅游区保护

黄石境内主要风景名胜区有东方山、西塞山、雷山、仙岛湖、半壁山等,水利风景区有仙岛湖、富水湖(以通山为主),乡村公园则四处开花,如沼山、宫台山、毛铺、枫林福田、洋港月山、率州观音洞等。这些开发活动在一定程度上起到了对地质遗迹的保护作用,但乡村公园建设因缺乏科学规划,有时可能会破坏地质遗迹的科学价值和完整性。

4. 未保护

目前,大部分基础地质遗迹和未开发的地貌景观资源均未得到有效保护,将是今后保护工作的重点。

按照此保护方式分类,黄石市已登记地质遗迹基本上得到保护的有 39 处,约占黄石市遗迹的 57.35%;未保护 29 处,约占黄石市地质遗迹的 42.65%。

上述对比分析可以看出,黄石市未保护的地质遗迹占较大比重,地质遗迹保护工作任重道远。

从地质遗迹大类分析,不同保护方式的各大类遗迹分布差别较大。地质(矿山)公园内保护的主要为基础地质大类遗迹(占 75.00%),其他风景旅游区内保护的主要为地貌景观大类地质遗迹(占 83.90%),未保护的地质遗迹主要为基础地质大类遗迹(占 75.90%)。

从地质遗迹类型分析,地质(矿山)公园内主要为重要岩矿石产地类(典型矿床类露头和矿冶遗址亚类)遗迹,约占地质(矿山)公园保护遗迹的 50.00%。

其他风景旅游区内主要为岩土体地貌类[碳酸盐岩地貌(岩溶地貌)]、侵入岩地貌、碎屑岩地貌和火山岩地貌亚类]和水体地貌类[河流(景观带)、湖泊与潭、湿地沼泽、瀑布和泉亚类]遗迹。未保护的地质遗迹主要为地层剖面类[层型(典型剖面)亚类]、重要化石产地类(古植物化石产地和古动物化石产地亚类)、重要岩矿石产地类(典型矿床类露头和典型矿物岩石命名地亚类)遗迹,3 类约占未保护地质遗迹的 65.52%,是市内开展地质遗迹保护的重要对象。

四、地质遗迹评价

(一)评价方法

根据《地质遗迹调查规范》(DZ/T 0303—2017)中的地质遗迹评价方法,黄石市地质遗迹评价方法采用定性评价法。

(二)评价依据

1. 评价内容

评价内容主要从地质遗迹点的科学性、观赏性、稀有性、完整性、保存程度、可保护性等方面进行评价。

(1)科学性:评价地质遗迹对于科学研究、地学教育、科学普及等方面的作用和意义。
(2)观赏性:评价地质遗迹的优美性和视觉舒适性。
(3)稀有性:评价地质遗迹的科学涵义和观赏价值在国际、国内或省内稀有程度和典型性。
(4)完整性:评价地质遗迹所揭示的某一地质演化过程的完整程度及代表性。
(5)保存程度:评价地质遗迹点保存的完好程度。
(6)可保护性:评价影响地质遗迹保护的外界因素的可控制程度。

2. 评价标准

地质遗迹的科学性和观赏性指标对地质遗迹的价值等级起决定性作用。不同类型地质遗迹的科学性和观赏性指标评价标准也不尽相同(表2-6-2)。总的来说,基础地质大类的遗迹重在科学性指标的评价,地貌景观大类的遗迹重在观赏性指标的评价。

表2-6-2 不同类型地质遗迹科学性和观赏性指标及对应标准表

遗迹类型	评价标准	级别
地层剖面	具有全球性的地层界线层型剖面或界线点	Ⅰ
地层剖面	具有地层大区对比意义的典型剖面或标准剖面	Ⅱ
地层剖面	具有地层区对比意义的典型剖面或标准剖面	Ⅲ
岩石剖面	全球罕见稀有的岩体、岩层露头,且具有重要科学研究价值	Ⅰ
岩石剖面	全国或大区内罕见岩体、岩层露头,具有重要科学研究价值	Ⅱ
岩石剖面	具有指示地质演化过程的岩石露头,具有科学研究价值	Ⅲ
构造剖面	具有全球性构造意义的巨型构造、全球性造山带、不整合界面(重大科学研究意义的)关键露头地(点)	Ⅰ
构造剖面	在全国或大区域范围内区域(大型)构造,如大型断裂(剪切带)、大型褶皱、不整合界面,具重要科学研究意义的露头地	Ⅱ
构造剖面	在一定区域内具科学研究对比意义的典型中小型构造,如断层(剪切带)、褶皱、其他典型构造遗迹	Ⅲ
重要化石产地	反映地球历史环境变化节点,对生物进化史及地质学发展具有重大科学意义;国内外罕见古生物化石产地或古人类化石产地;研究程度高的化石产地	Ⅰ
重要化石产地	具有指准性标准化石产地;研究程度较高的化石产地	Ⅱ
重要化石产地	系列完整的古生物遗迹产地	Ⅲ
重要岩矿石产地	全球性稀有或罕见矿物产地(命名地);在国际上独一无二或罕见矿床	Ⅰ
重要岩矿石产地	在国内或大区域内特殊矿物产地(命名地);在规模、成因、类型上具典型意义	Ⅱ
重要岩矿石产地	典型、罕见或具工艺、观赏价值的岩矿物产地	Ⅲ

续表 2-6-2

遗迹类型	评价标准	级别
岩土体地貌	极为罕见之特殊地貌类型，且在反映地质作用过程有重要科学意义	Ⅰ
	具观赏价值之地貌类型，且具科学研究价值者	Ⅱ
	稍具观赏性地貌类型，可作为过去地质作用的证据	Ⅲ
水体地貌	地貌类型保存完整且明显，具有一定规模，其地质意义在全球具有代表性	Ⅰ
	地貌类型保存较完整，具有一定规模，其地质意义在全国具有代表性	Ⅱ
	地貌类型保存较多，在一定区域内具有代表性	Ⅲ
构造地貌	地貌类型保存完整且明显，具有一定规模，其地质意义在全球具有代表性	Ⅰ
	地貌类型保存较完整，具有一定规模，其地质意义在全国具有代表性	Ⅱ
	地貌类型保存较多，在一定区域内具有代表性	Ⅲ
火山遗迹	地貌类型保存完整且明显，具有一定规模，其地质意义在全球具有代表性	Ⅰ
	地貌类型保存较完整，具有一定规模，其地质意义在全国具有代表性	Ⅱ
	地貌类型保存较多，在一定区域内具有代表性	Ⅲ
冰川地貌	地貌类型保存完整且明显，具有一定规模，其地质意义在全球具有代表性	Ⅰ
	地貌类型保存较完整，具有一定规模，其地质意义在全国具有代表性	Ⅱ
	地貌类型保存较多，在一定区域内具有代表性	Ⅲ
海岸地貌	地貌类型保存完整且明显，具有一定规模，其地质意义在全球具有代表性	Ⅰ
	地貌类型保存较完整，具有一定规模，其地质意义在全国具有代表性	Ⅱ
	地貌类型保存较多，在一定区域内具有代表性	Ⅲ
地震遗迹	罕见震迹，特征完整而明显，能够长期保存，并具有一定规模和代表性（全球范围）	Ⅰ
	震迹较完整，能够长期保存，并具有一定规模（全国范围）	Ⅱ
	震迹明显，能够长期保存，具有一定的科普教育和警示意义（本省范围）	Ⅲ
其他地质灾害	罕见地质灾害且具有特殊科学意义的遗迹	Ⅰ
	重大地质灾害且具有科学意义的遗迹遗	Ⅱ
	典型的地质灾害所造成的遗迹且具有教学实习及科普教育意义的遗迹	Ⅲ

地质遗迹的稀有性、完整性、保存程度、可保护性等指标，是反映地质遗迹价值特征的重要组成部分，其评价标准也各有侧重，评价结果是出台保护规划建议的基本依据。

在对地质遗迹的科学性、观赏性、稀有性、完整性、保存程度、可保护性等评价因子评价的基础上，对地质遗迹点价值等级进行定性综合评述，对比地质遗迹价值等级划分标准，评定地质遗迹价值等级。地质遗迹价值等级划分3级：世界级、国家级和省级。不同地质遗迹价值等级的具体划分标准如下。

(1)世界级：①为全球演化过程中的某一重大地质历史事件或演化阶段提供重要地质证据的地质遗迹；②具有国际地层(构造)对比意义的典型剖面、化石产地及矿产地；③具有国际典型地学意义的地质地貌景观或现象。

(2)国家级：①能为一个大区域演化过程中的某一重大地质历史事件或演化阶段提供重要地质证据的地质遗迹；②具有国内大区域地层(构造)对比意义的典型剖面、化石产地及矿产地；③具有国内典型地学意义的地质地貌景观或现象。

(3)省级:①能为省内地质历史演化阶段提供重要地质证据的地质遗迹;②具有省内地层(构造)对比意义的典型剖面、化石产地及矿产地;③在省内具有代表性或较高历史、文化、旅游价值的地质地貌景观。

(4)地方级:①能为鄂东南地区地质历史演化阶段提供重要地质证据的地质遗迹;②具有鄂东南地区地层(构造)对比意义的典型剖面、化石产地及矿产地;③在鄂东南地区具有代表性或较高历史、文化、旅游价值的地质地貌景观。

(三)单因素评价

通过对黄石市重要地质遗迹的科学性、观赏性、稀有性、完整性、保存程度和可保护性6项评价因子进行逐项评价,分别给出地质遗迹各评价因子的评价级别(表2-6-3)。

表2-6-3 地质遗迹单因素评价一览表

代号	遗迹名称	评价因子					
		科学性	观赏性	稀有性	完整性	保存程度	可保护性
HS01	马叫山大冶群地层剖面	Ⅲ		Ⅱ	Ⅱ	Ⅱ	Ⅱ
HS02	沙田大冶组层型剖面	Ⅱ		Ⅱ	Ⅰ	Ⅰ	Ⅰ
HS03	沼山(大寺山)大寺组层型剖面	Ⅱ		Ⅱ	Ⅰ	Ⅰ	Ⅰ
HS04	铁山复式岩体	Ⅲ	Ⅲ	Ⅲ	Ⅰ	Ⅰ	Ⅰ
HS05	盘查湖白垩纪火山弹及球粒流纹岩	Ⅱ	Ⅱ	Ⅱ	Ⅰ	Ⅰ	Ⅰ
HS06	率州玄武岩	Ⅲ		Ⅱ	Ⅰ	Ⅰ	Ⅰ
HS07	铁山矿冶峡谷接触变质带	Ⅲ	Ⅲ	Ⅱ	Ⅱ	Ⅱ	Ⅲ
HS08	铜绿山Ⅶ号矿体接触变质带	Ⅲ	Ⅲ	Ⅲ	Ⅱ	Ⅱ	Ⅱ
HS09	马叫山石香肠	Ⅲ	Ⅲ	Ⅲ	Ⅰ	Ⅰ	Ⅰ
HS10	沙田南采石场大型流水波痕	Ⅲ	Ⅲ	Ⅱ	Ⅲ	Ⅲ	Ⅲ
HS11	章山断裂带	Ⅲ	Ⅲ	Ⅲ	Ⅰ	Ⅰ	Ⅱ
HS12	磨山香溪植物群化石产地	Ⅲ	Ⅲ	Ⅲ	Ⅱ	Ⅱ	Ⅱ
HS13	秀山大冶似裂齿鱼化石产地	Ⅱ	Ⅱ	Ⅱ	Ⅰ	Ⅰ	Ⅰ
HS14	北山二叠纪动物化石产地	Ⅲ	Ⅲ	Ⅲ	Ⅰ	Ⅰ	Ⅱ
HS15	南岩岭珊瑚化石化石产地	Ⅲ	Ⅲ	Ⅲ	Ⅰ	Ⅰ	Ⅰ
HS16	西畈李晚古生代动物化石产地	Ⅲ	Ⅲ	Ⅲ	Ⅰ	Ⅰ	Ⅰ
HS17	岩刘三叶虫化石产地	Ⅲ	Ⅲ	Ⅲ	Ⅱ	Ⅱ	Ⅰ
HS18	章山奥陶纪腕足类化石产地	Ⅲ	Ⅲ	Ⅲ	Ⅰ	Ⅰ	Ⅰ
HS19	冷水源笔石化石产地	Ⅲ	Ⅲ	Ⅲ	Ⅰ	Ⅱ	Ⅰ
HS20	铜绿山铜铁矿	Ⅱ		Ⅱ	Ⅰ	Ⅰ	Ⅰ
HS21	铜山口铜矿	Ⅲ		Ⅲ	Ⅰ	Ⅰ	Ⅱ
HS22	丰山铜矿	Ⅲ		Ⅲ	Ⅰ	Ⅰ	Ⅱ
HS23	龙角山铜钨矿	Ⅲ		Ⅲ	Ⅰ	Ⅰ	Ⅱ
HS24	大冶铁矿	Ⅱ		Ⅱ	Ⅰ	Ⅰ	Ⅰ

续表 2-6-3

代号	遗迹名称	评价因子					
		科学性	观赏性	稀有性	完整性	保存程度	可保护性
HS25	金山店铁矿	Ⅲ	Ⅲ	Ⅱ	Ⅰ	Ⅰ	Ⅰ
HS26	灵乡铁矿	Ⅲ	Ⅲ	Ⅲ	Ⅰ	Ⅰ	Ⅰ
HS27	鸡笼山金矿	Ⅲ	Ⅲ	Ⅲ	Ⅰ	Ⅰ	Ⅰ
HS28	鸡冠嘴金铜矿	Ⅱ	Ⅲ	Ⅱ	Ⅰ	Ⅰ	Ⅰ
HS29	金井咀金矿	Ⅱ	Ⅲ	Ⅱ	Ⅰ	Ⅰ	Ⅰ
HS30	冯家山硅灰石矿及矿物晶体产地	Ⅰ	Ⅰ	Ⅰ	Ⅰ	Ⅰ	Ⅲ
HS31	黄荆山黄石菊花石产地	Ⅲ	Ⅲ	Ⅲ	Ⅰ	Ⅰ	Ⅰ
HS32	铜绿山古铜矿遗址	Ⅰ	Ⅱ	Ⅰ	Ⅰ	Ⅰ	Ⅰ
HS33	大冶铁矿近现代铁矿遗址	Ⅱ	Ⅱ	Ⅰ	Ⅰ	Ⅰ	Ⅰ
HS34	草甸山岩溶地貌		Ⅲ	Ⅲ	Ⅰ	Ⅰ	Ⅰ
HS35	西塞山岩溶地貌			Ⅲ	Ⅰ	Ⅰ	Ⅰ
HS36	飞云洞岩溶地貌		Ⅲ	Ⅲ	Ⅰ	Ⅰ	Ⅰ
HS37	父子山岩溶地貌	Ⅲ	Ⅲ	Ⅱ	Ⅰ	Ⅰ	Ⅰ
HS38	南岩岭岩溶地貌	Ⅲ	Ⅲ	Ⅲ	Ⅰ	Ⅰ	Ⅰ
HS39	石泉洞岩溶地貌		Ⅱ	Ⅲ	Ⅰ	Ⅰ	Ⅰ
HS40	东角山岩溶地貌		Ⅲ	Ⅲ	Ⅰ	Ⅰ	Ⅰ
HS41	云台山岩溶地貌	Ⅲ	Ⅱ	Ⅱ	Ⅰ	Ⅰ	Ⅰ
HS42	大王山岩溶地貌		Ⅱ	Ⅲ	Ⅰ	Ⅰ	Ⅰ
HS43	龙角山岩溶地貌		Ⅲ	Ⅲ	Ⅰ	Ⅰ	Ⅰ
HS44	大箕山侵入岩地貌		Ⅲ	Ⅲ	Ⅰ	Ⅰ	Ⅰ
HS45	东方山侵入岩地貌		Ⅱ	Ⅲ	Ⅰ	Ⅰ	Ⅰ
HS46	长江黄石段	Ⅱ	Ⅱ	Ⅱ	Ⅰ	Ⅰ	Ⅱ
HS47	富水		Ⅲ	Ⅲ	Ⅰ	Ⅰ	Ⅰ
HS48	磁湖		Ⅰ	Ⅰ	Ⅰ	Ⅰ	Ⅰ
HS49	大冶湖		Ⅲ	Ⅲ	Ⅰ	Ⅰ	Ⅰ
HS50	保安湖	Ⅱ	Ⅱ	Ⅰ	Ⅰ	Ⅰ	Ⅰ
HS51	仙岛湖	Ⅲ	Ⅰ	Ⅲ	Ⅰ	Ⅰ	Ⅰ
HS52	网湖湿地	Ⅱ	Ⅱ	Ⅲ	Ⅰ	Ⅰ	Ⅰ
HS53	后山瀑布	Ⅲ	Ⅱ	Ⅲ	Ⅰ	Ⅰ	Ⅰ
HS54	飞云瀑布		Ⅲ	Ⅲ	Ⅰ	Ⅰ	Ⅰ
HS55	大泉沟瀑布群		Ⅲ	Ⅲ	Ⅰ	Ⅰ	Ⅰ
HS56	宋溪瀑布		Ⅲ	Ⅲ	Ⅰ	Ⅰ	Ⅰ
HS57	章山温泉	Ⅲ	Ⅲ	Ⅲ	Ⅱ	Ⅰ	Ⅰ

续表 2-6-3

代号	遗迹名称	评价因子					
		科学性	观赏性	稀有性	完整性	保存程度	可保护性
HS58	胡家湾矿坑地下热水	Ⅲ		Ⅲ	Ⅰ	Ⅰ	Ⅰ
HS59	茗山观音泉	Ⅲ	Ⅲ	Ⅲ	Ⅰ	Ⅰ	Ⅰ
HS60	圣水泉		Ⅲ	Ⅲ	Ⅰ	Ⅰ	Ⅰ
HS61	雷山火山岩地貌	Ⅲ	Ⅱ	Ⅲ	Ⅰ	Ⅰ	Ⅰ
HS62	沼山火山岩地貌		Ⅲ	Ⅲ	Ⅰ	Ⅰ	Ⅰ
HS63	大茗山火山岩地貌		Ⅲ	Ⅲ	Ⅰ	Ⅰ	Ⅰ
HS64	宫台山火山岩地貌		Ⅲ	Ⅲ	Ⅰ	Ⅰ	Ⅰ
HS65	父子山断层崖	Ⅲ	Ⅱ	Ⅲ	Ⅱ	Ⅰ	Ⅰ
HS66	F_9断层崩滑带	Ⅲ	Ⅲ	Ⅲ	Ⅰ	Ⅰ	Ⅰ
HS67	铜绿山古铜矿遗址地面变形及地裂缝	Ⅲ	Ⅱ	Ⅰ	Ⅰ	Ⅰ	Ⅰ
HS68	崩山泥石流遗迹	Ⅲ	Ⅲ	Ⅲ	Ⅰ	Ⅰ	Ⅰ

(四)综合因素评价

1. 综合评述

本次从地质遗迹的科学性、观赏性、稀有性等指标的单因素评价结果出发,开展了区域性同类型遗迹的对比与分析,定性综合评述地质遗迹资源的价值特征。通过参照地质遗迹价值等级的划分标准,评定地质遗迹的价值等级。

综合有关专家意见,本次调查登记的68处全市地质遗迹综合评述及价值等级详见表2-6-4。采取单因素和综合两种方式对全市重要地质遗迹进行评价。通过综合评价,对黄石市68处重要地质遗迹的价值等级进行评定。评价结果表明,全市重要地质遗迹中,有世界级3处(占4.41%)、国家级9处(占13.24%)、省级23处(占33.82%)、地方级33处(占48.53%),国家级以上地质遗迹占全市重要地质遗迹的17.65%。

表 2-6-4 地质遗迹综合评价一览表

代号	遗迹名称	遗迹类型		综合评述	等级
		类	亚类		
HS01	马叫山大冶群地层剖面	地层剖面	层型(典型剖面)	大冶群是我国最早研究和命名的三叠纪地层单位之一(1924年),被《中国地层典》收录。马叫山剖面是大冶群岩石地层、化学地层研究程度最高的剖面	省级
HS02	沙田大冶组层型剖面	地层剖面	层型(典型剖面)	被《湖北岩石地层》收录的大冶组岩石地层单位层型剖面,在华南地区可广泛对比	国家级
HS03	沼山(大寺山)大寺组层型剖面	地层剖面	层型(典型剖面)	被《湖北岩石地层》收录的大寺组岩石地层单位层型剖面,为长江中下游地区可以广泛对比的中生代火山沉积序列之一	国家级

续表 2-6-4

代号	遗迹名称	遗迹类型 类	遗迹类型 亚类	综合评述	等级
HS04	铁山复式岩体	岩石剖面	侵入岩剖面	铁山复式岩体在鄂东南六大岩体中出露面积排第二位,仅次于阳新岩体。其由7个单元岩石组成,是鄂东南侵入期次最多、物质组成最复杂的岩体,与大冶铁矿成因关系密切	省级
HS05	盘查湖白垩纪火山弹及球粒流纹岩	岩石剖面	火山岩剖面	酸性熔岩中的火山弹在国内罕见报道,具有稀有性。球粒流纹岩和火山弹各种特征齐全,具有典型代表性	国家级
HS06	率州玄武岩	岩石剖面	火山岩剖面	黄石市晚白垩世—古近纪火山熔岩主要产地,具有典型代表性	地方级
HS07	铁山矿冶峡谷接触变质带	岩石剖面	变质岩剖面	国内最好的接触变质带剖面之一,也是我国主要铁矿类型之一的"大冶式"铁矿床模型户外最好的观察地点	省级
HS08	铜绿山Ⅶ号矿体接触变质带	岩石剖面	变质岩剖面	铜绿山Ⅶ号矿体因已建立古铜矿遗址公园,保护开发工作开展较好,因此具有其他接触变质带地点不具备的硬件和设施条件,是非常好的科普点。铜绿山古铜矿遗址附近为较易观察接触交代变质和金属成矿作用的地质现象露头	地方级
HS09	马叫山石香肠	构造剖面	褶皱与变形	是黄石地区接触变质变形带出露石香肠带较好的地点,十分有利于科普相关知识,是黄石大冶群三段石香肠景观的最佳观察点	省级
HS10	沙田南采石场大型流水波痕	构造剖面	褶皱与变形	波痕虽然是比较常见的地质现象,但波长超过1m的大型流水波痕保存较完好的在国内并不多见,保安东部发现的大型流水波痕在国内具有稀有性和典型性,为省内已发现出露面积最大、保存最好的流水波痕地质遗迹地点	省级
HS11	章山断裂带	构造剖面	断裂	章山断裂带是区域性重要断裂之一,也是控制黄石地热分布的主要构造之一,并与多金属矿化关系密切,研究程度较高,露头情况较好,是不可多得的断裂构造科普考察地点	地方级
HS12	磨山香溪植物群化石产地	重要化石产地	古植物化石产地	香溪植物群主要发现于鄂西地区,其科学意义重大,是华南早侏罗世主要植物类群之一,黄石保安地区该植物化石地密集保存,数量颇丰,具有重要研究价值,也是鄂东地区不可多得的珍贵植物化石地点,为黄石目前已知集中发育最好的古植物化石地点之一	地方级
HS13	秀山大冶似裂齿鱼化石产地	重要化石产地	古动物化石产地	是目前湖北发现报道早三叠世鱼类化石的唯一地点。20世纪80年代曾是我国发现的第三具和最完整的裂齿鱼化石,具有重要科学影响力	省级

续表 2-6-4

代号	遗迹名称	遗迹类型 类	遗迹类型 亚类	综合评述	等级
HS14	北山二叠纪动物化石产地	重要化石产地	古动物化石产地	是黄石地区二叠系化石最丰富、出露最好的地点之一。北山村地层连续,出露较好,沿公路经人工揭露后可见丰富的生物化石,具科研科普价值	地方级
HS15	南岩岭珊瑚化石化石产地	重要化石产地	古动物化石产地	南岩岭为黄石海拔的最高点,同时保存3亿至2.5亿年前的古海洋生物化石,充分说明全区发生过沧海桑田变迁,具有独特科学意义,也是省内少见的区域地貌最高点同时保存古海洋生物化石的地点	地方级
HS16	西畈李晚古生代动物化石产地	重要化石产地	古动物化石产地	是黄石地区二叠纪生物地层研究程度较高、保存较好的地点之一,可见由石炭系顶部至二叠系下部的蜓演化特征,也是不可多得纺锤虫连续观察剖面	地方级
HS17	岩刘三叶虫化石产地	重要化石产地	古动物化石产地	黄石交通性较好,为已知三叶虫化石较密集发育的地点之一	地方级
HS18	章山奥陶纪腕足类化石产地	重要化石产地	古动物化石产地	化石点位于章山断裂附近,断裂构造现象、特殊矿物(萤石)现象与古生物伴生,是非常少见的珍贵科普活动、科学考察地点,是黄石观察腕足类化石较好的地点	地方级
HS19	冷水源笔石化石产地	重要化石产地	古动物化石产地	是黄石观察笔石类化石最好的地点之一	地方级
HS20	铜绿山铜铁矿	重要岩矿石产地	典型矿床类露头	被列入《中国找矿发现史(综合卷)》,列入《中国重要矿产和区域成矿规律》的代表矿床式之一。其 Cu 平均品位达 1.78%,是我国罕见的富铜矿床	国家级
HS21	铜山口铜矿	重要岩矿石产地	典型矿床类露头	被列入《中国找矿发现史(湖北卷)》,铜山口铜矿也是黄石第二大铜矿	省级
HS22	丰山铜矿	重要岩矿石产地	典型矿床类露头	被列入《中国找矿发现史(湖北卷)》,是湖北主要铜矿产地之一,也是鄂东南地区第三大铜矿	省级
HS23	龙角山铜钨矿	重要岩矿石产地	典型矿床类露头	被列入《中国找矿发现史(综合卷)》。龙角山是受层位(S_3—C_{2+3})控制的铜钨矿床,该矿床模式在湖北是独一无二的	省级
HS24	大冶铁矿	重要岩矿石产地	典型矿床类露头	被列入《中国找矿发现史(综合卷)》,以其为代表地点的大冶式铁矿还是《中国重要矿产和区域成矿规律》的388个全国性矿产预测类型(矿床式)之一。大冶铁矿还是中国人雇聘外国人用地质科学勘查的第一座铁矿,是中国第一家用机器开采的大型露天铁矿;是中国最早的钢铁联合企业汉冶萍公司3个主要组成部分之一,是清末张之洞创办众多洋务企业中唯一保留下来的一家;是毛泽东主席视察过的唯一一座铁矿山	国家级

续表 2-6-4

代号	遗迹名称	遗迹类型 类	遗迹类型 亚类	综合评述	等级
HS25	金山店铁矿	重要岩矿石产地	典型矿床类露头	列入《中国找矿发现史(湖北卷)》。金山店铁矿各矿山累计发现铁矿石资源量在鄂东南地区名列榜首,并且目前还有相当多的保有储量和深部找矿发现,堪称目前鄂东南地区铁矿资源最重要的代表产地	省级
HS26	灵乡铁矿	重要岩矿石产地	典型矿床类露头	我国目前已发现报道最大的透石膏矿物晶体产地,灵乡铁矿被《列入中国找矿发现史(湖北卷)》	省级
HS27	鸡笼山金矿	重要岩矿石产地	典型矿床类露头	鄂东南地区金矿被列入《中国找矿发现史(湖北卷)》的唯一一处。过去长期为湖北最大金矿产地,近年来鸡冠嘴、桃花嘴地区取得重大找矿突破后,已成为全省第三大金矿	省级
HS28	鸡冠嘴金铜矿	重要岩矿石产地	典型矿床类露头	以其为代表地点的鸡冠嘴式金矿是《中国重要矿产和区域成矿规律》的388个全国性矿产预测类型(矿床式)之一,目前为湖北最大金矿产地	国家级
HS29	金井咀金矿	重要岩矿石产地	典型矿床类露头	省内已知的唯一斑岩型金矿地点	省级
HS30	冯家山硅灰石矿及矿物晶体产地	重要岩矿石产地	典型矿床类露头	为湖北石矿物世界唯一产地,为红硅钙锰矿晶体的世界主要产地,省内硅灰石矿已探明储量位居第一	世界级
HS31	黄荆山黄石菊花石产地	重要岩矿石产地	典型矿物岩石命名地	湖北观赏石种黄石菊花石的唯一发现地	省级
HS32	铜绿山古铜矿遗址	重要岩矿石产地	矿冶遗址	1980年由夏鼐在纽约大都会博物馆召开的中国古代青铜器学术会上宣读的《铜绿山古铜矿的发掘》一文引起世界学术界震动。铜绿山古铜矿遗址是迄今为止中国保存最好、最完整、采掘时间最早、冶炼水平最高、规模最大的一处古铜矿遗址,被公认为是世界青铜文化遗迹保存地之一。铜绿山古铜矿遗址的发现被评为中国20世纪100项考古大发现之一。以铜绿山古铜矿遗址为代表的黄石矿冶工业遗产2012年被列入中国世界文化遗产预备名单	世界级
HS33	大冶铁矿近现代铁矿遗址	重要岩矿石产地	矿冶遗址	我国民族工业发源地之一,东露采场垂直落差最大达440m,是亚洲最大的高陡边坡铁矿露采坑,矿山硬岩复垦区面积亚洲最大	世界级
HS34	草甸山岩溶地貌	岩土体地貌	碳酸盐岩地貌	草甸山位于黄荆山向斜核部,山顶植被遮挡不严重,视野开阔,是观察黄荆山分水岭地貌和磁湖、大冶湖两大盆地不可多得的好地点,也是鄂东南地区东西向褶皱山脉分水岭岩溶地貌代表地点之一	地方级

续表 2-6-4

代号	遗迹名称	遗迹类型 类	遗迹类型 亚类	综合评述	等级
HS35	西塞山岩溶地貌	岩土体地貌	碳酸盐岩地貌	长江黄石段景色最独特,为具有"地标"性质的江景之一	地方级
HS36	飞云洞岩溶地貌	岩土体地貌	碳酸盐岩地貌	飞云洞是黄荆山地区岩溶洞穴的代表,也是黄石地区受垂向裂隙控制的裂隙式岩溶洞穴的典型代表之一。其洞口发育部位较高,与落差达90m的飞云瀑布构成景观组合,在黄石地区具有稀有性	地方级
HS37	父子山岩溶地貌	岩土体地貌	碳酸盐岩地貌	湖北省内罕见的岩溶漏斗群集中发育地点	省级
HS38	南岩岭岩溶地貌	岩土体地貌	碳酸盐岩地貌	南岩岭是黄石地貌最高部位,是黄石最佳的登高观景点	地方级
HS39	石泉洞岩溶地貌	岩土体地貌	碳酸盐岩地貌	石泉洞是鄂东南较罕见发育于二叠系中较大的地下河洞穴,是鄂东南地区地下河岩溶洞穴的代表地点之一,其洼地-洞穴岩溶水文系统比隐水洞更加典型,颇具代表性,	地方级
HS40	东角山岩溶地貌	岩土体地貌	碳酸盐岩地貌	东角山以大理岩为成景母岩的岩溶地貌在黄石地区具有稀有性	地方级
HS41	云台山岩溶地貌	岩土体地貌	碳酸盐岩地貌	为湖北东部地区岩溶台原地貌代表地点,是省内少数发现报道卷曲石景观的洞穴地点	省级
HS42	大王山岩溶地貌	岩土体地貌	碳酸盐岩地貌	省内岩溶山体多位于鄂西地区,大王山岩溶地貌规模较大,外貌十分典型特征,在鄂东地区具有稀有性和代表性	地方级
HS43	龙角山岩溶地貌	岩土体地貌	碳酸盐岩地貌	龙角山是古大冶八景"龙角朝墩"所在地,即为区域地貌高点之一,也是黄石诸高峰中有尖顶山形的地貌部位,故有"朝墩"的说法(日出阳光首先到达山顶)	地方级
HS44	大箕山侵入岩地貌	岩土体地貌	侵入岩地貌	黄石地区侵入岩地貌代表地点之一	地方级
HS45	东方山侵入岩地貌	岩土体地貌	侵入岩地貌	东方山是黄石由花岗岩类构成的山体地貌较具有代表性的一处,古大冶八景之一"东方揽胜"即位于此	地方级
HS46	长江黄石段	水体地貌	河流(景观带)	长江黄石段是长江三峡以下最窄最险段,最窄处宽不足500m,它是河流地质作用的典型"教科书"。这里有河流凹岸冲刷形成的危岸陡壁,也有凸岸沉积形成的沙洲阶地,还有河道中沉积形成的江心洲,河道弯曲呈犬牙交错状,远观极为壮观。西塞山与散花洲、半壁山与江北田家镇等互为犄角,扼水道咽喉,历为江防要塞,屡经战火洗礼	国家级

续表 2-6-4

代号	遗迹名称	遗迹类型		综合评述	等级
		类	亚类		
HS47	富水	水体地貌	河流（景观带）	富水是长江右岸一级支流，也是黄石地区除长江以外最大的一条河。富水发源于湖北崇阳、通山和江西修水交界的幕阜山北麓，自富水水库大坝入阳新县境，经富池口入江，流长 196km，横贯阳新西东。流域内水系发达，有 5km 以上河港 110 条，其中 20km 以上 35 条。整个流域处于湖北暴雨中心，多年平均径流量 43.5 亿 m^3。其中，有 3065km^2 集水面积的过境客水。富水串联阳新盆地的一系列湖泊，形成黄石南部一条东西向水体景观带	地方级
HS48	磁湖	水体地貌	湖泊与潭	据《湖北省湖泊志》，磁湖为湖北省面积排名第二十位的大型自然湖泊，在黄石市排第四位。在省内城中湖中仅次于汤逊湖和武汉东湖	省级
HS49	大冶湖	水体地貌	湖泊与潭	据《湖北省湖泊志》，大冶湖为湖北省最大水深排第一位、面积排名第九位、岸线总长排第四位的大型自然湖泊	省级
HS50	保安湖	水体地貌	湖泊与潭	据《湖北省湖泊志》，保安湖为湖北省面积排名第十二位、岸线总长排第十一位的大型自然湖泊为目前少有的未污染湖泊，已获批国家湿地公园	国家级
HS51	仙岛湖	水体地貌	湖泊与潭	仙岛湖因蓄水而呈现 1002 个小岛，场面极为壮观，仙岛画廊港湾幽深、交错如迷宫，可与杭州千岛湖、加拿大千岛湖相媲美	省级
HS52	网湖湿地	水体地貌	湿地沼泽	网湖为湖北省内面积排名第十三位的大型湖泊，另外还是省级湿地自然保护区，是全国大、小天鹅种群的栖息地之一	省级
HS53	后山瀑布	水体地貌	瀑布	后山瀑布位于幕阜山暴雨中心，上游修建水库具有长期水源补给，水量丰沛，堪称黄石地区水量最大的瀑布景观地点	地方级
HS54	飞云瀑布	水体地貌	瀑布	"玗洞飞云"名列古大冶"三台八景"，是黄石地区风景名胜的代表之一。瀑布与岩溶泉、洞穴等景观伴生，是黄石单级落差最高的瀑布	地方级
HS55	大泉沟瀑布群	水体地貌	瀑布	已知黄石岩溶（喀斯特）峡谷内跌水瀑布最集中发育的地点	地方级
HS56	宋溪瀑布	水体地貌	瀑布	鄂东南规模最大的钙华瀑布，有游客称之为黄石最美瀑布	地方级
HS57	章山温泉	水体地貌	泉	黄石地区最具代表性的温泉地点，也是最具开发价值的温泉地点。综合评价等级为地方级，属鄂东南地区代表温泉之一。泉水中氡离子含量高达 581BQIL，为国内矿泉水中所罕见。章山温泉也是黄石开发基础条件较好的一处，今后可能成为黄石最好的温泉旅游地点	地方级

续表 2-6-4

代号	遗迹名称	遗迹类型 类	遗迹类型 亚类	综合评述	等级
HS58	胡家湾矿坑地下热水	水体地貌	泉	黄石已探明两处主要地热地点之一,是两处地点中流量较大的一处	地方级
HS59	茗山观音泉	水体地貌	泉	鄂东南火山岩分布区裂隙泉代表地点之一,此外观音泉被认为是大冶湖的源头之一	地方级
HS60	圣水泉	水体地貌	泉	鄂东南东西向喀斯特山脉下部岩溶泉地貌类型的代表地点之一	地方级
HS61	雷山火山岩地貌	火山地貌	火山岩地貌	黄石地区火山岩地貌发育最齐全,最具代表性的地点,也是湖北火山岩地貌的代表地点,可与国内其他中生代流纹岩地貌区如浙江雁荡山等地进行对比	省级
HS62	沼山火山岩地貌	火山地貌	火山岩地貌	黄石地区火山岩地貌代表地点之一,也是鄂东南火山岩盆地海拔最高的火山岩地貌山体	地方级
HS63	大茗山火山岩地貌	火山地貌	火山岩地貌	黄石地区火山岩地貌代表地点之一	地方级
HS64	宫台山火山岩地貌	火山地貌	火山岩地貌	黄石地区火山岩地貌代表地点之一,是古大冶"三台八景"之一	地方级
HS65	父子山断层崖	构造地貌	峡谷（断层崖）	父子山是黄石地区构造地貌的代表,为黄石第三高峰,受控于父子山断层而形成独特的地貌景观,从山体物质结构到地貌结构均能较好反映,具有稀有性和典型代表意义	地方级
HS66	F_9 断层崩滑带	地质灾害遗迹	崩塌	在湖北露天采矿遗址中规模如此之大、特征如此清晰典型的边坡崩滑现象实属罕见。该崩滑带是大冶铁矿在近百年露天开采过程中逐步发展形成的,是露天采矿过程中发生的典型地质灾害类型,在全国具有典型代表意义,其治理工作耗费巨大,对同类地质灾害防治也具有一定参考价值	省级
HS67	铜绿山古铜矿遗址地面变形及地裂缝	地质灾害遗迹	滑坡	因其危害国家文物保护单位铜绿山古铜矿遗址,得到国家层面的重视。铜绿山古铜矿遗址地裂缝、地面变形地质灾害的社会影响,及其治理、监测工程的规模和投入在湖北同类型地质灾害防治领域均名列前茅,具有典型示范意义,防治工作也取得了较好的成效	国家级
HS68	崩山泥石流遗迹	地质灾害遗迹	泥石流	湖北省特大型泥石流灾害典型地点之一,也是湖北天然泥石流遗迹中结构最完整典型的,可通达性最好的地点之一	省级

2. 国家级以上遗迹评价分析

通过综合评价,确定 68 处登记信息的地质遗迹中,世界级地质遗迹有 3 处,即铜绿山古铜矿遗址、冯家山硅灰石矿及矿物晶体产地、大冶铁矿近现代铁矿遗址;国家级地质遗迹有 9 处,即沙田大冶组层型剖面、沼山(大寺山)大寺组层型剖面、盘查湖白垩纪火山弹及球粒流纹岩、铜绿山铜铁矿、大冶铁矿、鸡冠嘴金铜矿、长江黄石段、保安湖、铜绿山古铜矿遗址地面变形及地裂缝;省级地质遗迹有 23 处;地方级地质遗迹有 33 处。

1)世界级地质遗迹

(1)铜绿山古铜矿遗址:铜绿山古铜矿遗址位于黄石市西南 20 余千米,是新中国成立以来最重大的考古发现之一,现已列为全国重点文物保护单位。遗址地表原覆有数米厚、重约 40 万 t 的古代炼渣。1973—1985 年,发掘总面积 4923m³,清理出殷商至西汉千余年间不同结构、不同支护方法的竖(盲)井 231 口、平(斜)巷 100 条等采矿遗迹,组成开拓、支护、开采、提升、排水、通风、照明等完整的地下开采系统。尚有 11 座春秋早期的炼铜竖炉,17 座宋代冶炼地炉,为世界罕见的古采冶遗迹。对研究我国采、冶矿史及其技术发展具有十分重要意义。目前,划定保护区范围 75 475m²,属Ⅶ号矿体古采区,其中馆舍面积 2046m²,馆内展示的主要为春秋时期地下开采所保留下来的完整采掘系统原貌,^{14}C 测定年龄为 (2810±130)~2515a。至 2012 年,又陆续挖掘出了古代矿工生活区、墓葬区和矿工脚印,完整再现了古代矿工的采矿、冶炼、生活场景,证实了本处地质遗迹是世界青铜文化的发源地之一。

铜绿山古铜矿遗址发现后,在我国的内蒙古、湖南、江西、安徽等地也陆续发现了一批同时期的古铜矿遗址,但它们的开采规模、实物资料的丰实和完整、遗迹保存的完好程度,都不及铜绿山古铜矿遗址。铜绿山古铜矿是中国目前唯一被列为全国重点文物保护单位的一处古铜矿遗址。

与列入《世界文化遗产名录》的同类型遗址比较,挪威的勒罗斯(采矿重镇)遗址的提炼和铸造活动始于 1644 年,比铜绿山晚 2000 余年,现在地面上尚可见到 18 世纪、19 世纪和 20 世纪比较典型的房屋建筑。

另一处列为《世界文化遗产名录》的是波兰的维耶利奇卡盐矿。该矿始采于 13 世纪,开采的对象与铜绿山不同。它的纪念价值主要是"水晶体岩洞"洞内众多的由盐凝聚形成的大型晶体盐标本。该处还发现了中新世时期的动植物化石和保存完好的能体现矿藏地壳构造形成的地质剖面。

1980 年 6 月 2 日,中国古代青铜器学术讨论会在美国纽约召开。开幕式上,考古学家夏鼐第一个发言,他向来自世界各地的学者做了《铜绿山古铜矿的发掘》的演讲。演讲伊始,夏鼐便开宗明义地指出:"今天,我们不仅研究青铜器本身的来源,即它的出土地点,还要研究它的原料来源,包括对古铜矿的调查、发掘和研究。这是中国古代青铜器研究的一个新领域,也是中国考古学新开辟的一个领域。"1981 年 10 月 13 日,古代冶金技术国际学术讨论会在北京召开。会上,夏鼐与殷玮璋两人以合作的方式,详细讲解了铜绿山古铜矿炼炉与模拟实验。铜绿山古铜矿的发掘研究成果引起了世界各国专家、学者的兴趣和重视。会议结束后,世界著名冶金史专家加拿大弗兰克林教授等一行 8 人专程来铜绿山考察古铜矿遗址,对该遗址惊叹不已。1982 年 9 月 25 日,国际商文化讨论会在美国檀香山召开。夏鼐演讲《古代中国的铜矿——铜绿山的发掘》时邀请了殷玮璋介绍铜绿山古铜矿遗址的发掘经过及成果。2012 年 11 月 17 日,在北京召开的全国世界遗产工作会议确定,包括铜绿山古铜矿遗址、汉冶萍煤铁厂矿旧址、华新水泥厂旧址和大冶铁矿东露天采场的黄石矿冶工业遗产作为湖北省独立申报项目,在全国 200 多个项目中脱颖而出,列入国家文物局公布的 45 项中国世界文化遗产预备名单。

(2)冯家山硅灰石矿及矿物晶体产地:冯家山硅灰石矿是贝特赫尔德·奥腾斯(Berthhold Ottens)编著《中国矿物及产地》中列出的 70 个中国著名矿物晶体产地之一。它以产出独一无二的湖北石矿物、非常罕见的红硅钙锰矿和日本律双晶水晶紫水晶为特色。

湖北石是一种含水钙锰铁复合硅酸盐,Fe、Mn 元素不同价,化学式 $Ca_2Mn_2Fe_3Si_4O_{12}(OH)·2H_2O$。三斜晶系,常呈束状、放射状、球状集合体产于热液交代型矿脉中。中国湖北冯家山铜矿硅灰石矿区是世界上目前已知的唯一产区。

红硅钙锰矿(Inesite)是一种含水钙锰复合硅酸盐矿物,分子式 $Ca_2Mn_7Si_{10}O_{28}(OH)_2·5H_2O$。三斜晶系,晶体呈扁的柱状(刀片状),常呈束状、放射状、球状集合体产于热液交代型矿脉中。目前,红硅钙锰矿在中国、南非、美国、日本均有发现,但只有中国冯家山和南非喀拉哈里锰矿产出的红硅钙锰矿晶体大且品质好,是国际矿物晶体收藏界的珍品。这里的新矿物湖北石与红硅钙锰矿、鱼眼石、日本律双晶紫水晶、方解石、黄铁矿等常组成多晶种共生,更显珍贵。

(3)大冶铁矿近现代铁矿遗址:大冶铁矿近现代铁矿遗址主要由东露采场、硬岩复垦基地、老硐群、矿冶峡谷、废弃矿井、F_9断层、崩滑带等露采矿山遗迹构成,是反映大冶铁矿悠久矿业历史和现代露天采矿知识最好的遗迹之一,是大冶铁矿被称为"我国民族工业的摇篮"的重要见证。东露采场坐落在铁山岩体与南缘下三叠统大冶组大理岩的接触带上,为开采铁山铁铜矿床狮子山、象鼻山、尖林山3个矿体留下的露采遗迹,于2005年结束露采,采坑上部长2200m,封闭圈走向长2000m,南北宽550m。坑顶边缘面积118万m^3,坑底面积8150m^2,最大垂直高差444m,平均坡度41°~45°。它为亚洲最大的机械化开采高陡边坡露采坑,可与世界上著名的露天采矿场相比,也是黄石国家矿山公园北部园区的核心景观。矿冶峡谷规模较大,彰显人类矿业活动之于地表的深刻改造,具有独特稀少的地貌景观价值,峡谷两壁揭露多处接触变质带,构造现象、科学品位突出,是很好的科研科普路线。峡谷两壁的多层矿硐的规律分布能反映矿山的阶段性开发历史,是展示该矿床采掘历史悠久、矿业文化深厚的最好遗迹之一,具有典型性和稀有性。大冶铁矿硬岩复垦基地也是亚洲最大的硬岩复垦基地。

2)国家级地质遗迹

(1)沙田大冶组层型剖面:作为大冶组地层单位的层型地点被列入《中国地层典》和《湖北省岩石地层》,组名广泛应用于中国南方早三叠世地层,具有重要的大区域对比研究意义。

(2)沼山(大寺山)大寺组层型剖面:作为大寺组地层单位的层型地点被列入《中国地层典》和《湖北省岩石地层》,具有重要区域对比研究意义。

(3)盘查湖白垩纪火山弹及球粒流纹岩:目前,火山弹在国内属较稀有的地质遗迹资源。保安发现的火山弹各种标志特征齐全,不容置疑,具有很好的典型性和代表性。根据基础地质资料,湖北仅在鄂东南金牛-保安火山岩盆地可能发现同类火山弹地质遗迹,省内其他地区不具有同等地质条件,因此其在省内是稀缺地质遗迹。同时截至目前,国内酸性熔岩中的火山弹也较罕见,只有冀北三道沟、西天山铁木里克等少数几个地点曾有报道,在长江中下游多个以中生代火山岩为特色的国家地质公园(安徽浮山国家地质公园、安徽繁昌马仁山地质公园)内,也没有火山弹的报道。这说明保安火山弹在区域上具有稀有性,是独特的、可以大力宣传推广的重要地质遗迹。

(4)铜绿山铜铁矿:铜绿山是国内屈指可数的少数富铜矿产地之一,是我国八大铜生产基地之一——大冶铜基地的骨干矿山。铜绿山矿的找矿发现,打破了矽卡岩型无大铜矿的传统矿床理论,开拓了我国寻找同类矿床的先例,被列入《中国找矿发现史(综合卷)》,以其为代表地点的铜绿山式铜矿还是《中国重要矿产和区域成矿规律》的388个全国性矿产预测类型(矿床式)之一。铜绿山探明高品位铜矿石(Cu品位1.78%)总储量超过3000万t,铜金属量超过100万t,是长江中下游成矿带矽卡岩型富铜矿的代表地点之一。

(5)大冶铁矿:大冶铁矿是与中—酸性侵入岩有关、以铁为主的矽卡岩型矿床,是我国六大重要富铁矿类型中"矽卡岩型富铁矿"的代表之一(林文蔚,1982)。学术界也将这一类富铁矿称为"大冶式铁床",暗示该矿床的赋存特征和成因机制均具有典型性和代表性,这使大冶铁矿具有十分重要的矿床对比研究意义。大冶铁矿是武汉钢铁集团有限公司最重要的原矿供应基地之一,素有工业摇篮之称。该铁矿的勘查开发史长达120余年,声名远播,是长江中下游成矿带矽卡岩型富铁矿的代表地点,也是1935年谢家荣等提出"大冶式铁矿"概念的重要矿产地点。大冶铁矿的找矿发现史被列入《中国找矿发现史(综合卷)》,以其为代表的大冶式铁矿还是《中国重要矿产和区域成矿规律》的388个全国性矿产预测类型(矿床式)之一。围绕大冶铁矿建设的黄石国家矿山公园入选我国首批国家矿山公园。

(6)鸡冠嘴金铜矿:鸡冠嘴金铜矿紧邻铜绿山铜铁矿,是广义上铜绿山矿田的重要组成部分之一。该矿是1979年后湖北省鄂东南地质大队在铜绿山矿田开展大比例尺(1:1万)成矿区划工作(即成矿预测)中在全覆盖区提出的预测区。1981年,鸡冠嘴预测区验证见矿。1987年,鸡冠嘴矿区经过详查,被证实为一个铜金共生的大型矿床。21世纪以来,运用推(滑)覆理论,在下伏砂岩之下又找到了新矿体。鸡冠嘴金铜矿为接触交代型矿床,矿体主要赋存于石英正长闪长玢岩与中下三叠统接触带附近,受接触带控制明显。该矿床的发现是矿床学家运用含矿地层、控矿构造类型、岩浆岩含矿性、物探异常、原生晕异常等组合标志。综合预测的结果曾在地质矿产部普查会议上作为重要找矿成果进行经验介绍,在国内产生较大影响。鸡冠嘴金铜矿还是《中国重要矿产和区域成矿规律》中388个全国性矿产预测类型(矿床式)之一。目前,鸡冠嘴金铜矿为湖北最大金矿产地,为长江中下游成矿带最大金矿产地之一。

(7)长江黄石段:长江从青藏高原向东一泻千里,穿峡谷,过平原,"所向无敌",至黄石段流程长77km,因长江斜切本处盆岭地貌,岭处形成向江心突出的矶,河道则向盆地处拗进,使江道变得曲折而狭窄,呈犬牙交错状,远观极为壮观。时见伸入江中的山岩在江水的冲刷下,形成危岩峭壁,如西塞山、半壁山等。江水携带的泥沙,在凸岸沉积形成阶地和河漫滩,在江心堆积则形成沙洲或心滩,使之成为河流地质作用的典型教科书。长江黄石段是长江三峡以下最窄最险段,最窄处宽不足500m。西塞山与散花洲、半壁山与江北田家镇等互为犄角,扼水道咽喉,自春秋战国、三国、南宋、明末、清末,直至抗日战争,历为江防要塞,屡经战火洗礼。现西塞山留有古炮台,半壁山留有古炮台、千人墓等古战场遗迹,并建有古战场遗址公园,向我们诉说着历史中的壮怀激烈。因而,长江黄石段是一段充满自然与人文交融的伟大江段。

(8)保安湖:保安湖位于湖北省大冶市西北部,为梁子湖群之一,是黄石市唯一的国家湿地公园。

保安湖湖底高程14.5m,湖面面积达48.0km^2,最大水深4.4m,平均水深2.5m,容积1.19亿m^2。保安湖湖岸曲折,涨水时有99个港汊,它由桥墩湖、扁担塘、小泗海、余山湾、宝莲湾等水面组成,承雨面积500km^2。在其长达116.12km的湖岸线毗邻区域,鱼塘、藕塘、水田等湿地密密麻麻,甚为丰富。保安湖为一典型的浅水草型湖泊。湖区生长大型水草20余种,水草蕴藏量为3亿~4亿kg。保安湖又是天然的淡水鱼类理想的养殖场所,为农业部(现农业农村部)确定的我国南方湖泊三大淡水鱼高产养殖实验基地之一,有常规鱼类42种,名特水产品有河蟹、鳜、鳊、青虾、甲鱼等10多种,年产鲜鱼、螃蟹逾5万t。

保安湖水质清新,无工业污染,透明度在1.5~2m之间;pH在7~8之间,呈弱碱性,水质长年保持Ⅱ类水以上,是国内少有的无污染淡水湖之一。

(9)铜绿山古铜矿遗址地面变形及地裂缝:铜绿山古铜矿遗址西侧由于人工露天采矿形成险峻的人工边坡,高达90m,坡度50°左右。由于地下坑道掘进、地表风化和重力卸荷综合影响,边坡上半部分于2006年下半年开始发生地面变形,2007年2月发生明显位移,此后变形加剧、范围扩大,导致铜绿山古铜矿遗址博物馆闭馆。变形形式表现为地面裂缝、墙体裂缝、沉陷和边坡向西侧坡外倾斜等,地面裂缝27条,墙体裂缝25条。因其危害国家文物保护单位铜绿山古铜矿遗址,故得到国家层面的重视,并且铜绿山古铜矿遗址地裂缝、地面变形地质灾害的社会影响及其治理、监测工程的规模、投入在湖北同类型地质灾害防治领域,具有典型示范意义。防治工作也取得了较好的成效,治理工程在全国同类地质灾害防治工作中具有典型示范意义。

根据上述地质遗迹区划原则与方法,开展黄石市地质遗迹分区划分,把黄石市地质遗迹划分为2个遗迹分区和13个遗迹小区(表2-6-5)。

大致以近东西向横跨市域中部的毛铺-两剑桥断裂为界,考虑地貌形态及地质遗迹的一致性,本次将黄石全域划分为南、北两大地质遗迹分区。北区地貌单元复杂,中生代构造岩浆活动十分强烈,内生金属矿产资源丰富,是长江中下游成矿带鄂东南矿集区的主体,相关的科学研究也较为深入,积累了大量地学研究成果和基础地质遗迹资料。不同分区以众多具有较高知名度和影响力的地层剖面、重要岩矿石产地、与区域印支期盖层褶皱及燕山期岩浆底辟抬升有关的盆岭地貌以及省内罕见的大面积火山岩地貌景观为地质遗迹特色。

表 2-6-5 黄石市地质遗迹区划表

遗迹分区	遗迹小区
黄石北部岩浆岩、重要岩矿石产地及盆岭地貌地质遗迹分区（Ⅰ）	铜绿山重要岩矿石产地地质遗迹小区（Ⅰ-1）
	铁山重要岩矿石产地地质遗迹小区（Ⅰ-2）
	磁湖黄荆山水体地貌碳酸盐岩地貌地质遗迹小区（Ⅰ-3）
	金牛盆地火山岩地貌地质遗迹小区（Ⅰ-4）
	大冶湖水体地貌地质遗迹小区（Ⅰ-5）
	保安湖水体地貌地质遗迹小区（Ⅰ-6）
	父子山碳酸盐岩地貌构造地质遗迹小区（Ⅰ-7）
	龙角山重要化石产地碳酸盐岩地貌地质遗迹小区（Ⅰ-8）
	云台山碳酸盐岩地貌地质遗迹小区（Ⅰ-9）
黄石南部重要岩矿石产地水体地貌地质遗迹分区（Ⅱ）	阳新盆地水体地貌地质遗迹小区（Ⅱ-1）
	枫林典型矿产地碳酸盐岩地貌地质遗迹小区（Ⅱ-2）
	仙岛湖水体地貌地质遗迹小区（Ⅱ-3）
	朝阳河水体地貌泥石流地质遗迹小区（Ⅱ-4）

南区部分区域较好地保存了扬子地块的盖层沉积序列及相关的地貌演化遗迹,地貌结构主要受印支期近东西向构造影响,总体呈近东西向隆坳交替展布的格局,控制了水系的排布走向,形成以岩土体地貌、河流地貌、典型伏流洞穴、多级瀑布、人工湖泊-仙岛湖湖面岛屿风光为主的地质遗迹特色。

第三章 地质环境安全性调查与评价

第一节 黄石市地质灾害调查评价

一、地质灾害现状

1. 地质灾害种类

黄石市以突发性地质灾害为主,灾害类型有崩塌、滑坡、泥石流、岩溶塌陷、采空区地面塌陷五大类。截至 2017 年底,全市共发生各类地质灾害 399 处。其中,崩塌 31 处,总方量 62.86 万 m^3;滑坡 200 处,总方量 453.78 万 m^3;泥石流 7 处,方量 10 209.73 万 m^3;地面塌陷 123 处,影响面积 982.14 万 m^2;不稳定斜坡 38 处,潜在方量 130.93 万 m^3。

2. 地质灾害分布

黄石市地质灾害在全市各县(市、区)都有分布,其分布主要受地形地貌条件及人类工程活动控制,地域分带性明显,如山区、水库沟谷两侧、矿山、人口较集中区等分布较多。黄石市地质灾害主要分布在大冶市、阳新市,其次为西塞山区和下陆区,其中大冶市 148 处,阳新县 144 处,西塞山区 32 处,下陆区 39 处,黄石港区 17 处,黄石经济技术开发区 12 处,铁山区 7 处。

3. 地质灾害发育规模

地质灾害发育规模以中小型为主。小型规模 312 处,占总数的 78.20%;中型规模 64 处,占总数的 16.04%,大型规模和特大型规模分别为 18 处、5 处,分别占总数的 4.51%、1.25%。

按照地质灾害造成的人员伤亡、经济损失大小可划分为特大型 14 处、大型 58 处、中型 158 处、小型 169 处,分别占总数的 3.51%、14.54%、39.60%、42.35%。

4. 地质灾害危害程度

截至 2017 年底,黄石市各类地质灾害已造成财产损失 8 826.96 万元,威胁人口 47 280 人,威胁财产 175 830.6 万元。地质灾害威胁程度最大的是西塞山区和大冶市,其次为阳新县,其余区域较少。

5. 地质灾害发育规律

(1)时间规律:时间规律主要与大气降水有关。根据近年黄石市地质灾害应急调查资料分析,地质灾害在大气降水增加的 6 月、7 月、8 月频发,地质灾害的发生与大气降水有着密切的关系。

(2)空间分布规律:地质灾害的空间分布规律与其所处的地理位置、地形地貌、工程地质岩组特征、构造部位等有着密切的关系,在空间分布上具有不均匀性。全市的地质灾害易发区主要分布在阳新县多山区、大冶市和西塞山区人类工程活动较集中的地段。

(3)突发性和继发性:黄石市地质灾害多在雨季突发,从蠕变到滑动过程很短,突发性强,致灾率高,危害性大。地质灾害发生后,往往不能立即达到平衡状态,大部分存在再次复发成灾的隐患,甚至加剧原有不平衡状态,在雨季继发性更为明显和突出。

(4)与人类工程活动相关度不断增加:随着经济建设发展,城市建设开山、公路切坡、水库蓄水、矿山开采等各类工程建设日益增多,人类工程活动已成为引发地质灾害的重要因素。

6.地质灾害稳定程度

根据黄石市地质灾害隐患点核查,对满足核销要求的地质灾害点建议核销,然后按照地质灾害发育程度对黄石市地质灾害点稳定性进行划分,黄石市地质灾害点中基本稳定有170处,稳定有1处,不稳定有228处。

二、地质灾害发展趋势

根据黄石市地质环境条件、地质灾害形成规律以及目前地质灾害隐患的分布情况,结合有关城市建设、交通道路建设、土地与矿产资源开发利用规划综合分析预测,黄石市地质灾害在今后一段时期内发展趋势具有如下特点。

(1)地质灾害灾种类型与分布基本上不会产生明显变化,但其发生数量、频度与危害有增强的趋势。

(2)人为诱发的地质灾害有增加趋势,人为切坡、采矿、土地开发已形成了大量的不稳定边坡,在某些因素激发下有可能转化为崩塌、滑坡地质灾害。

(3)随着目前矿业经济下滑及政策方面的原因,大批矿山关停,虽然前期因矿山开采诱发的地质灾害(冒落塌陷)整体变化趋势变缓,但是由矿山开采导致的地下水水位下降、地下水资源失衡、废渣排放、采空区等环境地质问题在短期内不会消除,矿山地质环境问题仍然突出。

(4)目前存在的地质灾害隐患点在一定的触发条件影响下,仍可能再次复活成灾。

三、地质灾害易发区和重点防治区

(一)地质灾害易发程度分区

根据全省地质灾害易发程度分区,考虑黄石市地质环境条件和人类活动因素,结合黄石市地质灾害分布、稳定性、危险性等,将黄石市地质灾害易发程度分区划分为高、中、低3级地质灾害易发区。其中,高易发区7个,总面积602.50km²,占全市总面积的13.15%;中易发区6个,总面积1 180.63km²,占全市总面积的25.76%;低易发区1个,总面积2 799.87 km²,占全市总面积的61.09%。

1.地质灾害高易发区(A)

(1)黄石港区西南部-下陆区团城山-西塞山区石磊山高易发区(A_1):分布于黄石港区华新、沈家营向西至大泉公路一带,下陆区团城山狮子立山一带以及西塞山区黄思湾一带,面积71.62km²。该区主要是环湖丘陵地形,相对高差多在40~100m,地层岩性主要为上三叠统及侏罗系碎屑岩。人类工程活动较强烈,以建房、交通切坡为主,是小型崩塌、滑坡地质灾害的高发区。该区发育地质灾害64处,规模以小型为主,灾害密度为 0.89 处/km²。其中,崩塌 15 处,滑坡 33 处,地面塌陷 5 处,不稳定斜坡 11 处。

(2)老土桥-大冶铁矿-东方山以及大冶保安镇黄海村-还地桥松山村高易发区(A_2):分布于铁山区大冶铁矿、下陆区东方山至大冶市还地桥镇、保安镇及金山店镇一带,面积 125.75km²。该区为低山丘陵地形,出露的地层岩性主要为下三叠统大冶组碳酸盐岩和燕山期侵入的闪长岩体。该区矿山开采活动强烈,矿坑排水、露天采坑、地下采空区、矿山废渣堆等对地质生态环境破坏严重。地质灾害频发,发育地质灾害 44 处,灾害密度 0.34 处/km²。其中,地面塌陷 27 处,滑坡 12 处,泥石流 1 处,不稳定斜坡 4 处。

(3)大冶市金湖街道株林村-大箕铺镇东角山高易发区(A_3):位于大冶市金湖街道及大箕铺镇东部,大冶湖南侧,面积为 86.56km²。该区属低山丘陵地貌单元,出露的地层以下三叠统大冶组(T_1d)灰岩、白云岩为主,本区东部少量出露上侏罗统灵乡组(J_3l)砂岩、砂页岩及中三叠统(T_2p)蒲圻组砂岩,上覆第四系中上更新统(Qp^{2-3})黏土、亚黏土,多处见闪长岩侵入体。区内矿产资源丰富,采矿工程活动极强烈,大型矿山有铜绿山铜铁矿、鸡冠嘴金铜矿、石头咀铜铁矿等。该区地质灾害发育强烈,种类较多,主要发育岩溶塌陷、冒落塌陷及滑坡。现发育有地质灾害 36 处,灾害密度 0.42 处/km²。其中,地面塌陷 28 处,滑坡 5 处,崩塌 1 处,不稳定斜坡 2 处。

(4)陈贵镇刘家畈-金湖街道黄坪山高易发区(A_4):位于大冶市陈贵镇西南部、殷祖镇北部及金湖街道西南部一带面积 136.41km²。该区属丘陵地貌单元,区内出露地层以下三叠统大冶组(T_1d)灰岩、白云岩为主,东部局部见有下二叠统茅口组(P_1m)灰岩出露,多处见闪长岩侵入体,上覆第四系残坡积层。区内矿产资源丰富,采矿工程活动强烈,大型矿山有铜山口铜铁矿等,同时以修路、建房为主的人类工程活动强烈。该区地质灾害发育强烈,地质灾害种类以采矿诱发的岩溶塌陷及冒落塌陷为主,同时发育滑坡。现发育有地质灾害 35 处,灾害密度为 0.26 处/km²。其中,地面塌陷 14 处,滑坡 16 处,崩塌 4 处,不稳定斜坡 1 处。

(5)阳新县城周边银山村-田畈村高易发区(A_5):分布于阳新县城周边一带,面积 119.76km²。该区为低山丘陵区,出露的地层岩性为志留系坟头组灰岩。由于岩石破碎、节理裂隙发育,随着城镇建设人类工程活动加剧,诱发产生的地质灾害逐渐加剧。该区在地质条件与人类活动影响下,地灾频发,发育地质灾害 5 处,主要地质灾害类型为 4 处滑坡、1 处不稳定斜坡。

(6)阳新富池镇沿江一带高易发区(A_6):分布于阳新县城周边一带,面积 43.45km²。该区位于长江沿线,采矿历史悠久,近年来矿山相继关停,遗留的矿山地质环境问题频发,主要地质灾害类型 5 处,地面塌陷 2 处,不稳定斜坡、崩塌、滑坡各 1 处。

(7)洋港镇田畔村-崩山村高易发区(A_7):位于阳新县洋港镇南部,面积 18.95km²。区内矿产资源丰富,采矿工程活动强烈。受采矿影响地质灾害发育强烈,地质灾害种类以采矿诱发塌陷及滑坡为主。现发育有地质灾害 10 处,灾害密度为 0.53 处/km²。其中,地面塌陷和滑坡各 4 处,泥石流 2 处。

2. 地质灾害中易发区(B)

(1)还地桥镇新畈村-塘桥村地质灾害中易发区(B_1):位于大冶市北侧,属还地桥镇辖区,面积为 25.32km²。该区属低山丘陵地貌单元,出露的地层以下三叠统大冶组(T_1d)灰岩、白云岩为主,上覆第四系中、上更新统(Qp^{2-3})黏土、亚黏土及第四系残坡积层,局部见闪长岩侵入体。区内矿产资源较发育,人类工程活动以矿产开采为主。该区地质灾害发育较强烈,种类以采矿引起的岩溶塌陷、冒落塌陷为主。现发育有地质灾害 2 处,包括地面塌陷 1 处、不稳定斜坡 1 处。

(2)保安镇黄海村-金山店镇车桥村-老下陆街道地质灾害中易发区(B_2):主要分布于保安镇、金山店镇及下陆区,面积 120.37km²。该区主要为丘陵地形,第四系分布较广,在老下陆区一带岩浆岩出露较广,下三叠统大冶组灰岩局部出露。该区沿武黄铁路一带覆盖型岩溶比较发育,大量疏排地下水易产生岩溶塌陷灾害。大冶市保安镇、金山店镇及还地桥镇受矿山开采影响,导致地灾频发。发育地质灾害

20处。其中滑坡11处,地面塌陷5处,不稳定斜坡3处、崩塌1处。

(3)经济技术开发区径源村、七约山一带中易发区(B_3):分布于黄石经济技术开发区径源村、新港村及七约山一带,面积83.70km²。该区为低山丘陵地形,出露的地层岩性主要为下三叠统大冶组碳酸盐岩和燕山期侵入的闪长岩体。该区受矿山开采及岩溶塌陷影响,地质灾害频发,发育地质灾害17处,灾害密度0.2处/km²。主要地质灾害类型为地面塌陷12处,滑坡5处。

(4)灵乡镇毛家铺-殷祖镇卫继堂-陶港镇王桥村地质灾害中易发区(B_4):该区位于包括大冶市灵乡镇、殷祖镇、刘仁八镇及阳新县的白沙镇、陶港镇等,面积约599.01km²,占全市总面积的13.07%。该区属低山丘陵地貌单元,出露的地层以下三叠统大冶组(T_1d)灰岩、白云岩为主,上覆第四系中上更新统(Qp^{2-3})黏土、亚黏土及第四系残坡积层,局部见闪长岩侵入体。区内矿产资源较发育,人类工程活动以矿产开采为主。该区地质灾害发育较强烈,种类以采矿引起的岩溶塌陷、冒落塌陷及露采坑滑坡为主。现发育有地质灾害54处。其中,地面塌陷6处,滑坡38处,崩塌及泥石流各3处,不稳定斜坡4处。

(5)阳新县王英镇法隆村-军垦农场地质灾害中易发区(B_5):该区分布于王英水库周边及军垦农场,面积约为324.12km²。该区属低山丘陵地貌单元,出露的地层以下三叠统大冶组(T_1d)灰岩、白云岩为主,上覆第四系中、上更新统(Qp^{2-3})黏土、亚黏土及第四系残坡积层,局部见有闪长岩侵入体。区内矿产资源较发育,人类工程活动以矿产开采为主。

该区地质灾害发育较强烈,种类为采矿引起的岩溶塌陷、冒落塌陷及露采坑滑坡为主。现发育有地质灾害21处,其中滑坡16处,崩塌2处,不稳定斜坡3处。

(6)阳新县枫林镇杨柳村-坳上村地质灾害中易发区(B_6):该区分布于枫林镇东南部,面积约为28.11km²。该区属低山丘陵地貌单元,出露的地层以下三叠统大冶组(T_1d)灰岩、白云岩为主,上覆第四系中上更新统(Qp^{2-3})黏土、亚黏土及第四系残坡积层,局部见闪长岩侵入体。区内矿产资源较发育,人类工程活动以矿产开采为主。

该区地质灾害发育较强烈,种类为采矿引起不稳定斜坡为主。现发育有地质灾害4处,其中滑坡3处,地面塌陷1处。

3. 地质灾害低易发区(C)

地质灾害低易发区分布于上述以外地段,面积2 799.87km²,占全市总面积的61.09%。现发育灾害点82处,灾害密度0.03处/km²,主要分布于阳新山区。地质灾害类型齐全,包括52处滑坡、18处地面塌陷、4处崩塌、7处不稳定斜坡及1处泥石流。

(二)地质灾害防治分区

按照黄石市地质灾害易发区分布以及人口密度、重要基础设施及重要经济区等,将黄石市划分为3个级别的防治区,即重点防治区(A区)、次重点防治区(B区)和一般防治区(C区)。其中,重点防治区7个($A_1 \sim A_7$),面积为545.14km²,占全市总面积的11.89%;次重点防治区6个($B_1 \sim B_6$),面积为727.17km²,占全市总面积的15.87%;一般防治区(C区),面积3 310.70km²,占全市总面积的72.24%。

1. 重点防治区(A)

(1)黄石港区西南部-下陆区团城山-西塞山区曹家湾重点防治区(A_1):其分布与地质灾害高易发区基本一致,面积60.11km²。该区发育地质灾害64处,此区域地质灾害发生主要受人类工程活动影响,主要发育滑坡和崩塌,其次为地面塌陷和不稳定斜坡。其中,滑坡33处,崩塌15处,地面塌陷5处及不稳定斜坡11处。

该区产生地质灾害的主要因素是：一是地质条件复杂，多为丘陵山区，地形条件有利于地质灾害发育；二是人为工程活动强烈，坡脚一带交通、建房、采石切坡比较普遍，形成大量人工边坡，这些人为工程活动是该区地质灾害形成的重要原因。鉴于该区地质灾害发育强烈、隐患众多、危害巨大，将其列为黄石市首要重点防治区。

防治的主要工作方向与内容：严格施行建设用地地质灾害危险性评估制度，加强对建设用地开发利用的控制；加强地质灾害隐患排查和重大地质灾害隐患监测预警系统建设，完善群测群防监测体系；对部分重大地质灾害隐患进行勘查、治理，对高危险区居民进行搬迁。

（2）大冶保安镇黄海村-还地桥松山村重点防治区（A_2）：分布于还地桥镇松山村、秀山村、煤矿村、下堰村、大井村及保安镇莲花村、黄海村等地，面积114.66 km^2。此区域地质灾害发生主要受采矿活动影响，共发育地质灾害32处。其中，地面塌陷26处，滑坡5处，不稳定斜坡1处。

该区段危险程度及危害程度较高的灾害点主要为：①松山村王家洞塌陷，威胁25户约100人生命财产安全，大部分民房开裂、地面下沉，目前该点已纳入大冶市矿山地质环境治理重点工程并已进行了充填注浆治理；②大井村黄世金湾塌陷，1户房屋垮塌，1户开裂严重，威胁湾内20户100余人生命财产安全；③煤矿村槐清水库塌陷变形区，威胁水库及刘志安大屋18户约100人生命财产安全；④煤矿村金盆水库，1980年塌陷时库水下灌导致井下死亡4人，威胁水库运行。

因此，本区地质灾害防治工作的重点是：各地质灾害点的监测，建立群专结合的地质灾害群测群防监测网络，对房屋开裂、水库进行监测；雨季应加密监测，对塌陷发育房屋密集、开裂较严重地区的住户实施搬迁避让；同时积极争取国家和省级财政资金，对区内地质灾害进行治理，消除安全隐患。

（3）大冶市金湖街道株林村-大箕铺镇东角山重点防治区（A_3）：分布于金湖街道株林村、陈家湾、金井咀、大箕铺镇水南湾一带，面积79.42 km^2。此区域地质灾害发生主要受采矿活动影响，共发育地质灾害32处。其中，地面塌陷26处，滑坡3处，崩塌1处，不稳定斜坡2处。

该地段是大冶市最重要的工矿区及经济建设区，分布鸡冠嘴金铜矿、铜绿山铜铁矿、石头咀铜铁矿、金井咀金矿、金马钢铁厂、红卫铁矿、大志山铜矿等多家大中型厂矿企业，大沙铁路、106国道由区间通过。由于大量的矿产开发及工程建设，区内地质灾害发育密集，灾种以地面塌陷为主，次为滑坡、崩塌。地面塌陷区已造成531.3万元的直接经济损失，并使数个村庄被迫搬迁，大量田地荒废，耕种率下降，目前仍然对马叫村、株林村、水南湾村近10个集中居民点约3913人的生命财产安危构成威胁。区内崩、滑灾害点及不稳定边坡主要发育在矿山废渣堆、露采坑边坡及交通建设边坡，目前危险程度较高的崩滑灾点有铜山村柯锡太铜绿山排土场，其威胁铜山村柯锡太湾12户54人生命财产安全。铜绿山矿西露采坑滑坡治理工程目前已完成施工，准备验收，此外铜绿山露采坑、石头咀露采坑亦是崩塌、滑坡灾害的多发地，现存在着不同规模的崩塌、滑坡隐患，对矿山的安全生产及周边企事业单位及人民群众生产、生活安全构成潜在威胁。

综上所述，该区段地质灾害十分发育，这与强烈的人为工程活动密切相关，工作的重点是建立群防群测和省、地级重点监测网络，群专结合，对塌陷区、滑坡、房屋开裂实施严密监测；本区段应适量限制与规范人为工程活动强度，对重大地质灾害隐患点及时布设监测预警与工程治理防治；加强开展塌陷机理、风险区划、监测预警、勘查治理工程方面的研究；积极争取立项、多方面筹措资金，逐步对地质灾害开展治理工程。

（4）陈贵镇刘家畈-金湖街道柯家庄重点防治区（A_4）：分布于陈贵镇何夕铺、铜山口、天台山一带，面积133.64 km^2。区内共发育地质灾害24处，其中，地面塌陷14处，崩塌2处，滑坡8处。该区地质灾害主要是由于采矿活动引起。

防治工作重点为：建立健全群防群测网络，群专结合实施严密监测，派专人对塌陷和水库滑坡进行重点监测；尽快落实规划搬迁房屋的资金落实情况；对于崩塌、滑坡灾害点，积极争取多方面资金进行治

(5)阳新县高椅村-银山村重点防治区(A_5):分布于阳新县高椅村、白云山铜矿、银山村一带,面积70.79km²。区内共发育地质灾害8处。其中,滑坡3处,不稳定斜坡2处,地面塌陷2处,泥石流1处。该区地质灾害主要是由于采矿活动和人类工程活动引起。

防治工作重点为:建立健全群防群测网络,群专结合实施严密监测;对于崩塌、滑坡灾害点,积极争取多方面资金进行治理,消除安全隐患。

(6)阳新县富池镇沿江一带重点防治区(A_6):分布于阳新县长江沿线,面积为62.23km²。区内共发育地质灾害4处。其中,滑坡1处,崩塌1处,地面塌陷2处。该区地质灾害主要是由于采矿活动引起。

防治工作重点为:建立健全群防群测网络,群专结合实施严密监测;对于崩塌、滑坡灾害点,积极争取多方面资金进行治理,消除安全隐患。

(7)洋港镇田畈村-崩山村重点防治区(A_7):分布于阳新县洋港镇田畈村、崩山村一带,面积为24.29km²。区内共发育地质灾害12处。其中,滑坡4处、地面塌陷6处,泥石流2处。该区主要是由于煤矿开采引发的地质灾害问题。

防治工作重点为:建立健全群防群测网络,群专结合实施严密监测,派专人对塌陷和滑坡进行重点监测;积极争取多方面资金进行治理,消除安全隐患。

2. 次重点防治区(B)

(1)下陆狮子山-长乐山次重点防治区(B_1):位于黄石市下陆区狮子山、长乐山沿线,面积为22.53km²。区内共发育地质灾害17处。其中,滑坡9处,地面塌陷1处,泥石流1处,不稳定斜坡6处。

防治工作重点及任务:建立健全地质灾害监测群测群防网络,群专结合实施严密监测,对部分地质灾害隐患点进行工程治理。

(2)经济技术开发区径源村、七约山一带次重点防治区(B_2):位于经济技术开发区径源村、七约山一带,面积为75.41km²。区内共发育地质灾害19处。其中,滑坡6处,地面塌陷12处,不稳定斜坡1处。

防治主要工作方向与内容:建立群专结合的地质灾害群测群防监测网络,对房屋、地面塌陷坑进行监测,雨季应加密监测;对严重受到地质灾害威胁的房屋实施搬迁避让,对部分塌陷坑进行回填处理。

(3)还地桥镇新畈村-塘桥村次重点防治区(B_3):分布还地桥镇新畈村、塘桥村,面积为32.14km²。区内共发育地质灾害4处。其中,地面塌陷2处,滑坡及不稳定斜坡各1处。该区地势起伏不大,多为岩浆岩剥蚀残丘,人为工程活动以硫铁矿开采为主,开采规模为中小型。

该段今后地质灾害防治工作的重点:建立群防群测网络系统,实施群专结合严密监测;筹措资金对较严重的地质灾害点进行勘查和治理工程。

(4)刘仁八镇下邓村-金湖街道宋家湾次重点防治区(B_4):分布于刘仁八镇下邓村、金湖街道龙塘村、龙角山村等,面积为168.36km²。区内共发育地质灾害35处。其中,滑坡26处,地面塌陷2处,崩塌4处,泥石流2处,不稳定斜坡1处。

地质灾害防治工作重点:建立健全群防群测网络,群专结合实施严密监测;对因人类工程切坡活动诱发的崩塌、滑坡灾害点进行治理,对地面塌陷加强监测。

(5)阳新县王英镇法隆村-军垦农场次重点防治区(B_5):该区位于分布于王英水库周边及军垦农场等,面积约为357.25km²。区内共发育地质灾害27处。其中,滑坡22,崩塌2处,不稳定斜坡3处。

地质灾害防治工作重点:建立健全群防群测网络,群专结合实施严密监测,对因人类工程切坡活动诱发的崩塌、滑坡灾害点进行治理。

(6)阳新县枫林镇杨柳村-坳上村次重点防治区(B_6):分布于枫林镇南部,面积为71.48km²。区内共发育地质灾害11处。其中,滑坡8处,地面塌陷2处,不稳定斜坡1处。

地质灾害防治工作重点：建立健全群防群测网络，群专结合实施严密监测；对因人类工程切坡活动诱发的崩塌、滑坡灾害点进行治理。

3. 一般防治区（C）

上述以外地段为一般防治区，面积为 3 310.70km²，占总面积的 72.24%。

防治工作重点：宣传普及地质灾害防治意识，及时对突发性地质灾害进行调查处理。

第二节 沿江带生态环境地质调查评价

本书基于"共抓长江大保护"的科学论断为研究背景，以服务黄石市大冶湖生态新区社会与经济可持续发展为宗旨，紧密围绕大冶湖生态新区与长江黄石段绿色发展总目标，在充分利用、整合已有地质资料的基础上，针对长江黄石段沿岸带进行地质环境补充调查与综合评价。

一、生态地质条件

（一）土壤重金属元素地球化学总体特征

1. 研究区土壤类型

鄂州—黄石地区土壤分为 6 个土类，13 个亚类，57 个土属，229 个土种，300 多个变种，其中以水稻土、潮土、红壤、黄棕壤为主。据《湖北省鄂州-黄石沿江经济带多目标区域地球化学调查报告》研究区长江黄石段沿岸带土壤类型主要为红壤土，因此按《土壤环境质量 建设用地土壤质量风险管控标准（试行）》（GB 36600—2018），As 取值为 40mg/kg。

2. 样品采集

本专题除了对沿江带码头地表水、沿江带工业用地周围地表水采集样品外，重点对长江黄石段沿岸带土壤进行调查取样，采样工作方法参照湖北省国土资源厅（现湖北省自然资源厅）与湖北省地质局共同编制的《湖北省"金土地"工程——高标准基本农田地球化学调查工作细则（试行）》进行。本次采集样品为表层土壤，主要样品分布情况如图 3-2-1 所示。

3. 总体特征

本次土壤样品采集进行了包括重金属、有机物等两个大的方面的测试及分析。土壤重金属分析测试了 Zn、Ni、Cd、Cu、Cr、Pb、As、Hg 共 8 种元素，在研究区共采集了土壤 84 件样品，根据《湖北省鄂州-黄石沿江经济带多目标区域地球化学调查报告》《土壤环境质量 建设用地土壤质量风险管控标准（试行）》（GB 36600—2018）提供的鄂州—黄石地区浅层土壤背景值、江汉流域浅层土壤背景值、建设用地土壤风险筛选值、管控值，结合土壤类型进行综合分类。

4. 元素含量变异系数比较

在自然条件下，土壤中重金属元素含量波动范围较小，但是人类的生产活动，会产生重金属元素，使其含量超标。重金属元素超标会对土壤造成不可恢复性的影响。

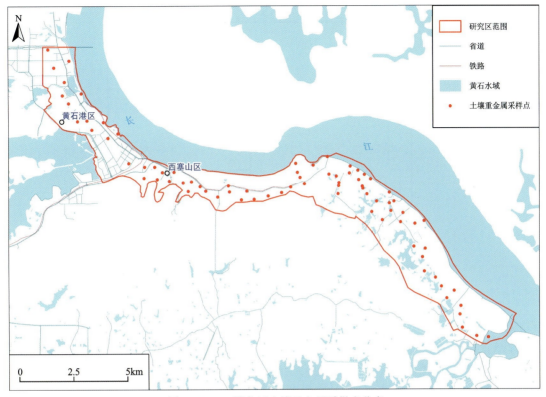

图 3-2-1 研究区土壤重金属采样点分布

由表 3-2-1 可知，8 种重金属元素中 Cd、Pb、Cu、Zn 共 4 种重金属元素变异系数较高，均超过 1，说明这 4 种重金属元素受人为因素很大，人类活动对土壤造成了严重的重金属超标，特别是 Cd、Pb 的变异系数远大于 1。这说明黄石地区应着重控制这几种金属累积。

表 3-2-1 黄石沿江带元素含量特征表

元素	平均值 mg/kg	范围值 mg/kg	标准偏差 mg/kg	变异系数 %
Zn	255.11	69.52～1 996.95	289.34	113.42
Ni	38.34	16.16～113.05	16.55	43.19
Cd	2.57	0.008 9～36.81	6.50	252.81
Cu	75.82	21.49～534.72	87.09	114.87
Cr	106	44.24～278.43	48.81	46.04
Pb	239.77	26.5～3 464.6	459.64	191.70
As	26	7.18～125.00	20.70	79.67
Hg	0.191 5	0.057 3～0.606 5	0.12	67.16

5. 重金属元素相关性分析

依据土壤重金属之间的含量相关性，可以推测土壤重金属的来源是否相同。如果重金属元素间显著相关，说明它们来自同一源区可能性较大。另外，重金属有可能来自岩层，也有可能是人类生产活动造成的土壤质量变差。对黄石沿江带重金属元素相关性进行统计分析，结果如图 3-2-2 所示。

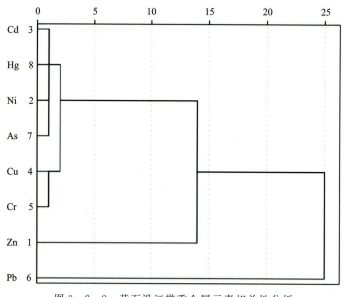

图 3-2-2 黄石沿江带重金属元素相关性分析

由相关性分析图 3-2-2 可知,黄石沿江带土壤中各种重金属之间相关性较好,Cd、Hg、Ni、As 四种元素明显呈正相关,Cu、Cr 两种元素明显呈正相关,Zn、Pb 两种元素明显呈正相关,说明其来源及累积方式基本相同。因此,根据全区重金属元素相关性分析,可以将重金属元素分为 3 类,即:①Cd、Hg、Ni、As;②Cu、Cr;③Zn、Pb。这对后续源的探索时具有一定的现实意义。

(二)土壤重金属质量评价

1. 单因子指数法

通过单因子评价,可以确定主要的土壤重金属及其危害程度。一般以单因子指数来表示,以重金属含量实测值和评价标准相比来计算指数:

$$P_i = \frac{C_i}{S_1} \tag{3-2-1}$$

式中:P_i 为 i 重金属元素的指数;C_i 为重金属含量实测值;S_1 为土壤环境质量标准值。单因子指数分级标准见表 3-2-2。

表 3-2-2 土壤质量单因子分级标准

综合指数	$P_i \leqslant 1$	$1 < P_i \leqslant 2$	$2 < P_i \leqslant 3$	$P_i > 3$
环境质量分区	优	良	中	差

从 As 元素单因子评价结果可以看出,研究区整体环境质量较好,唯有黄石港钢铁厂至西塞山风景区属于轻度超标;从 Cd 元素单因子评价结果可以看出,研究区整体环境质量较好,唯有黄石港钢铁厂以及西塞山政府附近为轻度超标;从 Cu、Hg、Ni 元素单因子评价结果可以看出,研究区整体环境质量较好,均属于无超标;从 Pb 元素单因子评价结果可以看出,研究区整体环境质量较好,大部分地区属于无超标。

2. 内梅罗综合污染指数法

单因子指数只能反映各个重金属元素的超标程度,不能全面地反映土壤的超标状况,而综合超标指数兼顾了单因子超标指数平均值和最高值,可以突出超标较重的重金属的作用。内梅罗综合污染指数法在土壤环境评价中可以兼顾研究区域重金属元素极值,也可以突出研究区重金属元素最大值的计权型多因子。内梅罗综合污染指数法计算公式如下:

$$P_{综} = \sqrt{\frac{(\bar{P})^2 + P_{i\max}^2}{2}} \qquad (3-2-2)$$

式中:$P_{综}$是采样点的综合污染指数;$P_{i\max}$为i采样点重金属污染物单项污染指数中的最大值;$\bar{P} = \frac{1}{n}\sum_{i=1}^{n}P_i$为单因子指数平均值。内梅罗综合污染指数的分级标准见表3-2-3。

表3-2-3　土壤综合污染指数质量综合分级标准

土壤综合污染等级	土壤综合污染指数	程度	水平
1	$P_{综} \leq 0.7$	安全	清洁
2	$0.7 < P_{综} \leq 1.0$	警戒线	尚清洁
3	$1.0 < P_{综} \leq 2.0$	轻	土壤超过起初值,作物开始超标
4	$2.0 < P_{综} \leq 3.0$	中	土壤和作物超标明显
5	$P_{综} > 3.0$	重	土壤和作物超标严重

根据内梅罗综合污染指数法,对研究区重金属元素进行分级计算。大部分地区均没有超标,约为23.3km²,占整个研究区的71.74%。警戒线以上的区域约为3.4km²,占整个研究区的10.54%。

3. 土壤质量结果分析

城市土壤中的重金属主要来源于工业、交通、燃煤、生活垃圾等,由于其具有隐蔽性、潜伏性、难治理性、伴生性、综合性等特征,使得城市土壤重金属累积的趋势无法遏制。因此,随着重金属累积,土壤中重金属含量最终会达到危害人类的程度。研究区虽然整体土壤重金属超标不严重,但是对比其背景值还是有一定的差距。因此,合理布局产业、切断源头、建立监测机制、修复超标土壤是城市绿色发展的保障。

根据评价结果(图3-2-3)可以看出,研究区大部分土壤质量优至良好,仅有部分地区存在Pb、As的累积,具体如下。

1号:土壤质量超标较轻,以预防为主,实时监控,减少生活影响。内梅罗综合污染指数法显示胜阳港东南侧沿江一带综合水平达到轻度超标。单因子指数法显示这一地区只有Pb元素达到了中度超标。这反映现代沉积物影响的累积,也反映该地区的Pb和Cd元素达到了中—较重度级别。该地区属于城市人口居住地区,多为医院、学校、商业区、住宅区等。重金属元素的累积可能是汽车尾气、城市固体废弃物等影响所致。

2号:土壤质量超标较重,控制排放,以治理修复为主,进行工程治理,避免重大工程规划建设。该地区周围的土壤质量综合水平为全区最严重,达到了中—重度。单因子法显示该地区Pb达到重度,还有轻量的Cd。评价结果显示,该地区除了有较重度的Pb、Cd的之外,还有中—重度的Zn和较轻的Cr和Cu。

3号:土壤质量超标较轻,以预防为主,加强监控预警,促进能源产业升级。从西塞山区政府往东,沿着黄石大道,从红光七村到西塞山风景区以西,综合评价程度为轻度。这个区域内各个地区的来源有所不同。全区域存在轻度的As累积,在桃源村西侧有小范围的轻度Cd累积,Pb元素只在红光七村到红光十三村有轻度累积。

4号:土壤质量中等,防治结合,进行实时监测,以植物修复法为主、工程治理为辅,提高土壤净化能力。西塞山风景区西侧沿岸的综合评价程度达到了中度,根据单因子指数法来看西塞山风景区有中—重度的 As 累积,推测可能是上游工矿企业排放导致。

5号:土壤质量中等,以预防为主,防控工厂排放,合理施用化肥农药。沿黄石大道向西,在河口派出所附近有小范围的重金属元素累积。依据单因子指数评价法,该地区有中度的 Pb 累积和轻度的 As 累积。

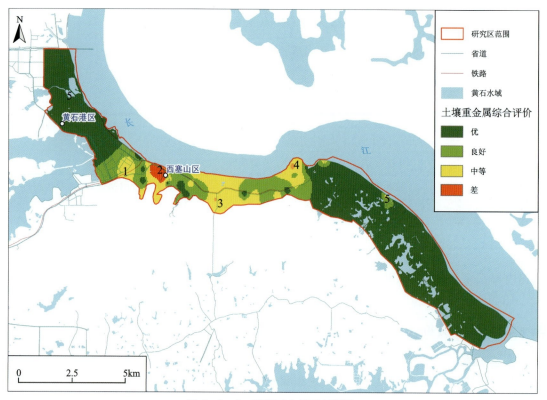

图 3-2-3 研究区土壤质量评价

二、生态地质问题

根据遥感解译的成果,研究区长江黄石段沿岸带主要发育的地质灾害类型为滑坡、崩塌、不稳定斜坡3类。其中,滑坡9处,崩塌1处,不稳定斜坡7处(表3-2-4~表3-2-6)。

1. 崩塌

研究区共发现崩塌1处(表3-2-4,图3-2-4),板岩山危岩体主要分布在西塞山地区的大冶钢铁厂以南,规模为中型。主要类型为岩质崩塌,在地形上一般处在坡度大于30°的陡峭斜坡上。在地层岩性上,崩塌发育在薄至中厚层灰岩中。构造对崩塌的影响主要表现在层理、断裂、节理裂隙等各类结构面对岩体的切割程度上,大多数崩塌产生在逆向、切向型边坡上,节理裂隙发育在3组以上。

2. 滑坡

滑坡是研究区发育最为普遍的一种地质灾害,根据遥感解译可以看出,在沿江带共发育9处滑坡体(表3-2-5,图3-2-4)。滑坡体以小型为主共7处,中型1处,大型1处。按物质构成,滑坡可分为废渣堆滑坡、土质滑坡、岩质滑坡。

表 3-2-4　长江黄石段沿江带不稳定斜坡统计

不稳定斜坡基本特征

编号	地理位置	规模分级	外形特征					岩性特征			结构特征				可能失稳因素	目前稳定程度	发展趋势
			坡高/m	坡长/m	坡宽/m	坡度	坡向	坡面形态	岩性时代	岩层产状	岩体结构	斜坡结构类型	土质名称	变形迹象			
X3	西塞山工人村采石场	中	50~70	70~90	310	48°~55°	20°~55°	直	T_1d	190°∠25°	层状	层状斜向坡		剪切裂缝	开挖坡脚、卸荷爆破	基本稳定	不稳定
X4	西塞山黄思湾东屏巷	小	100	36	80	82°	280°	直	T_1d^3	110°∠45°	层状	层状逆向坡		拉张剪切剥、坠落	降水、卸荷	基本稳定	不稳定
X5	袁仓煤矿矸石山南	中	12~20	15~25	400	46°	100°~250°	直	T_1d^2	170°∠20°		软弱基座	碎石夹土	见小型滑动舌状体	降水、卸荷、人工加载	不稳定	不稳定
X6	源华煤矿矸石山	中	40~70	80	500	30°~55°	90°~270°	直	P_2d、T_1d^1	350°∠21°、195°∠25°		软弱基座	碎石夹土	小规模滑塌体	降水、开挖坡脚、人工加载	基本稳定	不稳定
X7	河口镇水泥厂石龙头	小	50	20	120	60°~70°	80°	直	P_2d	220°∠15°	层状碎裂	层状	黏土	拉张剪切剥、坠落	降水、卸荷	不稳定	不稳定
X13	皂素厂不稳定斜坡	小	70	90	200	65°	270°	直	T_1d^2	25°∠56°	层状	层状斜向坡		剪切裂缝（坡体中上部）剥、坠落（坡脚）	降水、开挖坡脚、卸荷爆破	不稳定	不稳定
X14	飞云涧道观	中	190	280	200	35°~75°	15°	直	T_1d^4	170°∠32°	层状	层状逆向坡		剪切裂缝	降水、卸荷、人工加载	不稳定	不稳定

注：T_1d 为大冶组，P_2d 为大隆组。

表 3-2-5 长江黄石段沿江带崩塌统计

编号	地理位置	规模分级	外形特征			崩塌体基本特征			结构特征			稳定性
			长/m	宽/m	厚/m	坡度	坡向	平面形态	剖面形态	岩性	时代	类型	产状	

编号	地理位置	规模分级	长/m	宽/m	厚/m	坡度	坡向	平面形态	剖面形态	岩性	时代	类型	产状	稳定性
B1	板岩山危岩体	中	80～110	300	1～5	30°～85°	10°～90°	扇形	不规则阶梯形	薄至中厚层灰岩	T_1d^3	层状逆向坡	150°～180°∠10°～48°	不稳定

表 3-2-6 长江黄石段沿江带滑坡统计

编号	地理位置	规模等级	外形特征			滑坡基本特征			滑体特征		滑床特征		稳定性
			长/m	宽/m	坡度	坡向	平面形态	岩性	块度/cm	碎石含量/%	岩性	时代	产状	

编号	地理位置	规模等级	长/m	宽/m	坡度	坡向	平面形态	岩性	块度/cm	碎石含量/%	岩性	时代	产状	稳定性
H4	黄思湾曹家湾	小	45	90	30°	100°	矩形	碎石土坡积土	0.5～2	<5	粉砂岩页岩	P_2d	205°∠25°	不稳定
H5	飞云洞公路1#滑坡	小	3～5	4	28°	110°	舌形	黏土夹碎石	5～15	60	薄层灰岩	T_1d^2	153°∠40°	不稳定
H6	飞云洞公路2#滑坡	小	90	50～80	38°	80°	矩形	黏土夹碎石	5～10	10～5	薄层灰岩	T_1d^2	80°∠40°	不稳定
H7	板岩山Ⅰ号座滑体	中	230	80～160	39°	70°	舌形	薄层灰岩	30～60	69	薄层灰岩	T_1d^2	280°～310°∠10°～39°	基本稳定
H8	板岩山Ⅱ号座滑体	小	160	50～70	18°～42°	50°	舌形	黏土夹碎石	巨块石	80	薄—中厚层灰岩	T_1d^{-3}	165°∠10°～15°	基本稳定
H9	冶钢二中	小	100～120	170～200	23°～24°	340°	舌形	废渣	5～20	10～20	灰岩、页岩、砂岩	T_1d^1–P_2d	155°∠35°	基本稳定
H10	黄思湾东屏巷	小	20	18	35°	35°	矩形	碎石	5～20	90	砂页岩	P_2d	205°∠25°	稳定
H11	华新水泥厂石楠分厂东侧山体	小	50	30	30°	250°	舌形	碎石土	1～10	10	石英砂岩	T_3J_1w（王龙滩组）	40°∠35°	不稳定
H13	袁仓煤矿矸石山北东坡	大	400	350	前40°～50°，中15°～20°，后40°	40°	不规则	碎石土	0.5～30	80	灰岩	T_1d^1	300°∠24°～41°	不稳定
											页岩	P_2d		

废渣堆滑坡共有1处,位于黄思湾东屏巷,为一小型滑坡体。滑床为二叠系大隆组（P_2d）的砂页岩,现较稳定。

土质滑坡共有6处,小型滑坡有5处,大型滑坡有1处。滑坡物质多为残坡积黏土夹碎石,均属浅层滑坡,滑面一般处在基岩面附近,滑床由隔水性较好的薄层灰岩、泥质灰岩、砂页岩、硅质岩、岩浆岩组成。土质滑坡主要发生在标高40～80m的斜坡地带,易发于雨季,前缘往往经过人工切坡。

岩质滑坡共有2处,中型1处,小型1处。岩质滑坡主要产生在层状顺向坡,滑坡体为薄层灰岩,现基本稳定。位于板岩山Ⅰ号座滑体和板岩山Ⅱ号座滑体。

3. 不稳定斜坡

不稳定斜坡共有7处（表3-2-6,图3-2-4）,以中、小型为主,其中小型3处,中型4处。主要分布于大隆组（P_2d）、大冶组（T_1d）的层状岩层以及碎石夹土中,已经出现了剪切裂缝或拉张剪切裂缝,部分不稳定斜坡已出现小规模滑坡体。目前,西塞山2处以及源华煤矿矸石山1处基本稳定,其余4处均不稳定,将来可能会由于坡脚开挖、降水以及卸荷等使整体变为不稳定。

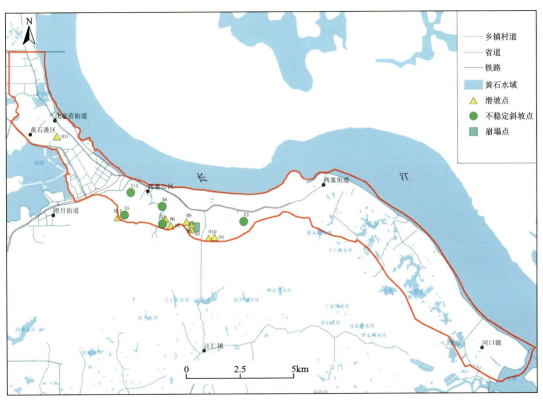

图3-2-4 研究区地质灾害点分布图

三、生态环境地质评价

（一）农业用地

研究区农业用地主要集中在西塞山区,北起西塞山油码头南至棋盘洲长江大桥,主要为城郊居民菜地,以及少量经济类作物田地（如芝麻等）,有一部分甚至野草丛生,并没有种植水稻、玉米等粮食类农作物。

1. 土壤养分地球化学特征及评价

研究区农业用地土壤肥力地球化学特征分级标准参考《土地质量地球化学评价规范》(DZ/T 0295—2016),每一等级所代表的含义如表3-2-7至表3-2-10所示。

根据统计情况可以看出,N的平均值为890.46mg/kg,变化范围为398～1560mg/kg,四级、五级共占68%以上,可以看出研究区表层土壤中N的缺乏比例较大,难以满足植物的生长需要,有必要增加氮肥。N平面上分布整体具有离长江越近,N含量越低;离长江越远,N含量越高的趋势。P的平均值为1 020.68mg/kg,变化范围为416～1520mg/kg,一级、二级共占80%以上,可以看出研究区总体P并不缺乏,而且很丰富;P相对缺乏的农用地集中在研究区以南的零星田地。K的平均值为19 215.625mg/kg,变化范围为13 100～22 000mg/kg,二级、三级占90%以上。可以看出,研究区K并不缺乏,整体具有离长江越近,K含量越低;离长江越远,K含量越高的趋势。

表3-2-7 土壤养分不同等级含义

等级	一等	二等	三等	四等	五等
含义	丰富	较丰富	中等	较缺乏	缺乏

表3-2-8 研究区表层土壤全氮(TN)分级统计表

等级	一级	二级	三级	四级	五级
样品数量/件	0	1	4	6	5
所占比例/%	0	6.25	25.00	37.50	31.25
土壤养分分级标准/mg·kg^{-1}	>2000	1500～2000	1000～1500	750～1000	<750

表3-2-9 研究区表层土壤全磷(TP)分级统计表

等级	一级	二级	三级	四级	五级
样品数量/件	8	5	2	1	0
所占比例/%	50.00	31.25	12.50	6.25	0
土壤养分分级标准/mg·kg^{-1}	>1000	800～1000	600～800	400～600	<400

表3-2-10 研究区表层土壤全钾(TK)分级统计表

等级	一级	二级	三级	四级	五级
样品数量/件	0	7	8	1	0
所占比例/%	0	43.75	50.00	6.25	0
土壤养分分级标准/mg·kg^{-1}	>25 000	20 000～25 000	15 000～20 000	10 000～15 000	<10 000

2. 土壤有益元素地球化学特征

研究区农用地表层土壤中Se、F、I含量及分级见表3-2-11～表3-2-13。

统计研究区Se的平均值为0.32mg/kg,变化范围为0.17～5.12mg/kg,大部分样品中Se为三级,说明研究区Se含量中等,甚至有的地方较富集(图3-2-5)。研究区F的平均值为577.625mg/kg,变化范围为440～760mg/kg,二级、三级样品占60%以上,说明研究区F含量中等至较富集。研究区I的平均值为1.08mg/kg,变化范围为0.66～2.42mg/kg,四级、五级占70%以上,说明研究区I缺乏。

表 3-2-11 研究区表层土壤硒(Se)分级统计表

等级	一级	二级	三级	四级	五级
样品数量/件	0	4	11	1	0
所占比例/%	0	25.00	68.75	6.25	0
土壤养分分级标准/mg·kg^{-1}	>3	3~0.4	0.4~0.175	0.175~0.125	<0.125

表 3-2-12 研究区表层土壤氟(F)分级统计表

等级	一级	二级	三级	四级	五级
样品数量/件	2	6	5	3	0
所占比例/%	12.50	37.50	31.25	18.75	0
土壤养分分级标准/mg·kg^{-1}	>700	550~700	500~550	400~500	<400

表 3-2-13 研究区表层土壤碘(I)分级统计表

等级	一级	二级	三级	四级	五级
样品数量/件	0	0	2	5	9
所占比例/%	0	0	12.50	21.25	56.25
土壤养分分级标准/mg·kg^{-1}	>100	100~5	5~1.5	1~1.5	<1

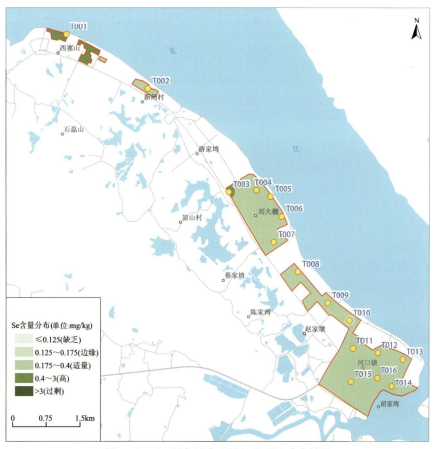

图 3-2-5 研究区农业用地硒(Se)分布情况

3. 土壤酸碱性特征

研究区农用地土壤酸碱度如表3-2-14所示。可以看出,研究区土壤均属碱性,部分为强碱性。

表3-2-14 研究区表层土壤酸碱度分级统计表

等级	强碱性	碱性	中性	酸性	强酸性
样品数量/件	3	13	0	0	0
所占比例/%	18.75	81.25	0	0	0
土壤养分分级标准/mg·kg^{-1}	>8.5	7.5～8.5	6.5～7.5	5～6.5	<5

4. 土壤养分地球化学评价

在土壤氮、磷、钾单项指标地球化学的基础上,根据《土地质量地球化学评价规范》(DZ/T 0295—2016)的要求,按照公式计算土壤养分地球化学综合得分,公式如下:

$$f_{养综} = \sum_{i=1}^{n} k_i f_i \qquad (3-2-3)$$

式中:$f_{养综}$为土壤N、P、K评价总得分,$1 \leq f_{养综} \leq 5$;k_i为N、P、K的权重系数,分别为0.4、0.4、0.2;f_i为土壤N、P、K的单元素等级得分,五等、四等、三等、二等、一等所对应的f_i得分,分别为1、2、3、4、5分。

整体来看(表3-2-15,图3-2-6),研究区土壤养分整体属于中上水平,全区基本以三等为主,部分为二等,仅1件样品为四等。

表3-2-15 研究区土壤养分地球化学综合等级划分

等级	一等	二等	三等	四等	五等
$f_{养综}$	$f_{养综} \geq 4.5$	$3.5 \leq f_{养综} < 4.5$	$2.5 \leq f_{养综} < 3.5$	$1.5 \leq f_{养综} < 2.5$	$f_{养综} < 1.5$
样品数量/件	0	4	11	1	0

5. 土壤环境地球化学特征及评价

本次研究参考《土壤环境质量 农用地土壤污染风险管控标准(试行)》(GB 15618—2018)。根据对研究区土壤样品重金属元素含量的统计(表3-2-16),可以看出As、Cr、Cd、Pb均有1件样品超标,而Hg、Ni、Cu、Zn等元素并未超标。

As的平均值为11.1mg/kg,变化范围为6.41～35.2mg/kg。Cr的平均值为130.96mg/kg,变化范围为82.8～273mg/kg。Cd的平均值为0.37mg/kg,变化范围为0.2～0.85mg/kg。Pb的平均值为55.6mg/kg,变化范围为19.7～418mg/kg。Hg的平均值为106.1mg/kg,变化范围为29.6～271mg/kg。

根据单因子指数法评价的重金属元素在区域内整体较好,几乎没有超标。

根据内梅罗综合污染指数法,对研究区重金属元素进行分级计算,得到的土壤环境地球化学评价结果如图3-2-7所示。可以看出,研究区整体情况较好,这与前述沿江带的情况整体结论一致。

6. 土壤质量地球化学评价

土壤质量地球化学综合评价就是土壤养分地球化学综合等级与土壤环境地球化学综合等级叠加产生的结果。

研究区土壤质量以二等、三等为主。结合土壤环境地球化学综合等级以及土壤养分地球化学综合等级来看(图3-2-8),二等的地区土壤养分较丰富,土壤环境清洁;三等的地区土壤环境清洁,养分中等;四等的地区养分中等,土壤重金属累积。

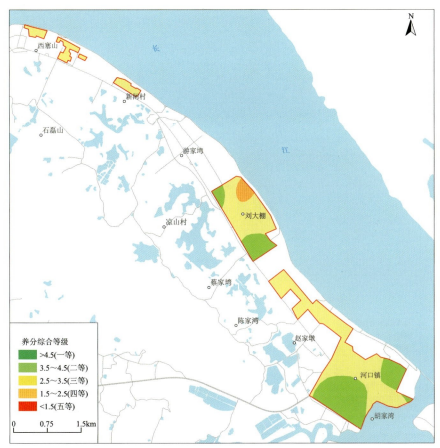

图 3-2-6 研究区农用地土壤养分综合等级图

表 3-2-16 研究区农用地重金属元素超标统计表

元素	样品数量/件	农业用地土壤质量风险筛选值和管控值		农业用地土壤质量风险值和管控值超标情况					
				风险值			管控值		
		风险值/mg·kg⁻¹	管控值/mg·kg⁻¹	超标数量/件	未超标数量/件	超标率/%	超标数量/件	未超标数量/件	超标率/%
As	16	25	100	1	15	6.25	0	16	0
Cr	16	250	1300	1	15	6.25	0	16	0
Cd	16	0.6	4	1	15	6.25	0	16	0
Pb	16	170	1000	1	15	6.25	0	16	0
Hg	16	3.4	6	0	16	0	0	16	0
Ni	16	190		0	16	0	0	16	0
Cu	16	100		0	16	0	0	16	0
Zn	16	300		0	16	0	0	16	0

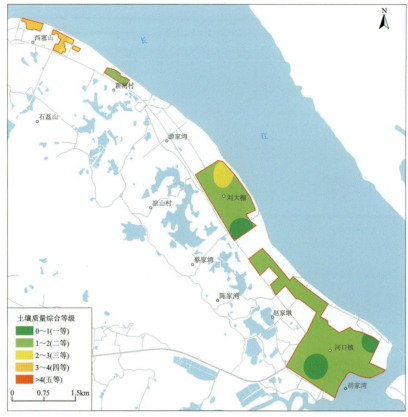

图 3-2-7 研究区农用地土壤重金属综合评价图

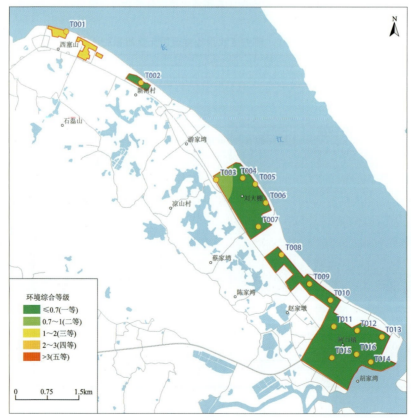

图 3-2-8 研究区农用地土壤质量综合等级评价图

(二)城市绿地

据《2018年黄石统计年鉴》黄石市辖区内绿地面积达到3 372.49km², 建成区绿化覆盖率达到38.49%。根据沿江带5km范围的遥感解译, 可以看出城市绿地面积达到82.52km², 占整个土地利用面积的61.59%。因此, 本次将研究区城市绿地作为典型区域进行土壤重金属累积现状评价以及潜在生态风险评价。

根据遥感解译以及《城市绿地分类标准》(CJJ/T 85—2017)的要求, 本次将研究区长江黄石段沿岸带城市绿地划分为4类, 即居住用地附属绿地、道路与交通附属用地、工业用地附属绿地、风景游憩绿地。土壤样品的采集也是按照不同类型的绿地分别进行采集。

1. 不同类型绿地土壤重金属特征

根据以上对比分析(图3-2-9), 可以看出道路绿地相对土壤环境质量最好, 但是需要警惕Cr元素的累积。根据对比可以发现, 所有的重金属元素均超过了鄂州—黄石地区背景值, 但是都没有超过建设用地二类用地的风险值。这就说明研究区由于城市建设、工业发展等对土壤造成了一定的超标, 但是超标的程度没有达到对人体健康有害的程度。

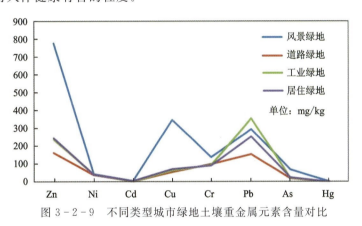

图3-2-9 不同类型城市绿地土壤重金属元素含量对比

2. 城市绿地土壤重金属现状评价

以《土壤环境质量 建设用地土壤质量风险管控标准(试行)》(GB 36600—2018)第二类用地的重金属元素筛选值和管控值作为参比值, 计算单项指数及综合指数。研究区不同类型的绿地土壤重金属唯有风景绿地中的As出现超标, 其余元素对比标准参比值均未出现超标。综合指数选用内梅罗综合污染指数, 唯有风景绿地相关元素含量在警戒线以上。

3. 城市绿地有机物现状评价

本次研究对研究区城市绿地有机物进行采样及分析, 主要指标为萘、苯并[a]蒽、䓛、苯并[b]荧蒽、苯并[k]荧蒽、苯并[a]芘、茚并[1,2,3-cd]芘、二苯并[a,h]蒽、α-666、β-666、γ-666、δ-666、p,p'-DDE、p,p'-DDD、o,p'-DDT、p,p'-DDT、α-氯丹、γ-氯丹、DDT总量、666总量、毒杀芬21项进行了测试分析, 主要分为多环芳烃以及有机氯农药两大类。以《土壤环境质量 建设用地土壤质量风险管控标准(试行)》(GB 36600—2018)第二类用地作为评价标准, 结果所有检测值均未超出评价标准, 有很多项目未检测出值, 因此研究区城市绿地并无有机物的影响, 环境质量良好。

(三) 工业用地

1. 工业用地土壤重金属特征

研究区工业用地主要集中在西塞山区,自黄石港钢铁厂至东南分布。因此,工业用地的土壤样品采集也主要集中于此。Zn 的平均值为 233mg/kg,变化范围为 69.5～1011mg/kg。Ni 的平均值为 37.2mg/kg,变化范围为 16.16～113.04mg/kg。Cd 的平均值为 1.77mg/kg,变化范围为 0.008～26.63mg/kg。Cu 的平均值为 6.57mg/kg,变化范围为 21.5～286.8mg/kg。Cr 的平均值为 119.7mg/kg,变化范围为 53.13～278.4mg/kg。Pb 的平均值为 174.14mg/kg,变化范围为 30.04～1112.3mg/kg。As 的平均值为 27.02mg/kg,变化范围为 7.18～75.08mg/kg。Hg 的平均值为 0.17mg/kg,变化范围为 0.07～0.52mg/kg。

从土壤重金属测试结果可以看出,工业用地重金属元素含量与全区所有土壤样品的重金属含量相似,但是与鄂州—黄石地区表层土壤背景值相差较大。以《土壤环境质量 建设用地土壤质量风险管控标准(试行)》(GB 36600—2018)第二类用地的重金属元素筛选值和管控值作为参比值,As 仅有 2 件样品超标,Pb 有 1 件样品超标。

2. 工业用地土壤环境质量评价

以《土壤环境质量 建设用地土壤质量风险管控标准(试行)》(GB 36600—2018)第二类用地的重金属元素筛选值和管控值作为参比值,计算单项指数及综合指数。可以看出,研究区工业用地土壤环境质量整体良好,各单项指数均属于良好。

(四) 码头

码头水的采样位置主要位于研究区沿江带的几个重要的码头,自西向东分别是化工码头、黄石港综合码头、西塞山油码头。以《地表水环境质量标准》(GB 3838—2002)以及《污水综合排放标准》(GB 8979—1996)为参照依据,唯有黄石港码头中 1 件样品为Ⅳ类水,其主要原因是氨氮含量超标,其余均为Ⅲ类水,有的甚至是Ⅱ类水,水质整体情况良好。

四、长江黄石段沿江带地质环境综合评价

(一) 构建评价指标体系

影响长江黄石段沿江带地质环境的要素主要包括地形地貌条件、岩石结构条件、动力地质作用条件、土壤环境条件等。以突出存在的地质环境问题为导向的原则,选择对研究区长江黄石段沿江带地质环境影响较大的因子作为综合评价因子,如表 3-2-17 所示。

(二) 评价因子取值依据及归一化

1. 地形地貌分区

根据《黄石市工程地质图说明书(1∶50 000)》,按地面高程、相对切割深度将黄石地区划分为 4 个地貌分区,分别是构造剥蚀低山丘分区、剥蚀残丘(准平原)分区、湖盆洼地分区、长江一级阶地分区。

表 3-2-17 长江黄石段沿岸地质环境综合评价指标体系

环境要素	重要因子	优	良	中	差	资料来源
土壤环境	土壤质量	安全	警戒线	轻—中超标	严重超标	内梅罗综合污染指数计算结果
岩石环境	岩石类型	碳酸盐岩类、层状碎屑岩、块状岩浆岩（坚硬岩石）	变质岩（中等至坚硬岩石）	砂性土（松散）	人工填土（矿山废渣）	黄石工程地质报告相关资料
地形地貌	地貌类型	长江一级阶地、湖盆洼地	剥蚀残丘（准平原）	构造剥蚀低山丘	中低山	遥感解译结果
动力地质作用	地质灾害易发性	地质灾害不易发	地质灾害低易发	地质灾害中易发	地质灾害高易发	《黄石市地质灾害防治规划（2016—2025年）》

结合本次地质环境评价的目的，对其分区进行了一定的调整，结果为：湖盆洼地分区和长江一级阶地分区合并为一类分区、剥蚀残丘（准平原）分区、构造剥蚀低山丘分区、中低山分区。长江一级阶地、湖盆洼地分区归为优，剥蚀残丘（准平原）分区归为良，构造剥蚀低山丘分区归为中，中低山分区归为差。

2. 土壤质量分区

本次在长江黄石段沿岸带，进行了大量的重金属元素的测试，通过进行内梅罗综合污染指数法进行综合评价，以内梅罗综合污染指数法的等级划分作为综合评价土壤质量因子的分区依据。考虑到用地类型，以研究区一类建设用地风险筛选值作为评价指标，按内梅罗综合污染指数参与综合评价。

3. 岩石特征分区

根据《黄石市工程地质图说明书（1∶50 000）》，黄石地区岩石类型可划分为 7 个大类，分别是碳酸盐岩类、人工填土、层状碎屑岩、块状岩浆岩、变质岩、砂性土、黏结性土。根据其对地质环境的影响，调整为 4 类，分别是坚硬岩石类（碳酸盐岩类、层状碎屑岩、块状岩浆岩）、中等至坚硬岩石（变质岩）、软性岩（砂性土、黏结性土）、特殊岩土体（人工填土）。

4. 地质灾害易发性分区

根据资料，研究区可以划分出地质灾害高易发区和低易发区两个区域。地质灾害高易发区归为差，地质灾害低易发区归为优。

（三）层次法确定因子权重

通过专家打分、层次分析法计算、结果一致性检验，本次得出研究区不同地质环境评价因子权重（表 3-2-18）。

（四）地质环境综合评价结果

通过对研究区地质环境综合评价（图 3-2-10），本书认为研究区内地质环境优的地区居多，其次是地质环境良、中，少有地质环境差的区域，说明研究区整体地质环境良好，适合城市建设、人类生活。其中，地质环境优的地区面积达到 22.1km²，占研究区面积的 48.57%，主要位于西塞山以东的游贾湖、

表 3-2-18　研究区地质环境评价因子权重

重要因子	Ⅰ	Ⅱ	Ⅲ	Ⅳ	权重
土壤质量程度	安全	警戒线	轻—中	严重超标	0.498 6
岩石类型	坚硬岩石类（碳酸盐岩类、层状碎屑岩、块状岩浆岩）	中等至坚硬岩石（变质岩）	软性岩（砂性土、黏结性土）	特殊岩土体（人工填土，矿山废渣）	0.065 9
地貌类型	长江一级阶地、湖盆洼地	剥蚀残丘（准平原）	构造剥蚀低山丘	中低山	0.136 6
地质灾害易发性	地质灾害不易发	地质灾害低易发	地质灾害中易发	地质灾害高易发	0.298 9

夏浴湖至河口镇,以及沈家营以北的沿江地区。地质环境良的地区面积达到 12.2km²,占研究区面积的 26.81％,主要位于黄石港区磁湖以北的景山等地。地质环境中的地区面积达到 10.7km²,占研究区面积的 23.52％,主要位于黄石港区磁湖以东至西塞山尚家湾等地区。地质环境差的地区面积仅仅为 0.5km²,占研究区面积的 1.10％,主要位于西塞山政府、黄思湾以及西塞山风景区西坡。

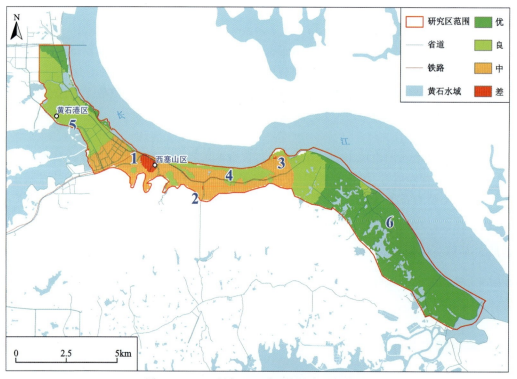

图 3-2-10　研究区地质环境综合评价结果

长江黄石段沿岸地质环境综合评结果共分为 6 个地区,具体地质环境评价内容如下。

1 号地区主要位于西塞山政府、红星三村,地质环境质量差的原因是土壤质量较全区最差。1 号地区属于构造剥蚀低山丘地区,地质构造发育较多,岩石较松散,为地质灾害的中易发区。因此,1 号地区突出的问题是土壤质量和突发性地质灾害,是城市发展限制地区。

2 号地区位于黄石钢铁厂以南的红光九村至红光十三村,地质环境质量差—中等,存在一定的土壤质量变差。2 号地区属于构造剥蚀低山丘地区,断裂较发育,基岩以薄层碳酸盐岩,岩石稳定性较差,目前已经出现多处滑坡、不稳定斜坡、崩塌点,属于地质灾害高—中易发区。该地区突出的地质环境问题是突发性地质灾害，是城市发展限制地区。

3号地区位于西塞山风景区西侧，地质环境质量差-中等，主要存在土壤质量变差。3号地区属于构造剥蚀低山丘地区，有一条断裂经过，岩石相对坚硬，已调查发现不稳定斜坡，属于地质灾害中-低易发区。该地区突出的地质环境问题是土壤重金属累积。

4号地区主要位于四新村、尚家湾等地，地质环境质量为中等，面积达到10.7km²。原因是这一地区相对水土环境质量一般，属于剥蚀残丘，地质灾害高易发。因此，该地区地质环境相对不太稳定，是城市发展可选择的地区。

5号地区位于黄石港区沈家营地区、景山村，以及西塞山区的黄家湾、周家湾等地。地质环境质量良好，面积达到12.2km²。这一地区主要是因为水土质量良好，属于湖盆洼地，部分地区由于工程建设导致岩体不稳定，属于地质灾害高易发区。这一地区的城市发展应该优先治理突发性地质灾害，然后再进行城市建设。

6号地区位于西塞山区以东，风波港、黄家岗至河口镇，以及黄石港区沈家营街道以北西的沿江地区，地质环境质量优，面积达到22.1km²。这一地区水土质量属于《土壤环境质量　建设用地土壤污染风险管控标准（试行）》（GB 36600—2018）的相对安全的范围，地质灾害不易发，或较低易发，岩石坚硬稳定，属于冲积洪积、湖盆洼地，地质环境稳定、安全。因此，该地区是城市发展优先选择地区。

基于"长江大保护"的绿色廊道建设，应该更多地借鉴生态学中的"绿色廊道的理念"，要维护生物多样性、涵养水源、调节气候等，以河、湖岸线为核心，统筹管理廊道内的山水林田湖草。以廊道内不同功能区划，结合土地利用现状为基础，通过合理布局、规划来发挥其最大的生态功能（图3-2-11）。

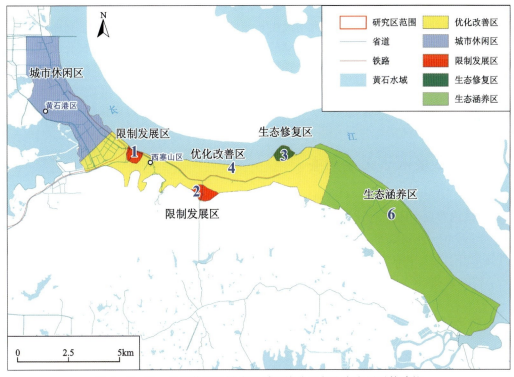

图3-2-11　长江黄石段沿岸地质环境分区与生态发展对策建议

1号地区（限制发展区）突出的问题是土壤质量和突发性地质灾害，是城市发展限制地区。这一地区应该增加能够改善土壤质量的植被，监测、治理突发性地质灾害，优化城市景观道路，控制交通流量，使得城市空间结构更加科学高效，减少交通运输带来的重金属元素沉淀。

2号地区（限制发展区）突出的地质环境问题是突发性地质灾害，是城市发展限制地区。应该加强对人类活动的控制，尤其是建设开发利用的控制，增加植被，提高植被覆盖率，涵养水土，通过工程、生态两方面保持岩体的稳定性。

3号地区(生态修复区)突出的地质环境问题是土壤质量变差。由于该地区属于风景名胜旅游景区,本身植被覆盖度较高,环境优美,可能是周边工业生产带来的影响,导致该地区土壤质量较差。应该调整植被种植类型,修复已有的重金属超标,如增加种植蜈蚣草等植物。

4号地区(优化改善区)地质质量中等,是城市发展可以选择的地区。这一地区主要承担了改善城市环境、景观、城市休闲功能,同时兼顾城市防洪功能。应该结合滨江道路的建设加强地质灾害防治,增加植被种植,尤其加强四季植被种植,塑造有特色的河岸绿化景观。

5号(城市休闲区)地区地质环境质量优,属于冲积洪积、湖盆洼地,是城市发展优先选择地区,在此构建绿色廊道主要承担改善城市环境、景观、城市休闲功能,同时兼顾城市防洪的功能。应该结合滨江道路的建设,进行河流驳岸的改造,打造滨江景观、亲水性设施建设,加强四季植物种植,塑造各种特色的绿化景观。

6号(生态涵养区)地区地质环境质量优,属于长江一级阶地,主要承担防洪,同时兼顾景观的功能。应当加固防洪堤坝,建立滨江河滩地,形成自然的滞洪湿地生态系统,同时在滨江带加强地表植被的种植,进行生态河岸的设计,建立近自认的湿地系统。根据调查,还可以进行适当的特色农业生产。

第三节　核心区土壤质量地球化学调查评价

通过开展黄石大冶湖生态新区(核心区)土壤地球化学调查,查明了土壤中的重金属元素的含量及分布特征,对土壤进行环境质量评价。在大冶湖生态新区内布设两条土壤地球化学剖面(南北向和东西向),通过垂向不同深度和沿剖面走向进行了不同地貌、不同土地利用类型取样测试分析,以此判断了规划区内元素分布特征和迁移规律;在核心区平面和垂向(从钻孔中采集)上取样,对核心区内农用地、建设用地等不同利用类型的土地进行土壤地球化学调查,查明了核心区土壤中重金属元素的含量与空间分布特征;分析了土壤中元素来源、迁移、转化等特征,为生态新区规划建设和保护提供科学依据。

一、核心区土壤地球化学调查

本项目在区内布设了南北向(PM1)和东西向(PM2)两条土壤地球化学剖面,长度分别为12km和27km,按照每200m一件表层样、每600m一件深层样,进行剖面样品采集。PM1剖面共采集41件表层样和13件深层样,PM2剖面共采集107件表层样和34件深层样,分析测试了Cu、Pb、Zn、Cd、Cr、Ni、As、Hg共8种元素,以及pH、阳离子交换量10项指标。

(一)表层土壤重金属元素含量特征

表层、深层土壤中元素平均值是土壤地球化学调查研究的基础参数(表3-3-1),它们分别代表了不同环境土壤中元素含量水平和变化规律。

通过与鄂州—黄石地区表层土壤背景值对比(表3-3-1,图3-3-1),大冶湖生态新区Cu、Cr、Ni土壤值与鄂州—黄石地区表层土壤背景值基本相当,Pb、Zn、Cd、As、Hg土壤值明显偏高,分别是鄂州—黄石地区背景值的2.3倍、1.5倍、2.9倍、1.76倍、1.85倍。这说明表层土壤中重金属元素有积累,大冶湖生态新区受人类活动影响,局部地区可能产生污染。但是与《土壤环境质量　建设用地土壤质量风险管控标准(试行)》(GB 36600—2018)中一类建设用地筛选值对比,大冶湖生态新区所有样品中Cu、Zn、Cd、Ni、Hg含量均未超过一类用地筛选值,仅少量样品中As和Pb元素含量超过一类建设用地筛选值,但均未超过管制值。经实地检查发现,Pb 和 As 超标区集中在居民地灌溉养殖区,推断农药化肥及饲料的施用为主要来源,说明部分重金属元素超标受人类活动因素影响。整体而言,大冶湖生态新区土壤污染较小,环境质量较好。

表 3-3-1 剖面重金属元素表层/深层平均值对比表　　　　　　　　　单位:mg/kg

元素	Cu	Pb	Zn	Cd	Cr	Ni	As	Hg
表层平均值	38.5	71.0	123	0.57	79.9	31.7	17.4	0.13
深层平均值	31.30	68.89	132.13	0.61	79.55	36.41	18.51	0.11
表层/深层	1.23	1.03	0.93	0.94	1.00	0.87	0.94	1.20
鄂州—黄石地区表层土壤背景值	29.69	30.55	79.72	0.196	77.83	30.06	9.9	0.07
鄂州—黄石地区深层土壤基准值	29.74	26.37	72.27	0.089	78.1	30.83	9.41	0.039
一类用地筛选值	2000	400		20		150	20	0.8
一类用地管制值	8000	800		47		600	120	3.30

注:表中鄂州—黄石地区湖积层背景值来自《湖北省鄂州-黄石沿江经济带多目标区域地球化学调查报告》,建设用地土壤污染风险筛选值和管制值参数来自《土壤环境质量　建设用地土壤质量风险管控标准(试行)》(GB 36600—2018)。

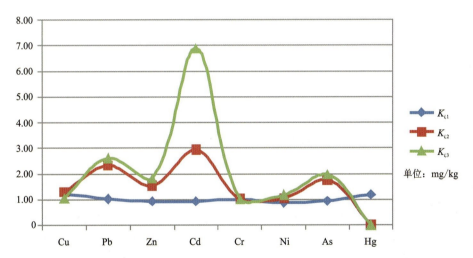

图 3-3-1 剖面重金属元素平均值与鄂州—黄石地区土壤背景值对比图

$K_{i,1}$=剖面重金属元素表层平均值/深层平均值,$K_{i,2}$=剖面重金属元素表层平均值/鄂州—黄石地区表层土壤背景值,$K_{i,3}$=剖面重金属元素深层层平均值/鄂州—黄石地区深层土壤基准值

(二)深层土壤重金属元素含量特征

深层土壤赋存于表层土壤 0.8m 之下,一般受地表环境影响较小,故其土壤值基本反映了原始成土母质的真实含量,因此用深层土壤值与表层土壤值比较,可比较真实地反映元素含量的变化及人类活动的影响程度。表 3-3-1 显示,大冶湖生态新区表层元素平均值和深层元素平均值接近的有(1.1≥K_i≥0.9)Pb、Zn、Cd、Cr、As、Hg,说明表层与深层的土壤组分相当或基本相当,反映了表层与深层土壤组分物源一致性,人类活动基本上未引起以上元素含量的变化。

通过与鄂州—黄石地区深层土壤基准值对比(表3-3-1,图3-3-1),大冶湖生态新区Cu、Cr、Ni土壤值与鄂州—黄石地区深层土壤基准值基本相当,Pb、Zn、Cd、As、Hg土壤值明显偏高,分别是鄂州—黄石地区基准值的2.6倍、1.8倍、3.1倍、1.97倍、2.8倍。这说明深层土壤中重金属元素有积累,但是与《土壤环境质量 建设用地土壤质量风险管控标准(试行)》(GB 36600—2018)中一类建设用地筛选值对比,发现大冶湖生态新区所有样品Cu、Zn、Cd、Ni、Hg含量未超过一类用地筛选值,仅有As和Pb元素部分样品含量超过一类建设用地筛选值,As元素未超过管制值。经实地检查发现,As和Pb超标区集中在居民地灌溉区、养殖区,推断农药化肥及饲料的施用为主要来源,说明部分重金属元素超标受人类活动因素影响。整体而言,大冶湖生态新区土壤污染较小,环境质量较好。

二、核心区土地质量现状

城市建设用地根据保护对象暴露情况的不同,可以划分为两类。第一类用地包括《城市用地分类与规划建设用地标准》(GB 50137—2011)规定的城市建设用地中的居住用地(R),公共管理与公共服务用地中的中小学用地(A33)、医疗卫生用地(A5)和社会福利设施用地(A6),以及公园绿地(G1)中的社区公园或儿童公园用地等。第二类用地包括《城市用地分类与规划建设用地标准》(GB 50137—2011)规定的城市建设用地中的工业用地(M)、物流仓储用地(W)、商业服务业设施用地(B)、道路与交通设施用地(S)、公用设施用地(U)、公共管理与公共服务用地(A)(A33、A5、A6除外)及绿地与广场用地(G)(G1社区公园或儿童公园用地除外)等。

控制性详规将核心区的土地主要规划为建设用地,因此,本次工作采用《土壤环境质量 建设用地土壤污染风险管控标准(试行)》(GB 36600—2018)的一类建设用地风险筛选值、管制值作为评价标准。

大冶湖生态新区(核心区)地处湖北省大冶市东部,大冶湖生态新区的西北部,南临大冶湖,面积约22km²,土地利用类型以建设用地为主。核心区根据主体功能分为西区和东区,以兴隆咀港为界。其中,核心区东区用地面积为8.6km²,东区城市建筑面积达40%以上,如已建的黄石奥林匹克中心、地质馆、矿博园等,以及在建的黄石园博园二期、黄石绿地城等,高楼林立,道路纵横,以建设用地为主(图3-3-2);核心区西区用地面积为13.4km²,西区以建设用地、村落和农用地为主,农用地占总面积的60%以上,近湖区一侧主要为鱼塘、藕塘,村落多位于区内的西北部(图3-3-3、图3-3-4)。

图3-3-2 核心区东区建设用地

图3-3-3 核心区西区建设用地、村落和农用地

根据《大冶湖生态新区发展规划及新城建设规划》和《黄石市大冶湖生态新区核心区(西区)控制性详细规划》,综合考虑区域发展条件与诉求,除了少数水域和农林用地外,未来核心区土地主要作为建设用地(图3-3-5),把核心区构筑为公共轴、商务岛、活力港、艺术屿、交通核、创智湾和三大绿色社区共九大功能组团,规划建设展示馆、生态展示馆、图书馆、会展中心、文化艺术中心、医疗中心和大型城市商业综合体等设施。

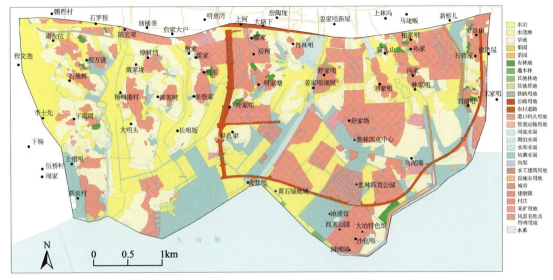

图 3-3-4　核心区土地利用现状分布图

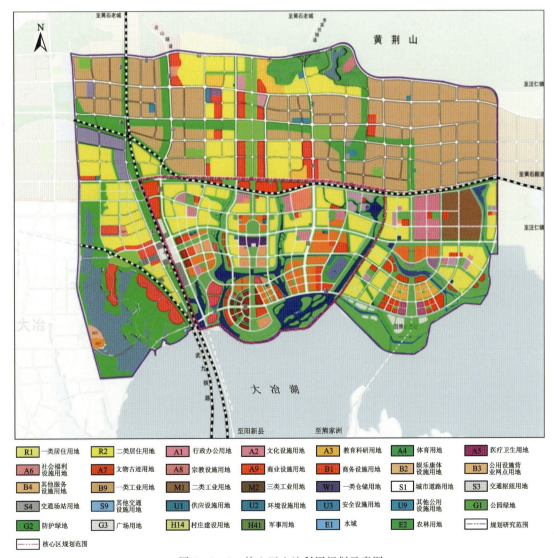

图 3-3-5　核心区土地利用规划示意图

(一)核心区表层土地质量现状

本次工作在核心区开展了1∶1万土壤地球化学调查,共采集了241件测试样品,共分析了54项指标。本次样品采集自地表向下20cm的表层土壤,样品分布情况如图3-3-6所示。

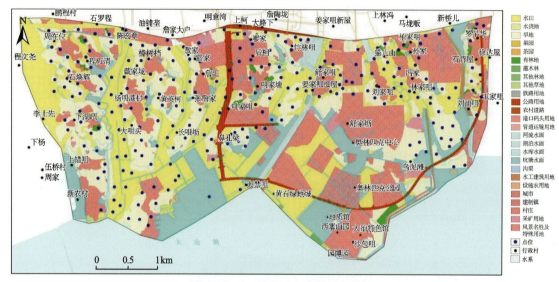

图3-3-6 核心区土壤样品点位图

1. 土壤背景特征

核心区表层土壤地球化学背景特征见表3-3-2。

对比鄂州-黄石地区表层土壤背景值,核心区表层土壤Sn、Pb、Li、Cu、W、As、Corg、Sb、Mo、I、Au、Cd、Se、Ag、Bi、B含量高($K1>1.2$),C、Ce、N、Cr、Th、Y、La、U、Zn、Tl、S、Br含量略高于鄂州—黄石地区表层土壤背景值,Ge、C、V、Co、Nb、Cl、Rb、Be、Sc、Ti、Mn、F、Hg、Ga、Ni、P、Ba、Sr含量低于该背景值($K1<1$),尤以Sr含量最低($K1=0.6$)。

表3-3-2 核心区表层土壤样品地球化学参数($n=241$)

元素/指标	单位	平均值	最低值	最高值	标准差	变异系数CV	鄂州—黄石地区表层土壤背景值	K1
S	mg/kg	314.19	46	1170	178.97	57	266.59	1.18
F	mg/kg	439.63	249	917	103.96	24	485.57	0.91
Cl	mg/kg	64.57	40	326	26.83	42	67.87	0.95
Corg	%	2.04	0.08	4.55	1.01	49	1.26	1.62
Cu	mg/kg	46.21	8.81	143	17.72	38	29.69	1.56
Pb	mg/kg	44.92	20.1	128	14.89	33	30.55	1.47
Zn	mg/kg	89.41	24.9	349	36.31	41	79.72	1.12
Cr	mg/kg	80.01	27.8	515	37.36	47	77.83	1.03
Ni	mg/kg	23.70	10.7	96.7	9.01	38	30.06	0.79
Co	mg/kg	15.35	7.2	46.2	4.29	28	15.93	0.96

续表 3-3-2

元素/指标	单位	平均值	最低值	最高值	标准差	变异系数CV	鄂州—黄石地区表层土壤背景值	K1
Cd	mg/kg	0.43	0.06	1.64	0.23	54	0.195 76	2.20
Li	mg/kg	36.53	7.98	69.1	9.73	27	24.01	1.52
Rb	mg/kg	88.33	47.4	143	19.62	22	92.86	0.95
W	mg/kg	3.15	0.53	56.9	5.25	167	1.97	1.60
Mo	mg/kg	1.22	0.34	4.5	0.46	38	0.72	1.69
As	mg/kg	15.93	1.59	65.3	5.74	36	9.9	1.61
Sb	mg/kg	1.36	0.18	5.56	0.47	35	0.83	1.64
Bi	mg/kg	1.13	0.12	49.6	3.17	279	0.4	2.83
Hg	μg/kg	61.93	5.27	324	29.10	47	70.66	0.88
Sr	mg/kg	78.31	42.1	337	31.56	40	130.72	0.60
Ba	mg/kg	420.02	203	1990	147.62	35	591.46	0.71
V	mg/kg	96.43	33.5	152	21.03	22	99.89	0.97
Sc	mg/kg	10.90	3.71	22.1	2.90	27	11.87	0.92
Nb	mg/kg	17.18	6.83	28	2.22	13	18.06	0.95
Zr	mg/kg	<10	<10	<10	—	—	256.56	—
Be	mg/kg	1.88	1.03	3.17	0.44	24	2.02	0.93
B	mg/kg	72.13	15.3	111	14.37	20	24.17	2.98
Ga	mg/kg	14.69	8.69	23.9	2.72	19	17.69	0.83
Sn	mg/kg	4.78	1.1	66	5.85	122	3.55	1.35
Ge	mg/kg	1.41	0.86	1.91	0.16	11	1.46	0.97
Tl	mg/kg	0.71	0.4	7.45	0.47	66	0.61	1.16
Se	mg/kg	0.56	0.07	7.73	0.72	128	0.21	2.67
Au	μg/kg	3.82	0.31	124	10.47	274	1.96	1.95
Ag	mg/kg	0.18	0.028	10	0.65	354	66.82	2.76
U	mg/kg	2.96	0.65	4.18	0.50	17	2.67	1.11
Th	mg/kg	13.80	4.21	25.4	2.87	21	13.37	1.03
La	mg/kg	43.08	19.3	83.2	8.45	20	40.26	1.07
Ce	mg/kg	83.18	37.9	125	11.64	14	81.79	1.02
Y	mg/kg	28.89	14.1	35.2	3.02	10	27.07	1.07
Br	mg/kg	2.33	0.56	4.42	0.64	27	1.97	1.18
C	%	1.31	0.09	4.74	0.66	50	1.34	0.98
pH		6.37	4.56	8.83	0.92	14	5.65	1.13
Si	%	34.34	26.39	38.76	2.60	8	—	—

续表 3-3-2

元素/指标	单位	平均值	最低值	最高值	标准差	变异系数 CV	鄂州—黄石地区表层土壤背景值	K1
Al	%	6.24	4.22	10.39	1.31	21	—	—
Ti	mg/kg	4 873.28	1580	6010	580.29	12	5 351.71	0.91
P	mg/kg	513.82	155	2130	205.15	40	689.22	0.75
K	%	1.31	0.76	3.13	0.24	19	—	—
Mn	mg/kg	544.34	175	1670	218.22	40	598.62	0.91
Ca	%	0.42	0.14	6.9	0.53	127	—	—
Mg	%	0.38	0.21	1.04	0.11	29	—	—
Fe	%	3.57	1.28	7.56	0.87	24	—	—
Na	%	0.28	0.11	1.43	0.11	42	—	—
N	mg/kg	1 232.90	100	3990	589.60	48	1200	1.03
I	mg/kg	2.05	0.45	8.72	1.03	50	1.14	1.79

注：本表中变异系数 CV 单位为%，K1 无量纲，K1＝中值/鄂州-黄石地区表层土壤背景值；表中鄂州-黄石地区表层土壤背景值参数来自《湖北省鄂州-黄石沿江经济带多目标区域地球化学调查报告》。

2. 土壤重金属元素分布特征

根据《湖北省鄂州-黄石沿江经济带多目标区域地球化学调查报告》《土壤环境质量　建设用地土壤质量风险管控标准(试行)》(GB 36600—2018)提供的鄂州—黄石地区浅层土壤背景值、江汉流域浅层土壤背景值、建设用地土壤风险筛选值和管制值，核心区 Zn、Ni、Cd、Cu、Cr、Pb、As、Hg 共 8 种元素地球化学特征见表 3-3-3 和图 3-3-7。

通过与鄂州—黄石地区表层土壤背景值对比，可以看出 As、Cd、Pb、Cu 元素含量超标严重，Zn、Cr 含量超标中等，Ni 和 Hg 元素含量轻微超标。与江汉流域土壤背景值对比，同样存在 8 种元素含量超标。与中国土壤 A 层背景值比较，超标率更高，表明 8 种元素在大冶湖生态新区(核心区)有一定程度的累积。但与《土壤环境质量　建设用地土壤质量风险管控标准(试行)》(GB 36600—2018)中一类建设用地筛选值对比，8 种元素中仅 As 超标，但均低于管制值(表 3-3-3)，作为建设用地对人体健康的风险可以忽略，可不对土壤进行任何处理。

As：黄石大冶湖生态新区核心区表层土壤 As 变化范围为 1.59～65.3μg/g，极高值是极低值的 41 倍，几何平均值为 15.93μg/g，是鄂州—黄石地区表层土壤背景值的 1.45 倍，241 件样品中有 44 件样品超过了一类建设用地筛选值(20μg/g)，超标率达 18.26%(表 3-3-3)，但未超过管制值，超标样品主要分布于上错咀、大咀头以西、长咀坂、叶家咀、刘浦咀以西(图 3-3-7)。241 件样品中有 1 件样品(65.3μg/g)超过了二类建设用地筛选值(60μg/g)，但未超过管制值，超标样品分布于长咀坂。上错咀—大咀头—长咀坂为灌溉区、养殖区，推断农药化肥及饲料的施用为主要来源，可对大于 20mg/kg 且集中分布的区域开展详细调查。

Cd：黄石大冶湖生态新区核心区表层土壤 Cd 变化范围为 0.06～1.64mg/kg，极高值是极低值的 26.89 倍，几何平均值为 0.43mg/kg，与鄂州—黄石地区表层土壤背景值对比，平均值是鄂州—黄石地区表层土壤背景值的 2.25 倍，样品超标率高达 89%，但样品均未超过一类建设用地筛选值(表 3-3-3，图 3-3-8)。

Pb：黄石大冶湖生态新区核心区表层土壤 Pb 变化范围为 20.1～128mg/kg，极高值是极低值的 6.37 倍，几何平均值为 44.92mg/kg，与鄂州—黄石地区表层土壤背景值对比，平均值是鄂州—黄石地区浅层土壤背景值的 1.47 倍，超标率高达 96%，但均远低于一类建设用地筛选值(表 3-3-3，图 3-3-9)。

表 3-3-3 土壤重金属超标情况

元素	样品数量/件	鄂州—黄石地区深层土壤基准值	鄂州—黄石地区表层土壤背景值	江汉流域背景值	中国土壤A层背景值	建设用地土壤污染风险筛选值和管制值 一类用地 筛选值	一类用地 管制值	二类用地 筛选值	二类用地 管制值	超出鄂州—黄石地区表层土壤背景值 超标个数/个	未超标个数/个	超标率/%	建设用地土壤污染风险筛选值 一类用地 超标个数/个	未超标个数/个	超标率/%	建设用地土壤污染风险筛选值和管制值 一类用地 超标个数/个	未超标个数/个	超标率/%
Zn	241	72.27	79.72	80.5	74.2					117	124	48.55						
Ni	241	30.83	30.06	35.51	26.9	150	600	900	2000	41	200	17.01	0	241	0	0	241	0
Cd	241	0.09	0.20	0.24	0.10	20	47	65	172	215	26	89.21	0	241	0	0	241	0
Cu	241	29.74	29.69	31.58	22.6	2000	8000	18 000	36 000	208	33	86.31	0	241	0	0	241	0
Cr	241	78.10	77.83	81.64	61					106	135	43.98	0	241	0			
Pb	241	26.37	30.55	29.47	26	400	800	800	2500	219	22	96.43	0	241	0	0	241	0
As	241	9.41	9.9	11.2	11.2	20	120	60	140	231	10	95.85	44	197	18.26	0	241	0
Hg	241	39.11	70.66	65	65	800	3300	38	82	70	171	29.05	0	241	0	0	241	0

注:表中鄂州—黄石地区表层土壤背景值和深层土壤基准值、建设用地土壤污染风险筛选值和管制值参数分别来自《湖北省鄂州-黄石沿江经济带多目标区域地球化学调查报告》《土壤环境质量 建设用地土壤污染风险管控标准(试行)》(GB 36600—2018),元素中 Hg 的单位为 μg/kg,其余为 mg/kg。

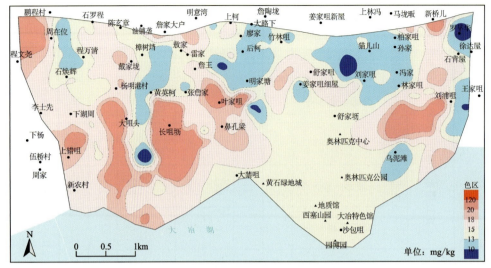

图 3-3-7　核心区表层土壤 As 元素地球化学图

图 3-3-8　核心区表层土壤 Cd 元素地球化学图

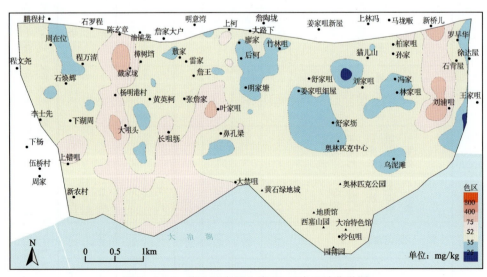

图 3-3-9　核心区表层土壤 Pb 元素地球化学图

Cu：黄石大冶湖生态新区核心区土壤Cu变化范围为8.81～143mg/kg，极高值是极低值的16.23倍，几何平均值为46.21mg/kg，与鄂州—黄石地区表层土壤背景值对比，平均值是鄂州—黄石地区表层土壤背景值的1.56倍，样品超标率高达86%，但均远低于一类建设用地筛选值（表3-3-3，图3-3-10）。

Zn：黄石大冶湖生态新区核心区表层土壤Zn变化范围为24.9～349mg/kg，极高值是极低值的14.02倍，几何平均值为89.41mg/kg，略高于鄂州—黄石地区浅层土壤背景值，超标率为49%（表3-3-3，图3-3-11）。

Cr：黄石大冶湖生态新区核心区表层土壤Cr变化范围为27.8～515mg/kg，极高值是极低值的18.53倍，几何平均值为80.01mg/kg，略高于鄂州—黄石地区浅层土壤背景值，超标率为44%（表3-3-3，图3-3-12）。

Ni：黄石大冶湖生态新区核心区表层土壤Ni变化范围为10.7～96.7mg/kg，极高值是极低值的9倍，几何平均值为23.70mg/kg，略低于鄂州—黄石浅层土壤背景值，均远低于一类建设用地筛选值（表3-3-3，图3-3-13）。

Hg：黄石大冶湖生态新区核心区表层土壤Hg变化范围为5.27～324μg/kg，极高值是极低值的61.48倍，几何平均值为61.93μg/kg，低于鄂州—黄石地区浅层土壤背景值，远低于一类建设用地筛选值（表3-3-3，图3-3-14）。

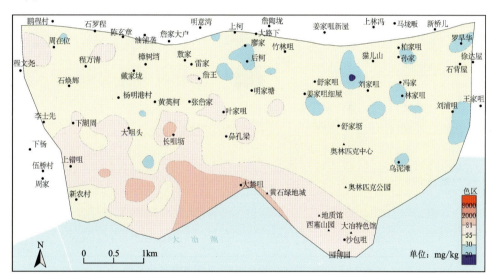

图3-3-10　核心区表层土壤Cu元素地球化学图

图3-3-11　核心区表层土壤Zn元素地球化学图

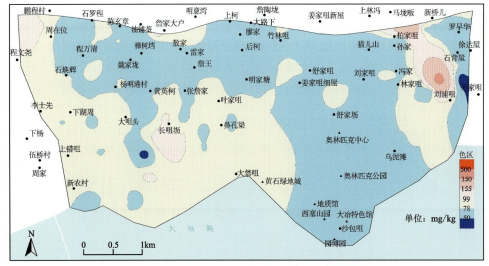

图 3-3-12　核心区表层土壤 Cr 元素地球化学图

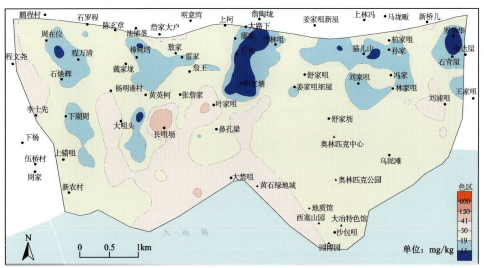

图 3-3-13　核心区表层土壤 Ni 元素地球化学图

图 3-3-14　核心区表层土壤 Hg 元素地球化学图

综合各单项指标可以看出,241件无机样品中,所有元素未见超过一类用地管制值,仅有As含量超过一类建设用地筛选值,但未超过管制值。整体而言,核心区土壤质量良好,适宜作为工程建设用地。

3. 土壤重金属元素含量变异系数比较

在自然条件下,土壤中重金属元素含量波动范围较小,但是在人类的生产活动过程中,会产生重金属元素污染源。这些重金属污染源对土壤造成不可恢复性影响,一般变异系数越大,元素在土壤中的质量分数分布越不均匀,说明受人类活动影响越大。由表3-3-4可知,Zn、Ni、Cu、Cr、Pb、As、Hg属均匀分布型元素,仅Cd属弱变异型元素(变异系数为54%),8种重金属元素变异系数均小于100%,说明8种金属元素在核心区含量起伏变化不大,受生产、生活活动影响不显著,人类活动对核心区土壤造成的污染较小。

表3-3-4 核心区重金属元素含量参数表

元素	单位	平均值	范围值	标准偏差	变异系数
Zn	mg/kg	89.41	0.41~349	36.31	41
Ni	mg/kg	23.70	0.38~96.7	9.01	38
Cd	mg/kg	0.43	0.06~2.20	0.23	54
Cu	mg/kg	46.21	0.38~143	17.72	38
Cr	mg/kg	80.01	0.47~515	37.36	47
Pb	mg/kg	44.92	0.33~128	14.89	33
As	mg/kg	15.93	0.36~65.3	5.74	36
Hg	μg/kg	61.93	0.47~324	29.10	47

注:本表变异系数CV用%表示。

(二)核心区钻孔表层和深层土地质量现状

本次工作在大冶湖生态新区核心区18个钻孔中均采集了垂向样品(图3-3-15),采样位置为每孔的黏土/亚黏土、砂砾石、强风化粉砂岩、中风化粉砂岩各取1件代表性样品,共采集了72件样品,测试Cu、Pb、Zn、Cd、Cr、Ni、As、Hg共8种元素以及pH、阳离子交换量。

通过与《土壤环境质量 建设用地土壤污染风险管控标准(试行)》(GB 36600—2018)中一类建设用地筛选值对比(表3-3-5),8种元素平均值均低于管制值,72件样品中仅1件样品As和1件样品Hg超标,但均低于管制值和二类建设用地筛选值,经实地检查发现超标样品位于居民灌溉养殖区,推断农药化肥及饲料的施用为主要来源。因此,核心区整体受生产、生活活动因素影响不显著,局部地区受人类活动影响,整体环境质量较好。

通过与鄂州—黄石地区湖积层背景值对比(表3-3-5),可以看出第四系浅层黏土/亚黏土层仅Hg元素高于鄂州—黄石地区湖积层背景值,第四系深层砂砾石层8种重金属元素均低于鄂州—黄石地区湖积层背景值,说明核心区浅层局部地区受人类活动影响不大。与鄂州—黄石地区公安寨组背景值对比(表3-3-5),8种元素除Ni元素平均值略大于鄂州—黄石地区公安寨组背景值外,其余元素均小于鄂州—黄石地区公安寨组背景值,说明钻孔深层基岩地层没有受到人类活动影响,地层没有受到污染。通过对比钻孔由浅至深(黏土/亚黏土、砂砾石、强风化粉砂岩、中风化粉砂岩)Cu、Pb、Zn、Cd、Cr、Ni、

As、Hg 共 8 种元素，发现平均值基本逐渐减小（表 3-3-5），认为表层到深层随着地表水的下渗，重金属元素含量逐渐降低，核心区浅层局部地区受人类活动影响导致局部地区重金属元素含量变高，深部基岩地层没有受到人类活动影响。

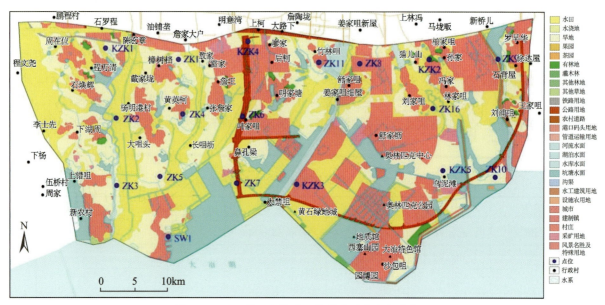

图 3-3-15 核心区钻孔土壤样品采集点位分布图

表 3-3-5 核心区钻孔不同元素重金属含量平均值 单位：mg/kg

分类	Cu	Pb	Zn	Cd	Cr	Ni	As	Hg
第四系黏土/亚黏土	24.47	33.31	81.22	0.19	67.24	24.90	11.07	0.34
第四系砂砾石	21.27	31.03	64.53	0.17	62.42	20.45	7.34	0.03
公安寨组强风化粉砂岩	20.11	22.25	59.65	0.17	52.53	25.75	7.26	0.03
公安寨组中风化粉砂岩	18.2	20.3	50.6	0.12	49.3	22.9	5.10	0.02
鄂州—黄石地区湖积层背景值	36.52	34.04	94.46	0.30	89.03	36.72	14.48	0.08
鄂州—黄石地区公安寨组背景值	28.59	29.90	62.12	0.17	67.45	22.02	7.63	0.07
一类用地筛选值	2000	400	300	20	350	150	20	0.8
一类用地管制值	8000	800	500	47	500	600	120	3.3

注：表中鄂州—黄石地区湖积层背景值、鄂州—黄石地区公安寨组背景值来自《湖北省鄂州-黄石沿江经济带多目标区域地球化学调查报告》，建设用地土壤污染风险筛选值和管制值参数来自《土壤环境质量 建设用地土壤污染风险管控标准（试行）》（GB 36600—2018）。

$K_{i,1}$ 为第四系黏土/亚黏土重金属平均值与鄂州—黄石地区湖积层背景值的比值，$K_{i,2}$ 为第四系砂砾石重金属平均值与鄂州—黄石地区湖积层背景值的比值，$K_{i,3}$ 为公安寨组强风化粉砂岩重金属平均值与鄂州—黄石地区公安寨组背景值的比值，$K_{i,4}$ 为公安寨组中风化粉砂岩重金属平均值与鄂州—黄石地区公安寨组背景值的比值。

三、核心区土地质量评价

目前,我国土壤质量环境监测行为中,单因子指数评价法与内梅罗综合污染指数评价法因计算简单、易操作,在土壤重金属污染检测中广为使用。但在实际土壤质量环境监测行为中,人们多通过两者结合的方法,对土壤重金属污染等级进行评价。本次采用两种方法结合的方式进行核心区的土壤质量评价。

(一)单因子指数法

本次采用一类建设用地土壤风险筛选值作为土壤环境质量标准,各元素单因子指数评价结果见图3-3-16、图3-3-17。

根据As单因子评价结果(图3-3-16)可以看出,核心区整体环境质量较好,只有上错咀以北、大咀头以西、刘浦咀以南属于轻污染。根据Ni、Cd、Cu、Pb、Hg单因子评价结果($P_i \leqslant 1$,图3-3-17)可以看出,核心区整体土壤环境质量好,均无污染。因此,整体来看研究区As污染一般,其余元素按规范对比无污染,核心区土壤环境质量好,适宜作为工作建设用地。

(二)内梅罗综合污染指数法

根据内梅罗综合污染指数法,对核心区重金属元素进行分级计算,结果如图3-3-18所示。大部分地区均无污染,面积约为21.734km²,占整个研究区的98.79%。其中,清洁区域为18.074km²,占整个研究区的82.15%;尚清洁区域为3.660km²,占整个研究区的16.64%。污染区域主要集中在长咀圻周围,占整个研究区的1.21%,其中轻污染区域约为0.2607km²,占整个研究区的1.185%;中污染区域约为0.0053km²,占整个研究区的0.02%。研究区无重污染区域分布。

四、核心区绿色发展对策建议

随着城镇化和工农业现代化步伐加快,城乡人口不断增长,各种各样的人类活动如交通运输、工业排放、市政建设、大气沉降、矿山开采与冶炼、滥施化肥、污水排放、污泥农用等,将含重金属的污染物排放入土壤,造成重金属元素在土壤中累积,并通过大气、扬尘、水体、食物链直接或者间接威胁人类的健康甚至生命。因此,研究土壤中重金属污染特征并采取防治措施对保障人们生活健康至关重要。

核心区土壤重金属污染程度低,大部分地区(21.734km²)均没有污染,仅在长咀圻(0.266km²)附近达到轻和中污染。因此,核心区土壤质量基本处于优良状态,大部分地区土壤无需处理,以预防污染为主,局部污染地区开展场地调查(表3-3-6,图3-3-19),为打造大冶湖两岸湖城共生的"城市金叶"和"生态绿叶"服务。

图 3-3-16 核心区 As 单因子指数评价图

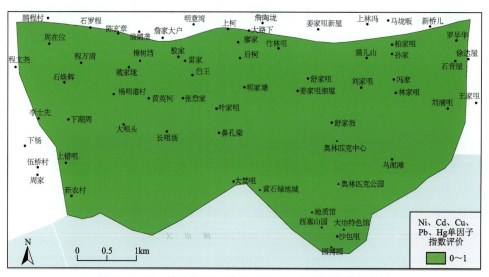

图 3-3-17 核心区 Ni、Cd、Cu、Pb、Hg 单因子指数评价图

图 3-3-18 核心区重金属内梅罗综合污染指数评价图

表3-3-6 核心区金属元素防治对策表

序号	代号	分区	面积/km²	现状	建议
1	①	周在位—石背屋—园博园的核心区主体部位	18.45	该地区无污染，重金属元素含量均低于一类建设用地筛选值，该地区建设用地土壤污染风险可以忽略，适合作为建设用地	该地区主要为农用地和城镇建设用地，建议合理施用农药化肥及饲料；城镇周边应加强监管和生活污水进行无害化处理
2	②	刘浦咀以南乌泥滩以北	0.69	该地区仅As超过一类建设用地筛选值，但未超过管制值；单因子显示As为轻污染，其余元素无污染，内梅罗综合污染指数显示无污染，处于警戒线以内	该地区为旱地和采矿用地，规划为一类居住用地，建议对该地区开展场地环境调查，对As超过一类建设用地筛选值的区域开展详细调查，查明是否有As的污染源，同时严格控制源头，禁止含重金属超标的农药使用，对采矿用地进行土壤修复
3	③	叶家咀—鼻孔梁	0.48	该地区仅As超过一类建设用地筛选值，但未超过二类建设用地筛选值，内梅罗指数显示该地区无污染。因此该地区适合作为二类建设用地	该地区主要为水田用地和城市建设用地，建议合理施用农药化肥，城市周边应加强监管，对粪便、垃圾和生活污水进行无害化处理，预防污染源头
4	④	大咀头	2.12	该地区仅As超过一类建设用地筛选值，但未超过管制值；单因子显示As为轻污染，其余元素无污染，内梅罗综合污染指数显示该地无污染，处于警戒线以内	大咀头为水田用地，规划为一类居住用地，建议对该地区开展场地环境调查，对As超过一类建设用地筛选值的区域开展详细调查，查明是否有As的污染源，同时控制污染源，重点控制重金属超标的农药、饲料使用，积极发展高效、低毒、低残留的农药；慎重推广污水灌溉，对灌溉农田的污水要严格进行监测和控制，使用处理后的污水灌溉农田
5	⑤	长咀坂	0.26	该地区仅As超过一类建设用地筛选值，其中一组样品超过管制值，其余元素无污染。单因子显示As为重污染，其余元素无污染，内梅罗综合污染指数显示该地为轻—中污染	长咀坂为水田用地和旱地，规划为一类居住用地，建议对该地区开展场地环境调查，对As含量大于20mg/kg且集中分布的区域开展详细调查；对异常点加强排放浓度和总量控制，对重金属含量偏高的个别地区采用异地改良或客土改良，改变土壤氧化还原条件使重金属转变为难溶物质，降低其活性；对灌溉农田的污水要严格进行监测和控制，使用化学改良剂

图 3-3-19 核心区土壤质量现状及防治对策建议

第四节 金海开发区土地质量调查评价

一、金海开发区地球化学特征

通过在评价区金海煤炭开发管理区(简称金海开发区)进行1∶5000土壤地球化学测量、1∶5万灌溉水地球化学调查、大气沉降地球化学调查、农作物地球化学调查等工作,采集了大量的土壤样、水样和农作物样品,获得了丰富的地球化学数据,全面了解了评价区土壤、灌溉水、大气干湿沉降物、农作物中各类元素和指标的含量分布特征及变化情况。

一)土壤地球化学背景值

(一)土壤地球化学背景值

依据中国地质调查局2009年颁布的《土壤地球化学基准值与背景值研究若干要求》中规定的土壤基准值、背景值统计方法,计算了评价区土壤元素地球化学背景值。金海开发区土壤元素地球化学参数特征值见表3-4-1和图3-4-1。

从图表中可知,与中国土壤A层背景值相比较,金海开发区内各元素/指标差别较大,其中Ge、I、K_2O、Sr较为贫乏(KK1≤0.86);CaO、MgO、Na_2O极度贫乏(KK1≤0.4);较为富集的(KK1≥1.2)有As、B、Cd、Cr、Cu、F、Hg、Pb、Se,其中Cd达到中国土壤背景值的3.01倍,Se达到中国土壤背景值的2.22倍;其他元素/指标接近于中国土壤背景值,KK2值在0.81~1.19之间。

与2006年的江汉流域土壤背景值相比,Ag、As、B、Bi、Cd、Hg、I、Mo、Se、Zr较为富集(KK2≥1.2),其中I、Mo、Se极为富集,比值皆大于2。Al_2O_3、K_2O、Au、Ba、Mn、Nb、Ni、P、Rb、Si、Ti较为贫乏(KK2≤0.8),MgO、Na_2O、CaO皆极度贫乏(KK2≤0.35)。

表 3-4-1 金海开发区土壤元素地球化学特征参数

元素/指标	单位	平均值	背景值	中位值	最小值	最大值	标准差	变异系数	中国土壤A层背景值	江汉平原背景值	KK1	KK2
Ag	mg/kg	0.13	0.11	0.11	0.03	0.55	0.07	55.90	—	0.08	—	1.33
Al$_2$O$_3$	%	10.62	10.33	10.30	2.64	21.50	2.55	24.02	12.51	13.61	0.83	0.76
As	mg/kg	21.46	19.01	18.20	6.30	95.30	9.91	46.18	11.20	11.20	1.70	1.70
Au	mg/kg	1.58	1.37	1.38	0.03	15.56	1.02	64.38	—	2.04	—	0.67
B	mg/kg	83.52	81.46	81.35	11.60	378.00	28.63	34.28	47.80	59.70	1.70	1.36
Ba	mg/kg	280.15	278.30	283.50	82.70	591.00	73.28	26.16	—	492.50	—	0.57
Be	mg/kg	1.72	1.60	1.60	0.39	5.06	0.66	38.14	—	2.23	—	0.72
Bi	mg/kg	0.70	0.65	0.66	0.19	2.67	0.28	39.14	—	0.39	—	1.65
Br	mg/kg	3.71	2.92	3.00	0.60	22.70	2.40	64.75	—	2.58	—	1.13
CaO	%	0.47	0.25	0.25	0.03	33.20	1.31	278.91	2.15	1.41	0.12	0.18
Cd	mg/kg	0.94	0.29	0.36	0.02	41.10	2.85	303.05	0.10	0.24	3.01	1.22
Ce	mg/kg	87.87	87.67	89.15	17.90	183.00	20.21	23.00	—	79.73	—	1.10
Cl	mg/kg	47.50	46.04	45.90	27.40	163.00	11.66	24.54	—	60.84	—	0.76
Co	mg/kg	13.84	13.68	14.30	1.43	36.90	5.49	39.70	12.70	16.86	1.08	0.81
Corg	%	1.41	1.17	1.17	0.14	10.61	1.02	71.98	1.80	1.37	0.65	0.85
Cr	mg/kg	103.07	81.72	84.50	27.90	545.00	61.35	59.52	61.00	81.64	1.34	1.00
Cu	mg/kg	32.76	29.95	29.75	11.50	101.00	12.19	37.21	22.60	31.58	1.33	0.95
F	mg/kg	680.89	613.75	599.00	276.00	2 272.00	280.49	41.20	478.00	576.00	1.28	1.07
Ga	mg/kg	15.49	14.85	14.80	4.81	32.70	4.09	26.43	—	17.05	—	0.87
Ge	mg/kg	1.38	1.38	1.38	0.33	2.65	0.31	22.06	1.70	1.53	0.81	0.90
Hg	mg/kg	115.25	93.19	93.31	29.93	959.80	80.91	70.20	65.00	65.00	1.43	1.43
I	mg/kg	3.39	3.25	2.98	0.63	15.50	1.78	52.55	3.76	1.26	0.86	2.58

续表 3-4-1

元素/指标	单位	平均值	背景值	中位值	最小值	最大值	标准差	变异系数	中国土壤A层背景值	江汉平原背景值	KK1	KK2
K_2O	%	1.38	1.36	1.39	0.19	3.48	0.40	29.33	2.24	2.28	0.60	0.59
La	mg/kg	40.58	39.61	40.30	12.20	103.00	9.00	22.18	—	39.86	—	0.99
Li	mg/kg	40.61	38.78	39.00	11.60	137.00	11.05	27.22	—	41.06	—	0.94
MgO	%	0.57	0.52	0.52	0.16	2.27	0.24	41.62	1.29	1.50	0.40	0.35
Mn	mg/kg	587.80	566.95	590.00	22.60	3 329.00	368.26	62.65	583.00	739.79	0.97	0.77
Mo	mg/kg	5.19	2.18	2.62	0.57	55.20	6.96	134.31	2.00	0.80	1.09	2.73
N	%	0.12	0.12	0.01	0.02	0.40	0.05	41.06	—	0.14	—	0.83
Na_2O	%	0.27	0.26	0.26	0.01	0.99	0.11	40.33	1.38	0.93	0.19	0.28
Nb	mg/kg	13.59	13.37	13.30	1.10	53.60	3.52	25.93	—	18.65	—	0.72
Ni	mg/kg	36.75	24.43	26.30	6.83	376.00	31.47	85.62	26.90	35.51	0.91	0.69
P	mg/kg	546.75	448.57	451.50	117.00	5 154.00	424.93	77.72	—	726.46	—	0.62
Pb	mg/kg	35.50	34.01	33.80	11.70	221.00	12.23	34.45	26.00	29.47	1.31	1.15
pH		5.81	5.81	5.59	3.35	8.50	1.03	17.74	6.70	7.93	0.87	0.73
Rb	mg/kg	81.94	80.38	81.15	16.10	179.00	23.50	28.68	—	104.10	—	0.77
S	mg/kg	380.00	280.00	290.00	110.00	6 590.00	0.04	101.81	—	268.08	—	1.04
Sb	mg/kg	1.92	1.46	1.52	0.77	11.70	1.15	60.28	—	1.15	—	1.27
Sc	mg/kg	10.77	10.52	10.60	1.88	21.90	2.79	25.93	—	13.04	—	0.81
Se	mg/kg	1.53	0.64	0.70	0.06	31.80	2.74	178.96	0.29	0.30	2.22	2.18
Si	%	34.30	34.55	34.93	5.03	39.64	2.83	8.26	—	63.10	—	0.55
Sn	mg/kg	4.56	4.24	4.18	0.55	27.80	1.79	39.25	—	3.70	—	1.15
Sr	mg/kg	170.28	94.99	101.00	25.90	2 320.00	221.95	130.35	167.00	109.85	0.57	0.86
TC	%	1.56	1.29	1.27	0.25	11.40	1.13	71.99	—	—	—	—

续表 3-4-1

元素/指标	单位	平均值	背景值	中位值	最小值	最大值	标准差	变异系数	中国土壤A层背景值	江汉平原背景值	KK1	KK2
TFe_2O_3	%	4.75	4.63	4.58	1.37	9.90	1.14	23.93	4.20	5.57	1.10	0.83
Th	mg/kg	13.12	13.24	13.30	3.75	23.20	2.59	19.76	—	13.39	—	0.99
Ti	%	0.37	0.37	0.38	0.02	0.87	0.09	22.85	—	0.52	—	0.72
Tl	mg/kg	1.12	0.74	0.75	0.30	14.00	1.10	97.73	—	0.65	—	1.13
U	mg/kg	4.09	3.28	3.41	1.21	16.50	1.99	48.61	—	2.81	—	1.17
V	mg/kg	133.16	99.49	105.00	33.20	854.00	85.41	64.14	—	111.10	—	0.90
W	mg/kg	2.10	1.99	1.97	0.29	17.00	0.99	47.13	—	2.15	—	0.92
Y	mg/kg	29.51	28.77	29.20	6.48	68.90	7.48	25.35	—	29.57	—	0.97
Zn	mg/kg	99.65	78.14	79.40	21.50	967.00	66.91	67.14	74.20	80.50	1.05	0.97
Zr	mg/kg	310.73	310.73	328.00	66.20	523.00	89.72	28.87	—	256.73	—	1.21

注：样品数均为814件；表中变异系数用%表示。

其他元素 KK_1 值在 0.81～1.19 之间，与江汉平原背景值接近。从氧化物背景值含量来看，反映出区内土壤缺乏氧化物对应元素的特性。

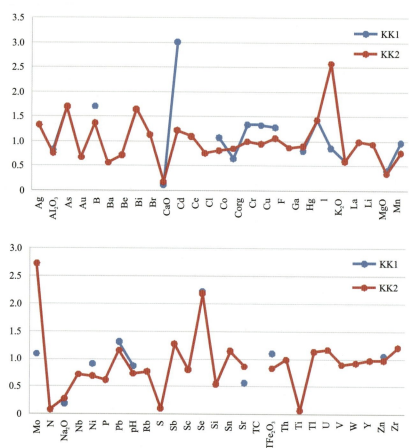

图 3-4-1　金海开发区土壤背景值与域外背景值比值图

注：KK_1＝元素土壤背景值/中国土壤背景值；KK_2＝元素土壤背景值/江汉平原土壤背景值。

（二）土壤中元素含量特征

根据变异系数，金海开发区内土壤元素/指标属均匀分布型（$CV \leqslant 25\%$）的有 Al_2O_3、Ce、Ce、Ge、La、Nb、Si、TFe_2O_3、Th、Ti，属相对分异型（$25\% < CV \leqslant 50\%$）的有 As、B、Ba、Be、Bi、Co、Cu、F、Ga、Hg、K_2O、Li、MgO、N、Na_2O、Nb、Pb、Rb、Sn、U、W、Y、Zr，属分异型（$50\% < CV \leqslant 75\%$）的有 Ag、Au、Br、Corg、Cr、Hg、I、Mn、Sb、TC、V、Zn，属强分异型（$CV > 75\%$）的有 CaO、Cd、Mo、Ni、P、S、Se、Sr、Tl。

（三）土壤中元素的区域分布特征

1. 土壤酸碱度空间分布特征

金海开发区土壤 pH 变化范围为 3.35～8.50，土壤以酸性为主，占 80.13%，其次为中性，占比为 17.83%，碱性土壤占 2.04%。酸性土壤分布在弱侵蚀堆积岗波平原区岗状平原亚区；碱性土壤主要分布在北部的大冶湖附近，以竹林村为主，在低山丘陵区零星分布；中性土壤主要分布于竹林村、西山村、左家铺村、塔石村、径源村的低山丘陵区，在其余村零星分布，具体分布特征如下。

酸性土壤（$pH \leqslant 6.5$）占本区土壤总面积的 80.13%，各村皆有分布，面积为 24.61 km²。土壤母质以三叠系—石炭系碳酸盐岩为主，土壤类型主要为水稻土、红壤。

中性土壤(pH＝6.5～7.5)占本区土壤总面积的17.83%，面积为5.48km²。主要分布在西山村、竹林村、塔石村、径源村、左家坪村，在其余村零星分布。土壤母质以三叠系碳酸盐岩为主，土壤类型为红壤、潮土。

碱性土壤(pH＞7.5)占本区土壤总面积的2.04%，面积为0.63km²，主要分布于径源村。土壤母质以茅口组为主，土壤类型以潮土为主。

2. 土壤常量元素空间分布特征

土壤常量元素主要指土壤中含量在百分之零点几以上的元素。本次表层土壤中常量元素/指标主要有 F、Zr、Cr、Sr、P、Mn、V、Ba、K_2O、CaO、Na_2O、MgO、Al_2O_3、TFe_2O_3、Tc、SiO_2、N、Corg。

Corg：高值区主要分布在工作区北西部的西山村、塔石村、樊庄村，高值区呈零星分布，成因类型为坡积物，土壤类型以水稻土为主，含少量红壤；背景区主要分布于北部的竹林村、径源村和中部的左家铺村、屋边村，土壤类型多为红壤；低值区分布在工作区南部的大洪村、四松村、茂立村。

Fe、Al、Mg、K：总体分布特征相似，高值区主要分布在工作区北部的竹林村、西部的塔石村和西山村、东部的左家铺村，高值区呈零星分布，除左家铺村高值区外，其余三村高值区皆出现在大冶湖周边，土壤类型主要为沼泽土、水稻土；低值区分布在高阳镇北中部至毛李镇中部以及十里铺镇、纪山镇一带工作区中部及南部。

N：高值区主要分布在金海开发区东部沿江一带，主要分布于北部马良镇至李市镇一带；低值区主要分布在沙洋镇西部五里铺、十里铺镇、纪山镇、拾回桥镇；中值区广泛分布于沈集镇—毛李镇一带孙家河组和白洋组中段的交汇处。

Mg：高值区较零散，全区各村皆有分布，其中工作区中部的屋边村、径源村及东部左家铺村高值区较为集中。

Si：高值区主要集中在工作区中部的塔石村、径源村、樊庄村、屋边村四村的交界位置，及左家铺村北部和竹林村局部，土壤类型主要为石灰土。

Na：高值区分布特征与K、Mg元素相似，高值区主要分布在金海开发区东部沿江一带，主要分布于马良镇、沙洋镇、李市镇；低值区较多分布在后港镇、官垱镇西南、毛李镇西南、五里铺镇西南、十里铺镇西南部区域。

Ca：整体高值区与低值区呈带状间隔依次出现。北部竹林村为高值区，土壤类型为沼泽土或水稻土，中部偏北的塔石村、径源村、左家铺村为低值区，土壤类型主要为石灰土；中部高值区主要为大洪村与屋边村，土壤类型主要为水稻土或红壤；中部偏南低值区主要为四松村；最南部高值区分布在茂立村。

Ba：与Na元素分布特征较为相似，高值区主要分布在工作区北部、中部及南部，低值区集中在工作区中部偏北的塔石村、樊庄村与左家铺村、屋边村四村交界位置。

V、Cr、Sr、P：高值区集中在工作区北部，土壤类型主要为石灰土，与石炭系、二叠系碳酸盐岩地层关系密切，这一区域亦是白茶种植集中区；低值区分布于工作区南部。

F：以工作区中间为分界线，北部竹林村、塔石村、径源村、西山村、樊庄村、左家铺村为高值区，南部屋边村、大洪村、四松村、茂立村为低值区。

Zr：与F分布特征相反。以工作区中间为分界线，南部屋边村、大洪村、四松村、茂立村为高值区，成土母质为二叠系碳酸盐岩，土壤类型以水稻土为主；北部竹林村、塔石村、径源村、西山村、樊庄村、左家铺村为低值区。

Mn：高值区分布较为零散，主要集中在西山村大冶湖沿岸及径源村东部低山地带，土壤类型主要为石灰土、水稻土；低值区分布较为广泛，在工作区中部及南部大面积分布。

3. 微量元素空间分布特征

除常量元素/指标外的其余各种化学元素在土壤和岩石圈中大都含量甚微，一般不超过千分之几，甚至有低到十万分之几到百万分之几的，因此常称这些元素为微量元素。本次分析的微量元素有 Ag、B、Sn、As、Se、Sb、Sc、Be、Bi、Cd、Co、Cr、Cu、Cl、Ga、Li、Mo、Nb、Ni、Pb、Rb、Sr、Tl、Th、U、W、Zn、V、Ti、Ce、La、Y、Ge、Br、I、S、Au、Hg。根据元素组合和生态效应特征，将微量元素分为有益微量元素、环境健康元素等进行分类叙述。

1）有益微量元素

本次分析的表层土壤有益微量元素有 B、Sn、Se、Co、Cu、Cl、Li、Mo、Sr、Zn、V、Ti、Ge、I、S、Ag。

B：平均值为 83.52mg/kg，略高于背景值（81.46mg/kg），与 Zr 元素分布特征类似。以工作区中间为分界线，南部屋边村、大洪村、四松村、茂立村为高值区，成土母质为二叠系碳酸盐岩，土壤类型以水稻土为主；北部竹林村、塔石村、径源村、西山村、樊庄村、左家铺村为低值区。

Cu、Zn、Mo、V、Sr、Ag：Cu 背景值为 29.95mg/kg，平均值为 32.76mg/kg；Zn 背景值为 78.14mg/kg，平均值为 99.65mg/kg；Mo 背景值为 2.18mg/kg，平均值为 5.19mg/kg；V 背景值为 99.49mg/kg，平均值为 133.16mg/kg。6 种元素在空间分布上具有一定的相似性，高值区主要分布在工作区中线以北或东北部，主要分布于西山村、竹林村、塔石村、径源村、左家铺村，成土母质主要为石炭系，土壤类型以石灰土为主；低值区较多分布在樊庄村、大洪村、屋边村、四松村、茂立村。

Co：背景值为 13.68mg/kg，平均值为 13.84mg/kg，空间分布与 Mn 具有一定的正相关关系。高值区分布较为零散，主要集中在西山村大冶湖沿岸及径源村东部低山地带，土壤类型主要为石灰土、水稻土；低值区分布较广泛，在工作区中部及南部大面积分布。

Se：背景值为 0.64mg/kg，平均值为 1.53mg/kg，含量范围为 0.06～31.80mg/kg，变异系数为 178.96％。分布特征与母质地层有很大关系，高值区广泛分布在茅口组，主要分布在工作区北部和东部的竹林村、径源村、塔石村、左家铺村、屋边村；低值区分布于工作区南部。元素 Se 与 Cd 具有极强的正相关关系，与 Cu、V、Zn、K、Mg、Mo、F 也具有一定的正相关关系。

Cl：背景值为 46.04mg/kg，平均值为 47.50mg/kg，Cl 与其他有益微量元素相关性较差，在金海开发区内分布特征规律没有其他元素显著。高值区较为分散，主要分布在工作区北部竹林村及工作区西南部的西山村、大洪村。

Sn：背景值为 4.24mg/kg，平均值为 4.56mg/kg，含量范围为 0.55～27.80mg/kg。高值区分布无规律，较为零散，主要分布于金海开发区中部塔石村南、径源村、屋边村南、大洪村北；低值区分布于竹林村、西山村、樊庄村、屋边村北、左家铺村及工作区南侧大部。

Ge：背景值为 1.376mg/kg，平均值为 1.381mg/kg，含量范围为 0.33～2.65mg/kg。高值区分布西山村及四松村，另外在左家铺村及大洪村局部也分布少量高值区；低值区无规律分布于金海开发区内。

Li：背景值为 38.786mg/kg，平均值为 40.61mg/kg，含量范围为 11.60～137.00mg/kg。高值区分布于工作区北部竹林村、径源村西、工作区西部西山村北、工作区东部左家铺村东；低值区主要在大洪村、屋边村、樊庄村及塔石村。

S：背景值为 29mg/kg，平均值为 38mg/kg，含量范围为 11～695mg/kg。分布特征与 Se 类似，与茅口组地层有关。高值区分布于左家铺村、樊庄村、屋边村、塔石村、竹林村，低值区分布于大洪村、四松村、茂立村东北。

Ti：背景值为 372mg/kg，平均值为 372mg/kg，含量范围为 20～870mg/kg；高值区分布于西山村、塔石村，低值区分布于径源村、竹林村及左家铺村。

2）环境健康元素

本次土壤分析的环境健康元素分为环境元素 As、Cd、Cr、Cu、Hg、Ni、Pb、Zn 和健康元素 Se、F、I。

环境元素 As、Hg、Pb 在元素聚类谱系图上可以聚为一类，其分布特征具有一定的相似性。As 与 Hg 具有一定的正相关关系，高值区主要分布于左家铺村北、竹林村东及径源村，低值区分布在樊庄村与西山村南侧、四松村与茂立村东侧。Pb 分布特征类似于 As、Hg，但是元素含量极大值区主要分布于塔石村中部，此外径源村与左家铺村交界处亦为高值区。As 元素含量范围为 6.30～95.30mg/kg，平均值为21.46mg/kg,背景值为19.01mg/kg,As与氧化物具有较强的负相关性。Hg含量范围为29.93～959.80μg/kg,平均值为115.25μg/kg,背景值为93.19μg/kg,分异程度较高。Pb含量范围为11.70～221.00mg/kg,平均值为35.50mg/kg,背景值为34.01mg/kg。

环境元素Cd、Cr、Ni、Zn相关性较好,分布特征相似,与Se、Mo分布特征亦相似。高值区主要分布于樊庄村与塔石村交界、径源村与屋边村交界及左家铺村北侧一线,呈近东西向串珠状排列,另在竹林村东发育高值区,竹林村东和左家铺村北Cd为特高值区,左家铺村北Ni、Zn为特高值区;低值区呈带状分布于工作区南部的大洪村、四松村、茂立村。Cr含量范围为27.90～545.00mg/kg,平均值为103.07mg/kg,背景值为81.72mg/kg。Ni含量范围为8.92～135.00mg/kg,平均值为31.03mg/kg,背景值为30.31mg/kg。

环境元素Cd含量范围为0.02～41.10mg/kg,平均值为0.94mg/kg,背景值为0.29mg/kg。Cd与Se具有较强的正相关性。

环境元素Zn含量范围为21.50～967.00mg/kg,平均值为99.65mg/kg,背景值为78.14mg/kg。

健康元素F、Se前已叙述,I空间分布特征为:与其他元素相关性较差,与Ge、As在元素聚类谱系图上可以聚为一类,分布特征相似,其高值主要分布在工作区中北部,呈带状贯穿东西,低值区主要分布在工作区南部四松村、中部屋边村等地,含量范围一般为0.63～15.50mg/kg,平均值为3.39mg/kg,背景值为3.25mg/kg。

二)水地球化学特征

土壤中各种元素的含量除了受成土母质量影响外,还受到人为因素、自然因素等各种外界物质元素的输入影响。水中地球化学元素的含量影响土壤地球化学元素含量和分布。

工作区水主要来源为大气降水、水库水、河水、地下水和岩隙水。本次调查共采集了区内地表水样品25件和地下水12件,采样时间为2020年9月11日至10月23日,采集位置为水塘、水库、湖泊及农户家中水井。水样采集现场测试水体的pH和水温指标,并根据测试指标不同添加不同的保护剂。地表水水样分析指标为pH、氟化物(F^-)、氰化物(CN^-)、溶解氧、铜(Cu)、锌(Zn)、镉(Cd)、铅(Pb)、化学需氧量(COD_{Cr})、五日生化需氧量(BOD_5)、砷(As)、硒(Se)、汞(Hg)、六价铬(Cr^{6+})、阴离子表面活性剂、高锰酸盐指数(COD_{Mn},以O_2计)、氨氮(以N计)、挥发酚、挥发酚类、硫化物、总磷、总氮、石油类、粪大肠菌群24项;地下水水样分析指标为pH、氨氮、碘化物(I^-)、氟化物(F^-)、高锰酸盐指数、镉(Cd)、汞(Hg)、挥发酚、硫化物、硫酸盐(SO_4^{2-})、六价铬(Cr^{6+})、铝(Al)、氯化物(Cl^-)、锰(Mn)、钠(Na)、铅(Pb)、氰化物(CN^-)、溶解性总固体、砷(As)、铁(Fe)、铜(Cu)、细菌总数、硝酸盐(NO_3^-,以N计)、锌(Zn)、亚硝酸盐(NO_2^-,以N计)、阴离子表面活性剂、总大肠菌群、总硬度(以$CaCO_3$计)28项。

(一)地表水特征

1.地表水中地球化学指标分布特征

1)地表水中地球化学指标地球化学特征值

地表水地球化学指标地球化学分布特征,总体受区域地质母体沉积环境、自然生态环境、人为环境污染及自身化学性质等复杂因素制约,表现出不同的变化特征。对测试数据进行统计分析,测试数据小于检出限的项目统一以检出限数值作为样品测试数据,主要参数见表3-4-2。

表3-4-2 评价区地表水地球化学指标特征值统计表

指标	单位	平均值	标准差	变异系数	最小值	最大值	中值	偏度	峰度
Cr^{6+}	μg/L	4.12	0.44	10.67	4.00	6.00	4.00	3.88	15.34

续表 3-4-2

指标	单位	平均值	标准差	变异系数	最小值	最大值	中值	偏度	峰度
Pb	μg/L	0.32	0.54	171.08	0.09	2.14	0.09	2.52	5.58
CN^-	μg/L	4.00	0	0	4.00	4.00	4.00	—	—
As	μg/L	2.35	3.76	159.97	0.30	18.64	0.87	3.66	15.53
Cu	μg/L	0.87	0.54	61.83	0.34	2.47	0.67	1.86	2.79
Se	μg/L	0.59	0.38	63.88	0.40	2.14	0.41	3.24	12.19
Zn	μg/L	1.62	2.16	133.43	0.67	8.15	0.67	2.20	3.56
Cd	μg/L	0.05	0.02	42.71	0.05	0.17	0.05	5.00	25.00
挥发酚	μg/L	0.79	0.45	56.41	0.30	1.60	0.75	0.37	−1.10
Hg	μg/L	0.04	0	0	0.04	0.08	0.04	5.00	24.97
F^-	mg/L	0.29	0.11	39.40	0.12	0.51	0.28	0.49	−0.66
P	mg/L	0.08	0.06	81.82	0.01	0.25	0.04	1.45	1.16
氨氮	mg/L	0.20	0.23	115.57	0.03	1.20	0.11	3.51	14.60
粪大肠菌群	MPN/L	6 532.00	9 598.61	146.95	130.00	24 000	490.00	1.23	−0.29
高锰酸盐指数	mg/L	5.36	2.97	55.40	1.99	12.50	4.20	1.27	0.62
化学需氧量	mg/L	16.16	10.86	67.22	3.90	47.00	12.13	1.57	2.19
溶解氧	mg/L	6.44	2.05	31.82	1.86	10.03	6.54	−0.58	0.18
石油类	mg/L	0.02	0.02	93.70	0.01	0.07	0.01	2.06	3.58
五日生化需氧量	mg/L	3.50	2.57	73.51	0.92	9.81	2.50	1.39	0.87
硫化物	mg/L	0.01	0.02	107.49	0.005	0.07	0.005	2.15	5.17
阴离子表面活性剂	mg/L	0.05	0	1.94	0.05	0.05	0.05	5.00	25.00
总氮	mg/L	1.20	0.99	82.26	0.29	4.15	0.80	1.93	3.58
pH		7.57	7.63	100.83	7.02	8.53	7.65	0.20	0.64

注：本表中变异系数单位为％，偏度和峰度无量纲。

2）地表水地球化学指标变异特征

根据变异系数划分，区内地表水地球化学指标属均匀分布型（$CV \leqslant 25\%$）的有 Cr^{6+}、CN^-、Hg、阴离子表面活性剂，属相对分异型（$25\% < CV \leqslant 50\%$）的有 Cd、溶解氧、F^-，属分异型（$50\% < CV \leqslant 75\%$）的有 Cu、Se、挥发酚、高锰酸盐指数、化学需氧量、五日生化需氧量，属强分异型（$75\% < CV \leqslant 100\%$）的有 P、石油类、总氮，属极强分异型（$CV > 100\%$）的有 Pb、As、Zn、氨氮、粪大肠菌群、硫化物、pH。上述结果表明，区内地表水总体呈不均匀分布状态。

3）地表水地球化学指标组合特征

通过对地表水中地球化学指标的聚类分析（图 3-4-2），地表水土壤元素组合特征如下。

Cd、溶解氧、化学需氧量：关系密切，处于同一族群中，溶解氧与化学需氧量和水的污染有关，代表水体的自净能力或者说水体污染程度。

Cr^{6+}、Hg、阴离子表面活性：关系密切，处于同一族群中，这与区内的各地层岩性有关。

CN^-、粪大肠菌群：相关性较好，可能与人类活动有关。

石油类、硫化物、P、Pb、Cu、挥发酚、总氮、Zn、As、Se、氨氮、F^- 等：相关性好，该类指标受人类活动影响明显,由于人类生活垃圾无序排放和农业用肥,常造成地表水体富营养化及重金属富集。故该类指标在 R 型聚类分析中表现为一簇。

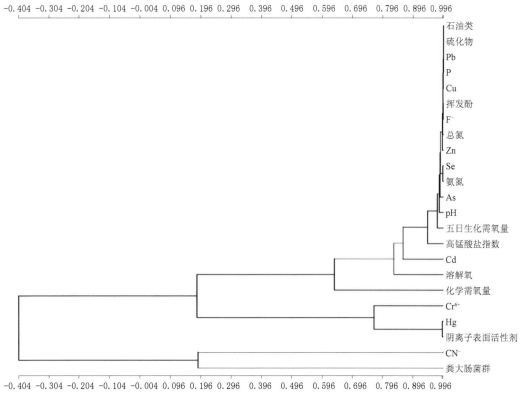

图 3-4-2　地表水地球化学指标 R 型聚类分析图

4)地表水地球化学指标空间分布特征

(1)一般化学指标包括 pH、高锰酸盐指数、总氮、P、阴离子表面活性剂、氨氮、硫化物 7 项。

pH:区内地表水以碱性为主,pH 一般为 7.02~8.53,平均值为 7.57,即区内地表水多数呈弱碱性。

高锰酸盐指数:区内地表水中高锰酸钾指数平均值为 5.36mg/L,变化范围为 1.99~12.50mg/L。高值区主要分布于樊庄村、四松村,低值区主要分布于径源村。

总氮:区内地表水中 N 平均含量为 1.20mg/L,变化范围为 0.29~4.15mg/L。高值区主要分布于屋边村,低值区主要分布于樊庄村。

P:区内地表水中 P 平均含量为 0.08mg/L,变化范围为 0.01~0.25mg/L。区内地表水高值区主要出现于大洪村,低值区位于左家铺村。

阴离子表面活性剂:区内地表水中阴离子表面活性剂浓度较低,所有样品含量均小于检出限 0.05mg/L。

氨氮:区内地表水中氨氮平均含量为 0.20mg/L,变化范围为 0.03~1.20mg/L。高值区分布于四松村,低值区位于大洪村。

硫化物:区内地表水中硫化物平均含量为 0.01mg/L,变化范围为 0.005~0.07mg/L。高值区分布于竹林村,低值区位于评价区南部。样品中有 14 件低于检出限。

(2)环境指标包括砷离子(As)、镉离子(Cd)、汞离子(Hg)、铅离子(Pb)、铬离子(Cr^{6+})、铜离子(Cu)、锌离子(Zn)7 项。

砷离子:区内地表水中砷离子平均含量为 2.35μg/L,变化范围为 0.30~18.64μg/L。高值区主要分布于塔时村,低值区主要分布于大洪村、四松村。

镉离子:区内地表水中镉离子平均含量为 0.05μg/L,变化范围为 0.05~0.17μg/L。区内地表水镉离子浓度含量整体较低,高值区主要分布于左家铺村,25件样品中有24件样品低于检出限0.05μg/L。

汞离子:区内地表水中汞离子平均含量为0.04μg/L,变化范围为0.04～0.08μg/L。区内地表水汞离子浓度含量整体较低,25件样品中有22件样品低于检出限0.04μg/L。

铅离子:区内地表水中铅离子平均含量为0.32μg/L,变化范围为0.09～2.14μg/L。高值区主要分布于济桥村,低值区主要分布于评价区北部,25件样品中有17件样品低于检出限0.09μg/L。

铬离子:区内地表水中铬离子浓度较低,仅2件样品略高于检出限,其他所有样品均低于检出限4μg/L。

铜离子:区内地表水中铜离子平均含量为0.87μg/L,变化范围为0.34～2.47μg/L。高值区主要分布于济桥村,低值区主要分布于径源村。

锌离子:区内地表水中锌离子平均含量为1.62μg/L,变化范围为0.67～8.15μg/L。高值区位于左家铺村、济桥村,低值区位于评价区北部,样品中有17件样品低于检出限。

(3)其他指标包括Se、F^-、石油类、挥发酚、化学需氧量、溶解氧、粪大肠菌群、五日生化需氧量、CN^- 9项。

Se:区内地表水中Se平均含量为0.59μg/L,变化范围为0.40～2.14μg/L。地表水硒离子高值区分布于竹林村、塔时村,低值区分布于评价区南部。

F^-:区内地表水中F^-平均含量为0.29mg/L,变化范围为0.12～0.51mg/L。高值区主要分布于左家铺村,低值区主要分布于四松村。

石油类:区内地表水中石油类平均含量为0.02mg/L,一般为0.01～0.07mg/L。高值区分布于大洪村、西山村,低值区主要分布于评价区北部。样品中有16件样品低于检出限0.01mg/L。

挥发酚:区内地表水中挥发酚平均含量为0.80μg/L,一般为0.30～1.60μg/L。高值区分布于屋边村、济桥村,低值区分布于屋边村。

化学需氧量:区内地表水中化学需氧量平均含量为16.16mg/L,一般为3.90～47.00mg/L。高值区分布于屋边村、四松村,低值区主要分布于径源村。

溶解氧:区内地表水中溶解氧平均含量为6.44mg/L,一般为1.86～10.03mg/L。高值区分布于西山村、大洪村,低值区主要分布于西山村中部。

粪大肠菌群:地表水体粪大肠菌群平均值为6532MPN/L,变化范围为130～24 000MPN/L。粪大肠菌群高值区主要分布于竹林村、西山村、左家铺村、四松村,其他村值均较低。

五日生化需氧量:区内地表水中五日生化需氧量平均值为3.5mg/L,变化范围为0.92～9.81mg/L。高值区主要分布于屋边村、四松村,低值区分布于评价区南部。

CN^-:区内地表水中所有样品氰化物含量均低于检出限4μg/L。

2. 地表水水质特征

以《地表水环境质量标准》(GB 3838—2002)来衡量评价区地表水的质量,地表水中各项指标标准限值见表3-4-3。

表3-4-3 地表水环境质量标准基本项目标准限值

指标	单位	Ⅰ类	Ⅱ类	Ⅲ类	Ⅳ类	Ⅴ类
Cr^{6+}	μg/L	0.01	0.05	0.05	0.05	0.1
Pb	μg/L	0.01	0.01	0.05	0.05	0.1
CN^-	μg/L	0.000 5	0.05	0.2	0.2	0.2
As	μg/L	0.05	0.05	0.05	0.1	0.1
Cu	μg/L	0.01	1	1	1	1

续表 3-4-3

指标	单位	Ⅰ类	Ⅱ类	Ⅲ类	Ⅳ类	Ⅴ类
Se	μg/L	0.01	0.01	0.01	0.02	0.02
Zn	μg/L	0.05	1	1	2	2
Cd	μg/L	0.001	0.005	0.005	0.005	0.01
挥发酚	μg/L	0.002	0.002	0.005	0.01	0.1
Hg	μg/L	0.000 5	0.000 5	0.000 1	0.001	0.001
F^-	mg/L	1	1	1	1.5	1.5
P	mg/L	0.02	0.1	0.2	0.3	0.4
氨氮	mg/L	0.15	0.50	1	1.5	2
粪大肠菌群	MPN/L	200	2000	10 000	20 000	40 000
高锰酸盐指数	mg/L	2	4	6	10	15
化学需氧量	mg/L	15	15	20	30	40
溶解氧	mg/L	7.5	6	5	3	2
石油类	mg/L	0.05	0.05	0.05	0.5	1
五日生化需氧量	mg/L	3	3	4	6	10
硫化物	mg/L	0.05	0.1	0.2	0.5	1
阴离子表面活性剂	mg/L	0.2	0.2	0.2	0.3	0.3
总氮	mg/L	0.2	0.5	1	1.5	2
pH		6～9				

从表 3-4-4 可见，评价区地表水绝大多数指标均满足指标最优水质要求，除化学需氧量、总氮、溶解氧等指标外，其余指标均未超Ⅴ类。其中，化学需氧量和溶解氧仅 1 件样品为超Ⅴ类，总氮有 4 件样品超Ⅴ类，可能与人类的施肥活动有关。整体上，工作区地表水水质较好。

表 3-4-4 按地表水环境质量标准基本项目标准限值达标样品数　　　　单位：件

指标	Ⅰ类	Ⅱ类	Ⅲ类	Ⅳ类	Ⅴ类	超Ⅴ类
Cr^{6+}			25			0
Pb		25	0	0	0	0
CN^-	25	0	0	0	0	0
As			25	0	0	0
Cu						
Se			25	0	0	0
Zn	25	0	0	0	0	0
Cd	25	0	0	0	0	0
挥发酚		25	0	0	0	0
Hg		24	1	0	0	0

续表 3-4-4

指标	Ⅰ类	Ⅱ类	Ⅲ类	Ⅳ类	Ⅴ类	超Ⅴ类
F⁻		25		0	0	
P	1	19	4	1	0	
氨氮	18	6	0	1		
粪大肠菌群	2	13	4	1	5	
高锰酸盐指数	1	11	5	5	3	
化学需氧量		14	6	2	2	1
溶解氧	8	8	4	3	1	1
石油类		23		2		
五日生化需氧量		16	2	3	4	
硫化物	24	1				
阴离子表面活性剂		25				
总氮	0	5	9	5	2	4
pH		25				

3. 地表水水质水级

本次评价标准主要依据《地表水环境质量标准》(GB 3838—2002)执行。评价区地表水环境质量评价基本项目及标准限值见表 3-4-5。在地表水单指标环境地球化学等级划分基础上，每个评价单元的地表水环境地球化学综合等级等同于单指标划分出的环境地球化学等级最差的等别。如 As、Cr^{6+}、Cd、Hg 和 Pb 等划分出的地表水环境地球化学等级分别为Ⅰ类、Ⅰ类、Ⅰ类、Ⅰ类、Ⅱ类，该评价单元的地表水环境地球化学综合等级为Ⅱ类。

表 3-4-5 地表水样品等级分类

样号	分类	样号	分类
DBS01	Ⅲ类	DBS14	Ⅴ类
DBS02	Ⅲ类	DBS15	Ⅱ类
DBS03	Ⅱ类	DBS16	Ⅲ类
DBS04	Ⅳ类	DBS17	超Ⅴ类
DBS05	Ⅱ类	DBS18	Ⅳ类
DBS06	Ⅱ类	DBS19	Ⅲ类
DBS07	Ⅳ类	DBS20	Ⅲ类
DBS08	Ⅲ类	DBS21	Ⅳ类
DBS09	Ⅱ类	DBS22	Ⅲ类
DBS10	Ⅴ类	DBS23	Ⅲ类
DBS11	Ⅴ类	DBS24	Ⅳ类
DBS12	Ⅴ类	DBS25	超Ⅴ类
DBS13	Ⅱ类		

从表3-4-5中可以看出,评价区地表水整体较好,仅2件样品为超Ⅴ类,6件样品为Ⅴ类,其余均为Ⅳ类以上,且主要由粪大肠菌群、高锰酸盐指数、化学需氧量、溶解氧、石油类、五日生化需氧量、总氮等元素超标造成地表水元素等级较低。较低样品主要分布于评价区南部,受人类活动干扰较严重。

(二)地下水特征

1.地下水中地球化学指标分布特征

1)地下水中地球化学指标特征值

地下水地球化学指标分布特征,总体受区域地质母体沉积环境、自然生态环境、人为环境污染以及自身化学性质等复杂因素制约,表现出不同的变化特征。通过对测试数据进行统计分析,将测试数据小于检出限的项目统一取检出限值作为样品测试数据,主要地球化学指标特征值见表3-4-6。

表3-4-6 评价区地下水地球化学指标特征值统计表

指标	单位	平均值	标准差	变异系数	最小值	最大值	中值	偏度	峰度
Cd	μg/L	0.21	0.21	102.57	0.05	0.68	0.10	1.25	0.50
Hg	μg/L	0.05	0.02	46.71	0.04	0.10	0.04	2.06	2.64
挥发酚	μg/L	0.51	0.27	54.01	0.30	1.00	0.30	0.78	−1.15
Pb	μg/L	0.28	0.29	104.51	0.09	0.88	0.09	1.30	0.16
CN^-	μg/L	1.00	0	0	1.00	1.00	1.00	—	—
As	μg/L	0.50	0.69	138.22	0.30	2.69	0.30	3.46	12.00
Cu	μg/L	2.17	1.13	52.08	0.91	4.26	1.93	1.01	0.10
Mn	μg/L	19.94	29.31	147.01	0.68	106.55	7.94	2.74	8.09
三氯甲烷	μg/L	1.40	0	0	1.40	1.40	1.40	−1.15	−2.44
四氯化碳	μg/L	1.50	0	0	1.50	1.50	1.50	—	—
苯	μg/L	2.44	2.63	107.76	1.40	10.00	1.40	2.66	6.96
甲苯	μg/L	1.63	0.81	49.49	1.40	4.20	1.40	3.46	12.00
硝酸盐	mg/L	8.11	3.21	39.54	0.36	13.21	8.17	−0.99	2.54
Zn	mg/L	0.01	0.01	111.59	0	0.04	0.01	2.45	6.42
亚硝酸盐	mg/L	0.01	0.01	121.15	0.01	0.04	0.01	2.73	7.47
阴离子表面活性剂	mg/L	0.05	0	0	0.05	0.05	0.05	1.15	−2.44
氨氮	mg/L	0.020	0	0	0.020	0.020	0.020	1.15	−2.44
总硬度	mg/L	307.65	108.65	35.32	117.00	464.16	314.59	−0.25	−0.40
Fe	mg/L	0.01	0	16.50	0.01	0.02	0.01	3.46	12.00
I^-	mg/L	0.01	0.02	158.78	0	0.07	0	2.77	7.92
F^-	mg/L	0.20	0.09	43.67	0.10	0.34	0.18	0.50	−1.29
高锰酸盐指数	mg/L	1.45	0.82	56.68	0.67	3.80	1.26	2.39	6.91
硫化物	mg/L	0.012	0.014	109.43	0.01	0.040	0.005	1.70	1.45
硫酸盐	mg/L	121.21	88.05	72.64	8.23	278.24	104.13	0.82	−0.14

续表 3-4-6

指标	单位	平均值	标准差	变异系数	最小值	最大值	中值	偏度	峰度
Cr^{6+}	mg/L	0.006	0.002	35.51	0.004	0.009	0.005	0.65	−1.32
Al	mg/L	0.04	0.02	46.20	0.01	0.07	0.04	−0.10	−1.41
Cl^-	mg/L	21.99	18.89	85.90	9.46	78.80	16.65	2.87	8.97
Na	mg/L	14.06	6.32	44.97	5.64	31.29	12.90	1.93	5.29
溶解性总固体	mg/L	733.92	354.09	48.25	236.00	1 256.00	817.00	−0.17	−1.14
总大肠菌群	MPN/100mL	16.00	10.30	64.35	5.00	33.00	13.00	0.63	−1.03
细菌总数	CFU/mL	611.08	840.81	137.59	41.00	2 260.00	103.00	1.27	−0.01
pH		7.17	7.39	103.00	6.82	7.68	7.29	−0.23	−0.23

注：本表中变异系数单位为％，偏度和峰度无量纲。

2）地下水地球化学指标变异特征

根据变异系数划分，区内地下水地球化学指标属均匀分布型（CV≤25％）的有 CN^-、四氯化碳、氨氮、阴离子表面活性剂、三氯甲烷、Fe，属相对分异型（25％＜CV≤50％）的有总硬度、Cr^{6+}、硝酸盐、F^-、Na、Al、Hg、溶解性总固体、甲苯，属分异型（50％＜CV≤75％）的有 Cu、挥发酚、高锰酸盐指数、硫酸盐、总大肠菌群，属强分异型（75％＜CV≤100％）的有 Cl^-，属极强分异型（CV＞100％）的有苯、Zn、亚硝酸盐、Cd、Pb、硫化物、细菌总数、As、Mn、I^-、pH。上述结果表明，区内地下水总体呈不均匀分布状态。

3）地下水地球化学指标组合特征

通过对地下水中地球化学指标的聚类分析（图 3-4-3），地下水土壤元素组合特征如下。

（1）溶解性总固体、总硬度、Al、硫酸盐关系密切，处于同一族群中，溶解性总固体与总硬度关系最为密切，溶解性总固体、总硬度与水体中的无机盐类有关，其含量高低体现了水体矿化富集程度。

（2）细菌总数与总大肠菌群关系密切，总体体现地下水中菌类含量水平。

（3）苯、甲苯关系密切，处于同一族群中，这与区内有机污染物使用情况有关。

（4）高锰酸盐指数、As、亚硝酸盐、Pb、Cu、挥发酚相关性较好。该类指标受人类活动影响明显，由于人类生活垃圾无序排放和农业用肥，常造成地下水体富营养化及重金属富集。故该类指标在 R 型聚类分析中表现为一簇。

（5）I^-、Cl^-、Na、Mn、Hg、硫化物、F^- 等元素相关性好，可能与人类生产生活有关。

4）地下水地球化学指标空间分布特征

（1）一般化学指标包括 pH、总硬度、溶解性总固体、硫酸盐、Cl^-、Fe、Mn、Cu、Zn、Al、挥发酚、阴离子表面活性剂、氨氮、硫化物、Na 共 15 项。

pH：以弱碱性为主，pH 一般为 6.82～7.68，平均值为 7.17，即区内地下水多数呈弱碱性。

总硬度：总硬度平均值为 307.65mg/L，变化范围为 117.00～464.16mg/L。高值区主要分布于樊庄村。

溶解性总固体：溶解性总固体平均含量为 733.92mg/L，变化范围为 236～1256mg/L。高值区主要分布于评价区北部。

硫酸盐：硫酸盐平均含量为 121.21mg/L，变化范围为 5.23～278.24mg/L。高值区主要分布于樊庄村。

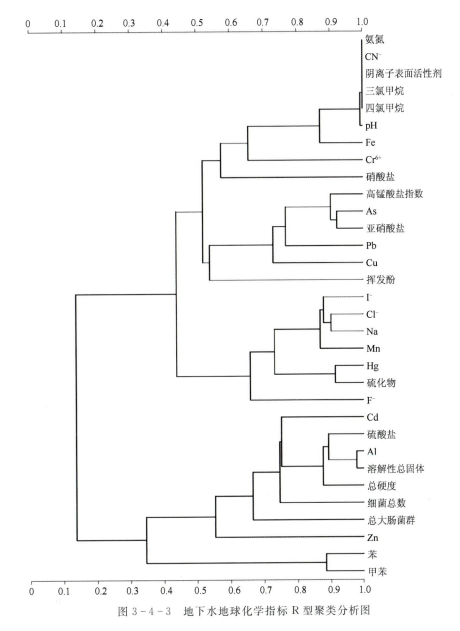

图 3-4-3 地下水地球化学指标 R 型聚类分析图

Cl^-：平均含量为 21.99mg/L，变化范围为 9.46～78.80mg/L。高值区主要分布于四松村。
Fe：浓度较低，仅 1 件样品略高于检出限，其他所有样品铁离子含量均小于检出限 0.01mg/L。
Mn：平均含量为 19.94μg/L，变化范围为 0.68～106.55μg/L。高值区主要分布于四松村。
Cu：平均含量为 2.17μg/L，变化范围为 0.91～4.26μg/L。高值区主要分布于屋边村、大洪村。
Zn：平均值为 0.01mg/L，变化范围为 0.0029～0.042mg/L。高值区主要分布于樊庄村。
Al：平均值为 0.04mg/L，变化范围为 0.012～0.067mg/L。高值区主要分布于樊庄村。
挥发酚：平均含量为 0.51μg/L，一般为 0.30～1.00μg/L。高值区分布于评价区南部四松村。
阴离子表面活性剂：阴离子表面活性剂浓度较低，所有样品含量均小于检出限 0.05mg/L。
氨氮：氨氮浓度较低，所有样品氨氮含量均小于检出限 0.02mg/L。
硫化物：硫化物平均含量为 0.012mg/L，变化范围为 0.005～0.04mg/L。高值区分布于四松村。
样品中有 8 件低于检出限。
Na：平均含量为 14.06mg/L，变化范围为 5.64～31.29mg/L。高值区分布于四松村。

(2)微生物指标包括总大肠菌群、细菌总数2项。

总大肠菌群:总大肠菌群平均值为16MPN/100mL,变化范围为5~33MPN/100mL。总大肠菌群高值区主要分布于评价区北部。

细菌总数:细菌总数平均值为611.08CFU/mL,变化范围为41~2260CFU/mL。细菌总数高值区主要分布于评价区北部。

(3)毒理性指标包括亚硝酸盐、硝酸盐、CN^-、F^-、I^-、汞离子(Hg)、砷离子(As)、镉离子(Cd)、铅离子(Pb)、Cr^{6+}、三氯甲烷、苯、甲苯、四氯化碳14项。

亚硝酸盐:亚硝酸盐仅2件样品含量位于检出限以上,其余均低于检出限。

硝酸盐:硝酸盐平均含量为8.11mg/L,变化范围为0.36~13.2mg/L。高值区分布于左家铺村。

CN^-:所有样品氰化物含量均小于检出限1μg/L。

F^-:氟化物平均含量为0.20mg/L,变化范围为0.10~0.34mg/L。高值区主要分布于樊庄村。

I^-:碘化物平均含量为0.012mg/L,变化范围为0.0027~0.07mg/L。高值区主要分布于四松村。

汞离子:汞离子浓度含量整体较低,12件样品中有10件样品汞含量低于检出限0.04μg/L。

砷离子:砷离子浓度含量整体较低,12件样品中有11件样品砷含量低于检出限0.30μg/L。

镉离子:镉离子平均含量为0.21μg/L,变化范围为0.05~0.68μg/L。镉离子浓度含量整体较低,高值区主要分布于评价区北部,12件样品中有5件样品镉含量低于检出限0.05μg/L。

铅离子:铅离子平均含量为0.28μg/L,变化范围为0.09~0.88μg/L。高值区主要分布于评价区南部,12件样品中有7件样品铅含量低于检出限0.09μg/L。

Cr^{6+}:铬离子平均含量为0.006mg/L,变化范围为0.004~0.009mg/L。铬离子浓度含量整体较低,高值区主要分布于评价区北部。

三氯甲烷:所有样品三氯甲烷含量均小于检出限1.4μg/L。

苯:水苯含量整体较低,12件样品中有10件样品苯含量低于检出限1.4μg/L。

甲苯:甲苯含量整体较低,12件样品中有11件样品甲苯含量低于检出限1.4μg/L。

四氯化碳:所有样品四氯化碳含量均小于检出限1.5μg/L。

2. 地下水水质特征

以《地下水质量标准》(GB/T 14848—2017)来衡量评价区地下水的质量,地下水中各项指标标准分类限值见表3-4-7。

表3-4-7 地下水质量标准基本项目标准限值

指标	单位	Ⅰ类	Ⅱ类	Ⅲ类	Ⅳ类	Ⅴ类
Cd	mg/L	≤0.0001	≤0.001	≤0.005	≤0.01	>0.01
Hg	mg/L	≤0.0001	≤0.0001	≤0.001	≤0.002	>0.002
挥发酚	mg/L	≤0.001	≤0.001	≤0.002	≤0.01	>0.01
Pb	mg/L	≤0.005	≤0.005	≤0.001	≤0.1	>0.1
CN^-	mg/L	≤0.001	≤0.01	≤0.05	≤0.1	>0.1
As	mg/L	≤0.001	≤0.001	≤0.01	≤0.05	>0.05
Cu	mg/L	≤0.01	≤0.05	≤1	≤1.5	>1.5
Mn	mg/L	≤0.05	≤0.05	≤0.1	≤1.5	>1.5
三氯甲烷	μg/L	≤0.5	≤6	≤60	≤300	>300

表 3-4-7

指标	单位	Ⅰ类	Ⅱ类	Ⅲ类	Ⅳ类	Ⅴ类
四氯化碳	μg/L	≤0.5	≤0.5	≤2.0	≤50.0	>50.0
苯	μg/L	≤0.5	≤1.0	≤10.0	≤120	>120
甲苯	μg/L	≤0.5	≤140	≤700	≤1400	>1400
硝酸盐	mg/L	≤2.0	≤5.0	≤20.0	≤30.0	>30.0
Zn	mg/L	≤0.05	≤0.5	≤1.00	≤5.00	>5.00
亚硝酸盐	mg/L	≤0.01	≤0.10	≤1.00	≤4.80	>4.80
阴离子表面活性剂	mg/L	不得检出	≤0.1	≤0.3	≤0.3	>0.3
氨氮	mg/L	≤0.02	≤0.1	≤0.5	≤1.5	>1.5
总硬度	mg/L	≤150	≤300	≤450	≤650	>650
Fe	mg/L	≤0.1	≤0.2	≤0.3	≤2.0	>2.0
I^-	mg/L	≤0.01	≤0.04	≤0.08	≤0.50	>0.50
F^-	mg/L	≤1.0	≤1.0	≤1.0	≤2.0	>2.0
硫化物	mg/L	≤0.005	≤0.01	≤0.02	≤0.10	>0.10
硫酸盐	mg/L	≤50	≤150	≤250	≤350	>350
Cr^{6+}	mg/L	≤0.005	≤0.01	≤0.05	≤0.10	>0.10
Al	mg/L	≤0.01	≤0.05	≤0.20	≤0.50	>0.50
Cl^-	mg/L	≤50	≤150	≤250	≤350	>350
Na	mg/L	≤100	≤150	≤200	≤400	>400
溶解性总固体	mg/L	≤300	≤500	≤1000	≤2000	>2000
总大肠菌群	MPN/100mL 或 CFU/100mL	≤3.0	≤3.0	≤3.0	≤100	>100
细菌总数	CFU/mL	≤100	≤100	≤100	≤1000	>1000
pH		6.5≤pH≤8.5	6.5≤pH≤8.5	6.5≤pH≤8.5	5.5≤pH<6.5 或 8.5<pH≤9.0	pH<5.5 或 pH>9.0

从表 3-4-8 可见,评价区地下水绝大多数指标均满足指标最优水质要求,仅细菌总数有 3 件样品为 Ⅴ 类水质。其中,总大肠菌群、细菌总数、总硬度可能受取样方法和保存方法影响,样品质量整体较差;硫化物、硫酸盐可能与人类活动有关,质量一般。值得注意的是,样品中硝酸盐 11 件样品为 Ⅲ 类,应当引起注意。整体上,工作区地下水水质一般。

3. 地下水分级

本次评价标准主要依据《地下水质量标准》(GB/T 14848—2017)执行。评价区地下水环境质量评价等级见表 3-4-9。在地下水单指标环境地球化学等级划分基础上,每个评价单元的地下水环境地球化学综合等级等同于单指标划分出的环境地球化学等级最差的等别。如 As、Cr^{6+}、Cd、Hg 和 Pb 等划分出的地下水环境地球化学等级分别为 Ⅰ 类、Ⅰ 类、Ⅰ 类、Ⅰ 类和 Ⅱ 类,该评价单元的地下水环境地球化学综合等级为 Ⅱ 类。

表 3-4-8 按地下水质量标准基本项目标准限值达标样品数　　　　单位:件

指标	Ⅰ类	Ⅱ类	Ⅲ类	Ⅳ类	Ⅴ类
Cd	12				
Hg		12			
挥发酚		12			
Pb		12			
CN⁻	9	3			
As		12			
Cu	12				
Mn		11		1	
三氯甲烷	12				
四氯化碳	12				
苯	12				
甲苯	12				
硝酸盐	1		11		
Zn	12				
亚硝酸盐	10	2			
阴离子表面活性剂	12				
氨氮	12				
总硬度	1	4	5	2	
Fe	12				
I⁻	9	2	1		
F⁻			12		
硫化物	8	1	1	2	
硫酸盐	3	5	2	2	
Cr⁶⁺	6	6			
Al			7	5	
Cl⁻	11	1			
Na	12				
溶解性总固体	3		6	3	
总大肠菌群				12	
细菌总数			6	3	3
pH			12		

表 3-4-9　地下水样品等级分类

样号	分类	样号	分类
DBS02	Ⅳ类	DBS11	Ⅴ类
DBS05	Ⅳ类	DBS14	Ⅲ类
DBS06	Ⅴ类	DBS15	Ⅲ类
DBS08	Ⅲ类	DBS16	Ⅲ类
DBS09	Ⅳ类	DBS17	Ⅲ类
DBS10	Ⅴ类	DBS18	Ⅲ类

三）大气干湿沉降物地球化学特征

大气降尘和降水是土壤中营养元素的重要输入来源，其不同成分可以对陆地生态系统产生不同影响。为查明大气降尘和降水对土壤物源的贡献及土地质量的影响，共设置大气降尘监测点 17 个，主要安置于农田区，监测时间为 1 个环境年，每半年收集一次大气降尘和大气降水样各 1 个，接收日期为 2018 年 1 月 30 日—2020 年 1 月 30 日。大气干湿沉降物在实验室分离后分别测试，其中降尘测试 Se、Cr、Ni、Cu、Zn、Cd、Pb、Hg、As 等指标，大气降水测试 As、Hg、Se、B、Cu、Zn、Cd、Pb、Fe、Mn、P、Sr、V、总硬度、高锰酸盐指数、溶解性总固体、硫化物、Cr^{6+}、F^-、Cl^-、NO_3^-、SO_4^{2-}、pH 等 24 项指标，通过分析元素大气干湿沉降量来研究大气降尘元素地球化学特征。

（一）大气干湿沉降物元素含量特征

全区共采集 3 件大气干沉降样品和 3 件湿沉降样品。大气干湿沉降指标地球化学特征值见表 3-4-10 和表 3-4-11。在大气干沉降物中，以 Zn 为主，Cu、Pb、Ni、Cr、Se、As、Hg、Cd 含量较低。在区内大气湿沉降物中，pH 平均值为 7.85，其化学需氧量、溶解氧、粪大肠杆菌、五日生化需氧量含量较高，含少量高锰酸盐指数、总氮、氨氮、氟化物、As、Cd、Pb、Fe、Mn 等指标含量较低。

表 3-4-10　金海开发区大气干沉降物地球化学特征

元素	单位	平均值	中值	最大值	最小值	标准差	变异系数
Se	mg/kg	9.75	10.10	20.29	1.20	5.17	53.08
As	mg/kg	19.68	18.99	43.39	3.20	10.80	54.88
Hg	mg/kg	0.32	0.23	0.89	0.02	0.28	88.70
Cr	mg/kg	142.35	111.93	486.08	17.32	119.15	83.71
Ni	mg/kg	112.35	111.69	304.27	24.13	66.23	58.95
Cu	mg/kg	205.64	201.12	643.79	19.57	136.21	66.24
Zn	mg/kg	1 241.56	1 191.45	2 700.26	137.28	709.39	57.14
Cd	mg/kg	11.42	10.77	30.39	1.16	7.06	61.82
Pb	mg/kg	353.09	382.15	689.83	35.19	188.72	53.45

注：本表中变异系数单位为%。

表 3-4-11　金海开发区大气湿沉降物地球化学特征

元素	单位	平均值	标准差	变异系数	最小值	最大值
pH		7.85	0.61	7.76	7.42	9.03
氨氮（以 N 计）	mg/L	0.21	0.23	106.65	0.03	0.52
Cr^{6+}	mg/L	0.002	0	0	0.002	0.002
F^-	mg/L	0.11	0.06	55.08	0.01	0.16
化学需氧量（COD_{Cr}）	mg/L	19.94	6.40	32.12	9.67	27.40
溶解氧	mg/L	9.13	1.48	16.19	7.59	10.91
挥发酚类	mg/L	0.000 34	0.000 20	58.43	0.000 15	0.000 69
阴离子表面活性剂	mg/L	0.025			0.025	0.025
CN^-	mg/L	0.002	0	0	0.002	0.002
As	mg/L	0.005	0	0	0.005	0.005
Hg	mg/L	0.50	0	0	0.50	0.50
Se	mg/L	0.000 4	0.000 2	39.74	0.000 2	0.000 6
Pb	mg/L	0.003	0.005	133.36	0	0.010
Zn	mg/L	0.006	0.002	33.09	0.003	0.008
Cd	mg/L	0.000 25	0.000 31	127.492 05	0.000 03	0.000 75
Cu	mg/L	0.005	0.003	62.74	0.002	0.010
总氮	mg/L	0.80	0.68	84.35	0.19	1.72
P	mg/L	0.01	0	64.84	0.01	0.02
粪大肠菌群	CFU/ml	68.33	86.81	127.04	10.00	230.00
高锰酸盐指数（COD_{Mn}）	mg/L	6.89	1.89	27.41	4.14	9.20
石油类	mg/L	0.005	0	0	0.005	0.005
硫化物	mg/L	0.003	0	0	0.003	0.003
五日生化需氧量（BOD_5）	mg/L	11.61	2.77	23.88	8.75	16.20

注：本表中变异系数单位为％。

（二）大气降尘、大气降水通量

1. 大气降尘各元素年通量

表 3-4-12 为金海开发区各个大气干沉降采集点各元素的年通量密度及统计参数。根据数据分析结果，总体上各监测点元素含量差别不大，表明区内大气降尘较为均匀。元素含量最高的为 Zn，沉降平均年通量密度为 2.04kg/（km^2·q），其次为 Cu，沉降平均年通量密度为 0.636kg/（km^2·q），最低为 Hg 元素，沉降平均年通量密度为 0.002kg/（km^2·q）。各元素平均年通量密度大小顺序为：Zn＞Cu＞Pb＞Cr＞Ni＞As＞Se＞Cd＞Hg。

表 3-4-12　各调查点大气干沉降年通量密度　　　　　　　　单位:kg/(km²·q)

点号	DQJC1	DQJC2	DQJC3	平均值	标准差	变异系数	最小值	最大值
Se	0.013	0.012	0.011	0.012	0.001	9.840	0.011	0.013
As	0.037	0.054	0.056	0.049	0.011	21.459	0.037	0.056
Hg	0.002	0.003	0.002	0.002	0.001	26.814 2	0.002	0.003
Cr	0.338	0.457	0.391	0.395	0.059	15.057	0.338	0.457
Ni	0.094	0.121	0.106	0.107	0.014	12.666	0.094	0.121
Cu	0.537	0.768	0.605	0.636	0.119	18.635	0.537	0.768
Zn	1.672	1.642	2.807	2.040	0.664	32.563	1.642	2.807
Cd	0.012	0.012	0.011	0.012	0.001	6.727	0.011	0.012
Pb	0.596	0.599	0.600	0.598	0.002	0.348	0.596	0.600

注:本表中变异系数单位为%。

各元素干沉降量与季节有关,平均年干沉降量大小顺序为:Zn>Cu>Pb>Cr>Ni>As>Se>Cd>Hg。表 3-4-12 给出了元素各季度平均沉降通量和年通量参数。如表 3-4-13 所示,降尘元素沉降通量总体上受季节的影响,总体上表现为下半年大于上半年,可能原因是上半年降水量较大,降水对大气中的颗粒物、尤其是较大颗粒物有明显的去除作用,故在降水量大的季节颗粒物沉降较少,从而导致元素的沉降通量较小,而其余季降水量相对较小,所以沉降通量相对较大。其中,Zn 元素年沉降量最高,年沉降量为 63.231kg;Hg 元素最低,年沉降量仅为 0.057kg。

表 3-4-13　不同季节大气降尘元素年通量密度及年干沉降量　　　单位:kg/(km²·q)

元素	季节沉降通量密度		年通量密度	年干沉降量
	3月—8月	9月—次年2月		
Se	0.005 4	0.006 4	0.011 8	0.362
As	0.020 0	0.029 1	0.049 1	1.508
Hg	0.000 7	0.001 7	0.002 4	0.075
Cr		0.197 5	0.395 0	12.135
Ni		0.053 6	0.107 2	3.293
Cu		0.317 8	0.635 7	19.528
Zn		1.029 2	2.058 3	63.231
Cd		0.006 0	0.012 0	0.368
Pb		0.299 1	0.598 3	18.378

注:3月—8月降尘量稀少,样品采集后仅可进行3种元素分析,因此其余元素年通量按9月—次年2月2倍计算。

2. 大气降水元素年通量分布特征

(1)大气降水元素分布:从表 3-4-12 可以看出,各监测点重金属元素离子浓度均较低,年通量密度最高的为氟化物,年通量密度为 122.940kg/(km²·q),其次为粪大肠菌群,年通量密度为 77.914kg/(km²·q),最低为 Hg 元素,年通量密度为 0.023kg/(km²·q)。

依据《灌溉水环境标准》(GB 3838—2005),环境元素均符合一类水标准,说明本区大气降水的环境元素对地表水水质未产生负面作用。在区域分布上,Pb、Cd、氨氮、粪大肠菌群分布不均匀,变异系数大于 50%;挥发酚分布较不均匀,变异系数为 40%~50%;其余分布相对较均匀,其变异系数均小于 40%;与本区大气干沉降相比,大气降水元素分布差异较大,但其元素含量符合一类水标准,表明区内大气降水没有重大污染。

(2)大气降水年通量密度:表 3-4-14 给出了元素不同季节平均沉降通量和年通量参数。如表所示,对环境元素而言,氟化物年沉降量最高,年沉降量为 3 805.148kg,其次为粪大肠菌群,年沉降量为 2 382.562kg,Hg 年沉降量最少,年沉降量为 0.701kg。环境元素年沉降大小依次为:Zn>As>Cu>Pb>Cr>Cd>Hg。

表 3-4-14　不同季节大气降水元素年通量密度及年沉降量

元素	半年沉降通量密度		年通量密度	年湿沉降量密度
	3月—8月	9月—次年2月		
	kg/(km²·q)		kg/(km²·q)	kg/q
铜(Cu)	4.174	1.482	5.655	173.737
铅(Pb)	3.839	0.377	4.217	129.541
锌(Zn)	3.478	2.832	6.310	193.839
镉(Cd)	0.258	0.023	0.281	8.627
砷(As)	2.851	2.851	5.701	175.135
硒(Se)	0.292	0.154	0.446	13.716
汞(Hg)	0.011	0.011	0.023	0.701
六价铬(Cr^{6+})	1.140	1.140	2.280	70.054
阴离子表面活性剂	14.253	14.253	28.505	875.674
挥发酚	0.155	0.222	0.377	11.583
硫化物	1.425	1.425	2.851	87.567
总磷	4.999	2.851	7.849	241.134
石油类	2.851	2.851	5.701	175.135
氰化物(CN^-)	1.140	1.140	2.280	70.054
氟化物(F^-)	38.535	85.331	123.866	3 805.148
高锰酸盐指数(COD_{Mn},以 O_2 计)	3.820	4.050	7.870	241.767
氨氮(以 N 计)	0.118	0.124	0.243	7.453
化学需氧量(COD_{Cr})	10.132	12.638	22.770	699.495
五日生化需氧量(BOD_5)	5.573	7.620	13.193	405.289
溶解氧	4.455	5.956	10.411	319.834
总氮	0.264	0.641	0.905	27.802
粪大肠菌群	71.856	5.701	77.557	2 382.562

3. 大气干湿沉降量

大气干湿沉降年通量密度等于年干沉降通量密度与年湿沉降通量密度之和,一个年度大气干湿沉降总量(年贡献)等于两个半年度干沉降总量(年贡献)与两个半年度湿沉降总量(年贡献)之和。如

表 3-4-15 所示,对比大气各元素干、湿沉降量发现,大部分元素干沉降量大于湿沉降量,说明大气对区内元素的输入途径以降尘为主。Zn 元素年总沉降量最高,年沉降量为 257.071kg;其次为 Cu,年沉降量为 193.265kg;Hg 年沉降量最少,年沉降量为 0.775kg。年总沉降量大小依次为:Zn>Cu>As>Pb>Cr>Se>Cd>Hg。

表 3-4-15　大气干湿沉降元素年通量密度及沉降量

元素	大气降尘		大气降水		大气干湿沉降总量	
	年通量	年干沉降量	年通量	年湿沉降量	年总通量	年总沉降量
	kg/(km²·q)	kg/q	kg/(km²·q)	kg/q	kg/(km²·q)	kg/q
Se	0.012	0.362	0.446	13.716	0.458	14.077
As	0.049	1.508	5.701	175.135	5.750	176.643
Hg	0.002	0.075	0.023	0.701	0.025	0.775
Cr	0.395	12.135	2.280	70.054	2.675	82.189
Cu	0.636	19.528	5.655	173.737	6.291	193.265
Zn	2.058	63.231	6.310	193.839	8.368	257.071
Cd	0.012	0.368	0.281	8.627	0.293	8.995
Pb	0.598	18.378	4.217	129.541	4.815	147.919

四) 农产品元素含量特征

金海开发区位于湖北省黄石市,境内种植有特色农产品白茶,并已取得国家地理标志认证,在平原区则广泛种植有水稻等农作物。本次调查采集各类农作样品共 51 件,其中稻谷 10 件、白茶 41 件(包含 1 件重复样),分析 Se、As、Cr、Hg、Co、Mo、Cd、Pb、Ni、Cu、Zn、Fe、Mn、Ca、K、Mg、P、S 共 18 项指标。

1. 水稻元素含量特征

据表 3-4-16 所示,金海开发区稻米各元素含量总体上高于中国产区均值,其中 Mg、Cd、P、Mn、Fe、K 分别达到了中国产区均值的 7.64 倍、6.72 倍、3.40 倍、3.17 倍、3.16 倍、3.03 倍,Mo、Ni 稍低于中国产区均值,Se 达到 1.74 倍;与日本产区均值相比,金海开发区稻米中 Mo、Cd、Ni 含量较低,其他元素总体上偏高,其中 Mg、P、Fe 达到了日本产区均值的 5.22 倍、3.20 倍、3.08 倍,Se 达到 1.52 倍。

表 3-4-16　金海开发区水稻中元素含量特征值表

元素	单位	均值	中值	最小值	最大值	标准差	变异系数	中国产区均值	日本产区均值	KK1	KK2
Se	mg/kg	0.104	0.091	0.053	0.197	0.050	48.35	0.06	0.06	1.74	1.52
As	mg/kg	0.200	0.195	0.067	0.297	0.068	33.96	0.15	0.14	1.33	1.39
Hg	μg/kg	3.574	3.336	2.410	5.877	0.001	27.73	2.5	2.1	1.43	1.59
Cr	mg/kg	0.085	0.085	0.062	0.105	0.012	14.16	0.08	0.07	1.06	1.22
Co	mg/kg	0.026	0.022	0.017	0.061	0.013	50.16	0.01	0.01	2.61	2.17
Ni	mg/kg	0.282	0.121	0.069	0.935	0.321	113.90	0.35	0.54	0.80	0.22

续表 3-4-16

元素	单位	均值	中值	最小值	最大值	标准差	变异系数	中国产区均值	日本产区均值	KK1	KK2
Cu	mg/kg	2.556	2.372	1.173	5.011	1.158	45.29	2.1	2.1	1.22	1.13
Zn	mg/kg	20.02	19.62	16.24	24.88	2.76	13.77	12.5	16	1.60	1.23
Mo	mg/kg	0.594	0.535	0.332	1.094	0.253	42.59	0.6	0.85	0.99	0.63
Cd	μg/kg	73.97	31.60	11.532	290.00	0.090	121.92	11	54.2	6.72	0.58
Pb	mg/kg	0.059	0.061	0.055	0.061	0.003	5.15	0.02	0.04	2.95	1.52
Fe	mg/kg	7.257	7.094	4.577	9.693	1.709	23.55	2.3	2.3	3.16	3.08
Mn	mg/kg	28.83	24.35	14.21	48.42	13.19	45.74	9.1	9.1	3.17	2.68
Ca	%	0.016	0.015	0.012	0.019	0.002	15.88	0.01	0.01	1.55	1.55
K	%	0.273	0.274	0.220	0.332	0.034	12.54	0.09	0.1	3.03	2.74
Mg	%	0.153	0.157	0.128	0.177	0.019	12.36	0.02	0.03	7.64	5.22
P	%	0.340	0.352	0.263	0.393	0.047	13.88	0.1	0.11	3.40	3.20
S	%	0.128	0.127	0.114	0.156	0.012	9.44	0.1	0.08	1.28	1.59

注：水稻样品数量为 10 件；KK1＝水稻中元素平均值/中国产区均值，KK2＝水稻中元素平均值/日本产区均值；变异系数单位为％。

2. 白茶元素含量特征

本次在金海开发区共采集 41 件（含 1 件重复样）白茶样品。白茶中 Cu、Zn、Mo、Pb、Fe、Ca、K、Mg、P、S 在全区含量上相对变化较小，平均值与中值接近，变异系数小于 25％；Co、Ni、Mn 相对变化较大，平均值与中值相差较大，变异系数大于 50％，Se、Cd 元素变化情况处于二者之间。

二、金海开发区土地生态环境风险评价

（一）农用地土壤污染风险评价

1. 农用地土壤重金属单元素质量评价结果

金海开发区农用地环境质量单元素分类统计见表 3-4-17 和图 3-4-4。根据重金属元素风险筛选值和管制值划分，元素 As、Cr、Cu、Hg、Ni、Pb、Zn 多划分为优先保护类，少部分为安全利用类；仅有元素 Cd 在极少部分地区划分为严格管控类。具体元素分类面积特征如下。

As：As 元素农用地土壤环境质量较好，划分以优先保护类为主。

Cd：Cd 元素农用地土壤环境质量较好，划分以优先保护类为主，以安全利用类为辅，极少严格管控类。

Cr：Cr 元素农用地土壤环境质量较好，划分以优先保护类为主，极少为安全利用类，无严格管控类区域分布。

Hg：Hg 元素农用地土壤环境质量较好，全部划分为优先保护类。

Pb：Pb 元素农用地土壤环境质量较好，划分以优先保护类为主，极少为安全利用类，无严格管控类区域分布。

表 3-4-17　单元素土壤污染风险分区面积统计表

指标	优先保护类		安全利用类		严格管控类	
	面积/km²	占比/%	面积/km²	占比/%	面积/km²	占比/%
As	13.49	93.76	0.90	6.24		
Cd	8.60	59.81	5.43	37.79	0.35	2.40
Cr	14.31	99.49	0.07	0.51		
Cu	14.38	100.00				
Hg	14.38	100.00				
Ni	14.11	98.12	0.27	1.88		
Pb	14.36	99.85	0.02	0.15		
Zn	14.34	99.71	0.04	0.29		

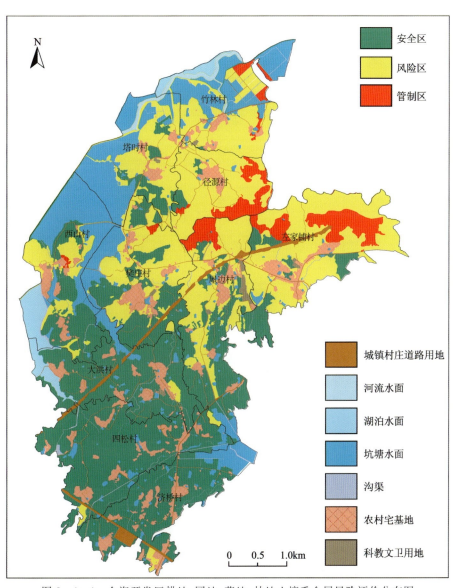

图 3-4-4　金海开发区耕地、园地、草地、林地土壤重金属风险评价分布图

Cu：Cu 元素农用地土壤环境质量较好,全部划分以优先保护类为主。

Zn：Zn 元素农用地土壤环境质量较好,划分以优先保护类为主,极少为安全利用类,无严格管控类区域分布。

Ni：Ni 元素农用地土壤环境质量较好,划分以优先保护类为主,极少为安全利用类,无严格管控类区域分布。

2. 农用地土壤重金属风险综合评价

农用地土壤重金属风险综合评价见表3-4-18,金海开发区农用地重金属综合评价总体优良,划分以优先保护类为主,面积为8.40km²,占比58.42%;其次为安全利用类,面积为5.51km²,占比38.32%;划分为严格管控类区域较小,面积为0.47km²,占比3.26%。

对不同土地利用类型研究发现(表3-4-18),安全利用类土地主要集中在水田、旱地,水田安全利用类面积为1.14km²,旱地安全利用类面积为3.18km²。安全利用类土地的分布主要受元素Cd、Pb、As、Hg的影响。金海开发区严格管控类土地主要集中在水浇地、旱地,水浇地严格管控类面积为0.34km²,旱地严格管控类面积为0.12km²。

表3-4-18 农用地土壤重金属风险综合评价面积统计表

土地利用类型	优先保护类		安全利用类		严格管控类	
	面积/km²	占比/%	面积/km²	占比/%	面积/km²	占比/%
水田	3.25	22.6	1.14	7.93	0.01	0.07
旱地	4.72	32.82	3.18	22.11	0.12	0.83
水浇地	0.01	0.07	0.03	0.21	0.34	2.36
果园	0.09	0.63	0.02	0.14		0
茶园	0.01	0.07	0.92	6.4		0
其他园地	0.03	0.21	0.01	0.07		0
草地	0.29	2.02	0.21	1.46		0
全区	8.40	58.42	5.51	38.32	0.47	3.26

从分布情况来看(图3-4-4),优先保护类区域主要分布于工作区中部及南部的四松村、大洪村、济桥村、屋边村南部、西山村南部等地,工作区北部则以安全利用类为主。

总体上看(图3-4-4),金海开发区农用地土壤污染环境风险极低,仅3.26%的农用地可能存在污染风险,且风险可控。建议在这些地块(竹林村、径源村、左家铺村个别地块)加强土壤、农作物的安全监测,发现问题及时调整种植制度,将风险控制到最低。

(二)农产品安全性评价

1. 水稻(粮食作物类)

全区共采集了10件水稻籽实样品,10件水稻样品As元素平均值为0.200mg/kg,最大值为0.297mg/kg,无超标;Cr元素平均值为0.085mg/kg,最大值为0.105mg/kg,无超标;Pb元素含量最大值为0.061mg/kg,均不超标;Hg元素最大值为0.006mg/kg,均不超标;Cd元素平均值为0.074mg/kg,最大值为0.290mg/kg,有1件样品超标,超标率为10%。

综合评价,10件稻米样品有1件Cd元素略微超标,其他各项指标均远低于标准限值,处于安全范围内;区内水稻安全率为90%。

2. 白茶(茶叶类)

全区内共采集了41件(含1件重复样)白茶样品,41件白茶样品中:As元素最大值为0.426mg/kg,均未超标;Cr元素平均值为2.581mg/kg,最大值为4.950mg/kg,均未超标;Pb元素平均值为2.063mg/kg,最大值为3.171mg/kg,均未超标;Hg元素平均值为0.044mg/kg,最大值为0.069mg/kg,均未超标;Cd元素平均值为0.067mg/kg,最大值为0.151mg/kg,均未超标;Cu元素平均值为9.992hm/kg,最大值为14.039mg/kg,均未超标。

三、金海开发区土地质量地球化学等级评价

全区土地质量地球化学等级评价严格按照《土地质量地球化学评价规范》(DZ/T 0295—2016)执行,以土壤养分指标、土壤环境指标为主,以大气沉降物环境质量、灌溉水环境质量为辅,综合考虑与土地利用有关的各种因素,实现土地质量地球化学指标等级评价。

在本次评价中,以全国第三次土地调查的土地利用图斑为评价单元,根据1:5万土壤测量实测元素结果,利用中国地质调查局开发的"土地质量地球化学调查与评价数据管理与维护应用子系统"进行插值、赋值,并最终完成等级评定。

本次土地质量地球化学等级评定的对象主要为耕地、园地、草地、林地,总面积为20.51km²,其他土地仅进行概略性了解,不进行评价。

从分布情况来看(图3-4-5),强酸性土壤主要分布在樊庄村、径源村、四松村、塔石村和屋边村;酸性土壤则在工作区大面积出露,各村均有分布且面积较广;碱性土壤主要分布在樊庄村和径源村、竹林村3村。

(一)土壤养分地球化学等级

1. 土壤健康元素地球化学等级

F元素:金海开发区耕地、园地、草地、林地土壤中F元素等级以一等(极丰富)和二等(丰富)为主(图3-4-6),面积分别为7.18km²、7.62km²,占比分别为35.01%、37.15%;其次为四等(边缘)和三等(适量),面积相差不大,分别为2.96km²和2.22km²,占比分别为14.43%和10.82%;五等(缺乏)面积较少,占比为2.59%。F元素一等(极丰富)区在各村均有分布,其中左家铺村分布最广,面积2.22km²,占全区比例达10.82%,最低的为四松村,面积占比仅为0.60km²;二等(丰富)区四松村分布最广,占比达8.64%,其次为大洪村、樊庄村、济桥村、径源村、屋边村等几村,分布面积详查不大;三等(适量)区分布面积较小,主要分布在樊庄村、四松村、屋边村。

I元素:金海开发区耕地、园地、草地、林地土壤中I元素地球化学等级以三等(适量)为主,面积为16.75km²,占比81.67%;其次为二等(丰富),面积为2.23km²,占比10.87%;四等、五等面积较少,耕地、园地、草地、林地无I元素一等面积分布。I元素无一等(极丰富)等级,二等(丰富)主要分布于樊庄村和左家铺村二村(图3-4-7),其余村分布面积较小;适量等级各村均有分布,最高的为屋边村,分布面积占全区比例为12.36%,其次为竹林村和四松村,占比分别为11.78%、10.69%,分布最少的为塔石村,占比为3.89%。四等(边缘)和五等(缺乏)在全区分布亦较少,主要分布于四松村、樊庄村。

2. 土壤养分元素丰缺等级

金海开发区土壤总体来看B、Zn、Cu、Co、Mo、S、Si、V含量丰富,较丰富及以上土壤占比超过60%,

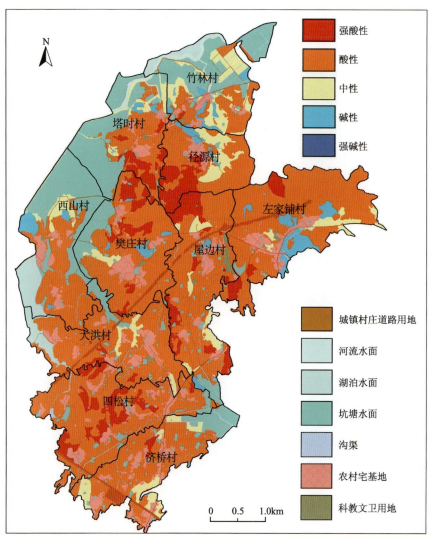

图 3-4-5　金海开发区耕地、园地、草地、林地土壤酸碱度(pH)等级分布图

中等以上占比均达到 80%；元素 N、Mn、Ge 含量为中等，中等及以上比例接近或者达到 60%；P、K、MgO、CaO、Na$_2$O、Al$_2$O$_3$ 在区内较为缺乏，较缺乏及缺乏比例达到 50% 以上。区内土壤中 Cu、Zn、Mn、Mo 和 S 元素存在过剩现象，面积占比分别为 1.55%、2.88%、0.37%、35.36% 和 0.69%。

3. 土壤养分地球化学等级

对图斑内 N、P、K 综合养分按等级进行面积统计，计算各村土壤养分地球化学等级面积及占金海开发区土地面积的比例，全县内耕地、园地、草地、林地土壤养分地球化学等级以四等（较缺乏）为主，三等（中等）次之，面积分别为 12.80 km^2 和 5.95 km^2，占全区比例分别为 62.41% 和 29.01%，两者合计占比 91.42%；二等（较丰富）和五等（缺乏）分布面积较少，占比分别为 3.80% 和 4.78%；一等（丰富）无分布。

在空间分布上（图 3-4-8），除竹林村外养分较缺乏区广泛分布于全区，养分较丰富区主要分布于工作区北部的径源村、竹林村、左家铺村；养分中等区主要分布在径源村、塔石村、屋边村、竹林村、左家铺村等工作区北部村落。养分缺乏区零星分布在径源村、塔石村、屋边村、左家铺村等几村。

土壤养分的分布特征表明，工作区内土壤养分主要以较缺乏为背景区，工作区北部土壤养分较为丰富，可能受到大冶湖沉积物物源的影响。

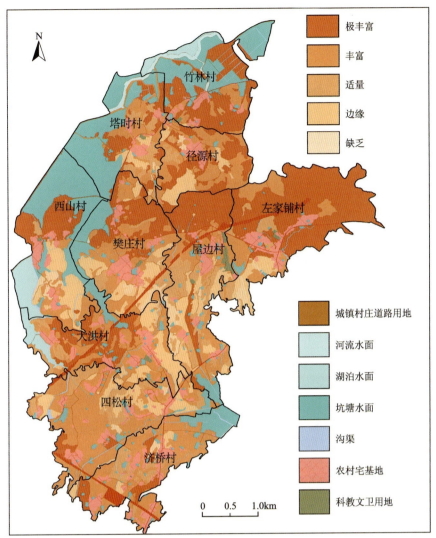

图 3-4-6　金海开发区耕地、园地、草地、林地土壤健康元素氟(F)地球化学等级分布图

(二)土壤环境地球化学等级

1. 土壤环境单元素等级评价

土壤环境单指标地球化学等级面积划分统计见图 3-4-9。可以得出,8 个元素除 As、Cd 外其余清洁率均达到 99.56% 以上,其中 Cu、Hg 元素均无重度超标等级,Cr、Pb 元素存在极少的轻微超标,Ni 元素存在极少的轻微超标及中度超标,Zn 元素存在极少的轻微超标与轻度超标,As 存在少量轻微超标和轻度超标,Cd 元素则存在较为严重的超标情况。

2. 土壤环境地球化学等级评价

统计金海开发区各村耕地、园地、草地、林地土壤环境地球化学等级特征及分布情况,统计结果见图 3-4-10。可以得出,金海开发区耕地、园地、草地、林地土壤环境以清洁为主,轻微超标次之,轻度、中度和重度超标占比较少。各等级面积及比例为:清洁土壤面积为 10.69 km², 占比 52.12%; 轻微超标土壤面积为 3.75 km², 占比 18.28%; 轻度超标土壤面积为 1.91 km², 占比 9.31%; 中度超标土壤面积为 2.76 km², 占比 13.46%; 中度超标土壤面积为 1.40 km², 占比 6.83%。

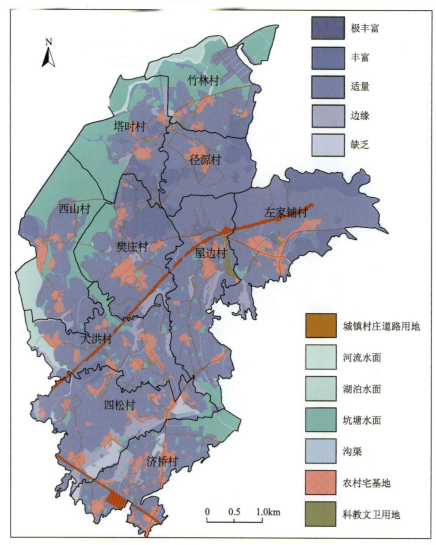

图 3-4-7　金海开发区耕地、园地、草地、林地土壤健康元素碘(I)地球化学等级分布图

从分布情况来看,金海开发区耕地、园地、草地、林地土壤环境地球化学清洁等级区主要分布在全区的南部,大洪村、济桥村、四松村、樊庄村、屋边村、西山村,北部村庄分布较少;轻微超标区主要分布于工作区中部及北部;中度超标、重度超标等级主要分布在工作区北部的竹林村、径源村、屋边村及东部的左家铺村。

(三)土壤质量地球化学综合等级

土壤环境地球化学等级面积统计见图3-4-11。可以看出,金海开发区耕地、园地、草地、林地土壤质量以中等为主,一等优质土壤面积为 $0.01km^2$,占比 0.05%;二等良好土壤面积为 $0.44km^2$,占比 2.15%;三等中等土壤面积 $12.29km^2$,占比 59.92%;四等差等土壤面积 $2.81km^2$,占比 13.70%;五等劣等土壤面积 $4.96km^2$,占比 24.18%。

从分布情况来看,一等优质土壤仅在屋边村有极少分布;二等良好土壤在工作区中部及南部的几个村庄少量分布;中等土壤在工作区内特别是工作区南部大范围分布;差等和劣等土壤主要分布于工作区北部的竹林村、径源村、屋边村及工作区东部的左家铺村。

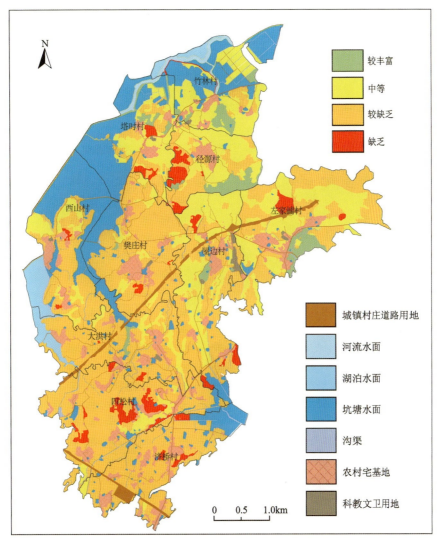

图 3-4-8 金海开发区耕地、园地、草地、林地土壤养分地球化学综合等级图

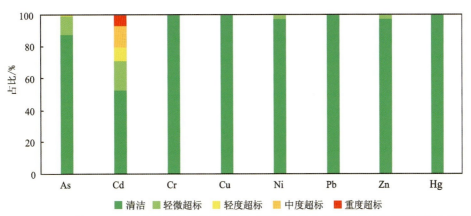

图 3-4-9 金海开发区耕地、园地、草地、林地土壤环境单元素等级面积比例图

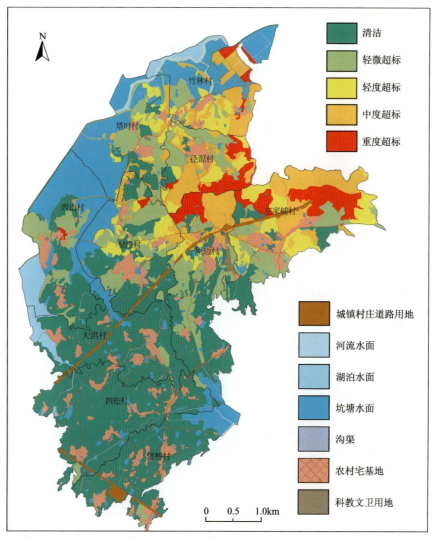

图 3-4-10 金海开发区耕地、园地、草地、林地土壤环境元素综合等级分布图

工作区内土壤质量差等和劣等主要分布在北部的径源村、屋边村、竹林村和东部的左家铺村,与环境元素综合等级分布情况类似,这主要是由于这一区域 Cd 元素超标,而工作区内因为缺乏 N、P、K 元素,造成总体土壤评价等级不高。

四、硒锶等特色资源评价

一)富硒土壤及富硒农产品资源评价

硒(Se)在化学元素周期表中位于第四周期 VIA 族,是一种非金属微量元素。硒在自然界存在两种方式:无机硒和植物活性硒。无机硒一般指亚硒酸钠和硒酸钠,从金属矿藏的副产品中获得。植物活性硒是通过生物转化与氨基酸结合而成,一般以硒蛋氨酸的形式存在。硒的用途非常广泛,可用于冶金、玻璃、陶瓷、电子、太阳能、饲料等众多领域,同时也是动植物体所必需的营养微量元素之一。它具有多种重要的生理功能,硒有拮抗有害重金属、抗病毒、抗衰老的作用。当人体缺乏硒的时候,容易导致免疫能力下降。威胁人类健康和生命的 40 多种疾病都与人体缺硒有关。过量的硒可引起中毒,表现为头发

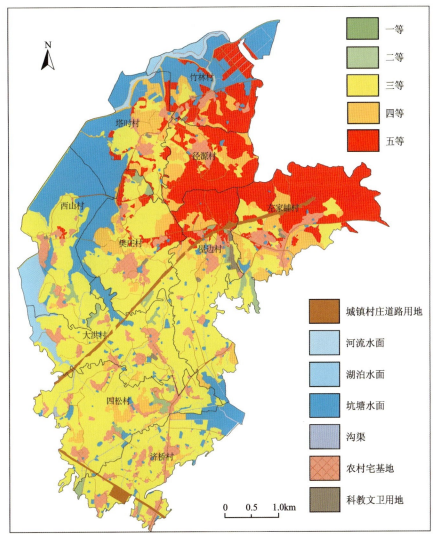

图3-4-11 金海开发区土壤质量地球化学综合等级图

注：一等土壤分布面积仅0.01km²，在图中无法识别出。

变干变脆易脱落、指甲变脆、皮肤损伤及神经系统异常，严重会导致死亡。

随着社会经济的发展、生活质量的提高，富硒农产品作为新兴的保健农产品畅销海内外，市场前景广阔。因此，富硒土壤资源的开发利用得到了部分地方的高度关注。目前，我国多数省（自治区）均进行了富硒土壤资源开发利用，如浙江、江西、湖南、四川、贵州、甘肃、海南、广西、山东、青海等都在大力开发利用土壤硒资源。

（一）土壤Se含量特征及成因

1. 土壤Se元素地球化学特征

金海开发区土壤Se含量背景值为0.644mg/kg，是江汉流域土壤Se背景值（0.31mg/kg）的2.18倍，也是我国表层土壤A层Se含量背景值（0.29mg/kg）的2.22倍，含量变化范围为0.06～31.80mg/kg，变异系数为46.20%，起伏变化幅度较大，空间差异较明显。全区土壤绝大数样品Se含量大于0.4mg/kg，达到富硒标准。

2. 不同控制单元 Se 元素含量特征

(1)不同酸碱性土壤中 Se 元素含量特征：在碱性土壤中 Se 含量最高，中性土壤中硒含量最低。不同酸碱性土壤，硒元素含量高低为：强酸性土壤＞碱性土壤＞中性土壤＞酸性土壤，这是因为工作区内 Se 元素的来源为二叠系茅口组，通常位于山区。土壤类型为红壤，红壤 pH 为强酸性，导致强酸性土壤中 Se 含量最高。从剩余碱性土壤＞中性土壤＞酸性土壤排序来看，碱性土壤有利于 Se 元素的富集。

(2)不同成土母质 Se 元素含量特征：全区不同成土母质 Se 含量差异较大，含量范围均在 0.685～5.5371mg/kg。样品数量超过 20 件的地层中茅口组土壤 Se 含量最高为 3.961mg/kg，其次为栖霞组 Se 含量为 1.420mg/kg，第四系 Se 含量最低为 0.990mg/kg，可以推断栖霞组地层中 Se 含量最高，但相较国内或江汉平原数据，工作区内各地层整体 Se 含量都相对高。

(3)不同土壤类型 Se 元素含量特征：不同土壤类型 Se 含量变化幅度较大，在所有样品数量大于 20 件的土壤类型中，石灰土 Se 含量最高，为 2.357mg/kg，水稻土含量最低，为 0.836mg/kg，推测为水稻土较为远离 Se 源头的茅口组导致。不同土壤类型硒含量大小依次为：石灰土＞红壤＞黄棕壤＞潮土＞水稻土。

(4)不同土地利用类型 Se 元素特征：不同土地利用方式 Se 含量均值范围为 0.192～0.378mg/kg，幅度变化不大，不同土地利用类型 Se 含量大小依次为（样本数少于 20 件不参与统计）：水浇地＞旱地＞园地＞林地＞水田＞水面＞其他用地。

(5)土壤性质与组分：在长期的自然营力和人类活动影响下，土壤元素由于迁移、分散和富集作用，一些地球化学性质相似的元素呈有规律的组合，表现出良好的共同消长关系和较好的相关性、聚集性。

元素 Se 与 Ag、Sb、Cr、Cu、Mo、Sr、Tl、U、V 相关性较强，相关系数 R 大于 0.5。此外，Se 与 Cd 相关性亦较高，可能与其物质来源有岩层关。土壤 Corg 不仅可以表征土壤肥力水平，其对硒具有一定的吸附和固定作用，Se 能够以腐殖质缔合的形态存在并在土壤中固定下来。Se 与 P 元素相关系较强，研究表明：土壤中 P 多数以磷灰石形式存在，而磷灰石主要吸附 Se^{4+}，而几乎不吸收 Se^{6+}，说明工作区内土壤中的 Se 主要以亚硒酸盐形式存在。

Se 与 Ca、Na、Al 的氧化物也呈现出良好的相关性，说明土壤中 Se 多以亚硒酸盐形式存在，且倾向于与 Ca、Na、Al 的半倍氧化物形成比较难溶的配合物和化合物，或被金属氢氧化物所捕获。

Se 与 pH 呈负相关，说明区内随着土壤碱性的增强，土壤 Se 含量下降的趋势。研究认为，土壤 pH 可以影响 Se 在土壤中的存在价态、形态，在酸性和中性的条件下 Se 主要以亚硒酸盐形式存在，迁移淋溶作用较弱，生物有效性降低；而在碱性条件下则以硒酸盐形式存在，容易迁移且易被植物吸收利用。

(6)Se 地球化学空间分布特征：总体上，全区 Se 元素空间分布呈现北高南低的特征（图 3-4-12）。高值区主要分布于中部及北部，与茅口组出露范围较吻合，包括左家铺村、屋边村—樊庄村北部一带、径源村、塔石村、竹林村。

（二）土壤硒资源评价

1. 富硒土壤定义

按照 Se 含量，区内土壤可划分为 5 个等级：缺乏区（＜0.125mg/kg）、边缘区（0.125～0.175mg/kg）、适量区（0.175～0.40mg/kg）、丰富区（0.40～3.0mg/kg）、极丰富区（≥3.0mg/kg），将 Se 含量大于 0.4mg/kg 的定义为富硒土壤。

2. 土壤硒资源分布特征

金海开发区耕地、园地、草地、林地硒元素等级以丰富即富硒土壤为主（图 3-4-13），全区面积为

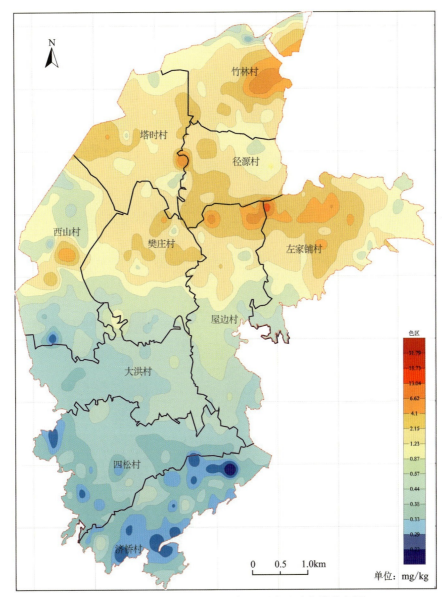

图 3-4-12　金海开发区土壤 Se 元素地球化学分布图

13.68km²,占全区面积的 66.70%;其次等级为适量即富硒土壤面积为 4.89km²,占全区面积的 23.84%;硒等级为极丰富面积为 1.90km²,占全区面积的 9.26%;硒等级为缺乏面积最小为 0.04km²,占全区面积的 0.20%;全区无硒边缘等级面积分布。

从各村硒等级分布情况来看,硒等级以适量为主,占各村面积比例均在 99% 以上;硒等级为丰富即富硒土壤左家铺村分布的面积最高,面积为 3.19km²,其次分布在屋边村,面积为 2.62km²,樊庄村的富硒土壤面积为 2.15km²。这三村因为靠近硒元素的源头茅口组出露区域,因此三村范围内土地皆为富硒土地,极其适宜开发相关富硒产业园。

(三)富硒农产品评价

1. 评价标准与原则

本次主要农产品天然富硒状况评价原则上参考国家标准和本省地方标准进行统一规定评价,具体评价规定如下。

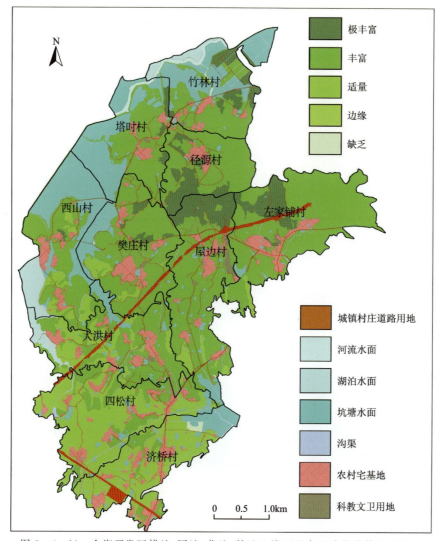

图 3-4-13　金海开发区耕地、园地、草地、林地土壤硒元素地球化学等级分布图

（1）富硒农产品是指农产品在重金属含量符合《食品安全国家标准食品中污染物限量》(GB 2762—2017)，Se 含量达到评价规定含量值以上。

（2）水稻富硒评价是在参考《富硒稻米》(GB/T 22499—2008)、《食品安全国家标准预包装食品营养标签通则》(GB 28050—2011)、《富有机硒食品硒含量要求》(DBS 42/002—2014)及《湖北省土地质量地球化学评价技术要求（试行）》的基础上，按农产品中硒含量分级确定富硒农产品评价标准。具体评价规定为：硒含量一般农产品 $w(Se) \leqslant 0.04 mg/kg$，富含硒农产品 $w(Se) = 0.04 \sim 0.075 mg/kg$，硒较丰富农产品 $w(Se) = 0.075 \sim 0.15 mg/kg$，硒丰富农产品 $w(Se) = 0.15 \sim 0.3 mg/kg$，硒极丰富农产品 $w(Se) \geqslant 0.3 mg/kg$。其中，将硒等级为较丰富以上的划分为富硒农产品。

（3）白茶富硒评价主要参照《富硒茶》(GH/T 1090—2014)，本次评价的茶叶皆为经过加工后水分不大于 7%。因此，评价标准为：富硒白茶中 $w(Se) \geqslant 0.20 mg/kg$，另参考其余农产品定义含硒白茶为 $w(Se) \geqslant 0.10 mg/kg$。

2. 农产品天然富硒状况

根据上述富硒农产品评价标准与原则，全区调查的富硒安全性农产品分布见图 3-4-14 所示，具体农产品种类分述富硒情况分述如下。

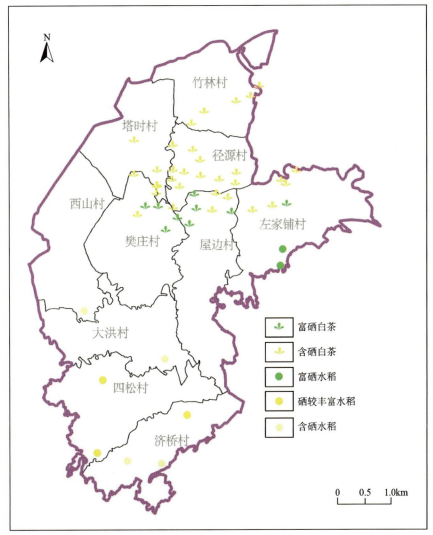

图 3-4-14　金海开发区富硒农产品分布图

（1）水稻：全区共采集 10 件水稻样品，其中有 1 件超过国家食品污染物限量安全范围，因此对 9 件稻米样品中 Se 含量进行分级统计，共有 5 件样品达到富硒标准（≥0.075mg/kg），富硒率为 55.56%。富含硒（0.04～0.075mg/kg）样品共有 4 件，占比 44.44%；硒较丰富（0.075～0.15mg/kg）的样品 3 件，占比 33.33%；硒丰富（0.15～0.30mg/kg）的样品 2 件，占比 22.22%。

从分布情况来看，采集的 10 件水稻样品较均匀分布于工作区南部水稻种植区。其中，硒丰富（0.15～0.30mg/kg）的 2 件样品位于左家铺村；硒较丰富（0.075～0.15mg/kg）的样品 3 件，分布于济桥村及四松村；富含硒（0.04～0.075mg/kg）的样品共 4 件，分布于济桥村、四松村、西山村。

总体来看，金海开发区水稻样品富硒率较高。同时水稻样品采集区域在全区范围内土壤硒含量相对较低，水稻土 Se 背景值 0.44mg/kg 是全区背景值（0.64mg/kg）的 0.69 倍；且不同村庄间也存在明显差异，左家铺村 Se 背景值是全区背景值的 1.21 倍，其内采集的 2 件样品全部达到硒丰富的标准，大洪村 Se 背景值仅为全区的 0.66 倍，故其内采集的 4 件水稻样品为含硒级别。因此，Se 含量较高的竹林村、塔石村、径源村三村（Se 背景值是全区背景值的 1.4 倍以上）亦可大力发展富硒水稻产业。

（2）白茶：全区采集的 40 件白茶样品（去掉 1 件重复样品），无超过国家食品污染物限量安全范围，因此对 40 件白茶样品中 Se 含量进行分级统计，共有 9 件样品达到富硒茶叶标准（≥0.2mg/kg），富硒率为 22.50%，含硒（0.10～0.20mg/kg）的样品为 31 件，占比 77.50%。

从分布情况来看,茶叶主要采集于竹林村、径源村、屋边村、左家铺村,少量在塔石村、樊庄村。其中,9件富硒样品采集于樊庄村、屋边村、左家铺村。富硒茶叶分布与土壤富硒呈正相关。

二)富锶土壤资源评价

锶(Sr)是一种人体必需的微量元素,具有强化骨骼、提高智力、延缓衰老和养颜的辅助功效,适量补充锶有利于促进细胞新陈代谢、促进细胞再生,以实现抗衰老、抗氧化的功效。在化工领域,Sr用于制造合金、光电管、照明灯,它的化合物用于制造信号弹、烟火等。人体主要通过食物及饮水摄取锶,经消化道吸收后由尿液排出体外。目前,我国饮用水中Sr含量水平较低,但不少矿泉水中都含有丰富的锶,Sr含量在0.20~0.40mg/L时为天然饮用矿泉水。

(一)土壤锶含量特征

金海开发区土壤Sr背景值为94.99mg/kg,低于江汉流域土壤Sr背景值(109.8mg/kg),也低于我国表层土壤A层Sr背景值(167.0mg/kg),含量变化范围为25.90~170.28mg/kg,变异系数为130.35%,含量起伏变化幅度较大,空间差异明显。

(二)土壤锶资源评价

1. 分级标准

土壤锶的地球化学等级划分标准参照《湖北省鄂州-黄石沿江经济带多目标区域地球化学调查报告》分析测试数据,按20%、40%、60%和80%百分位值分别取近似值作为指数分级标准,将区内土壤中Sr含量划分为5个等级:缺乏区(≤70mg/kg)、边缘区(70~80mg/kg)、适量区(0.175~0.40mg/kg)、丰富区(105~135mg/kg)、极丰富区(>135mg/kg),将Sr含量大于105mg/kg的定义为富锶土壤。

2. 土壤锶资源分布特征

按照以图斑为评价单元的金海开发区耕地、园地、草地、林地锶含量分级特征统计见图3-4-15。金海开发区富锶土壤(>105mg/kg)耕地、园地、草地、林地面积为9.30km²,占全区耕地、园地、草地、林地面积的45.34%;非富锶土壤面积为11.21km²,占比54.66%。

从分布情况来看,金海开发区富锶土壤主要分布在工作区中部及北部。其中,左家铺村富锶土壤面积分布最广,面积为2.81km²,占全村面积的86.83%;径源村富锶土壤广泛分布;工作区南部几个村庄富锶土壤较为贫乏。

三)富锗土壤资源评价

锗(Ge)是一种化学元素,在现代工业中锗是优良半导体,可作高频率电流的检波和交流电的整流用,可用于红外光材料、精密仪器、催化剂;同时锗是人体酶的激活剂,而酶能加速人体的生物化学反应,是人生命动力之源;微量元素锗还能促进人体分泌腺活动,进而调节生理功能,是生命之火的助燃剂。灵芝、人参也正因为富含锗元素才有很高的价值。人体对锗的日需要量为0.04~0.35mg,按最低日需要量0.04mg计算,每天需要进食Ge含量0.001 3mg/kg大米31kg,或者Ge含量0.003 8mg/kg大米11kg,普通大米远远达不到这个标准,因此富锗土壤开发利用同样具有十分重要的意义。

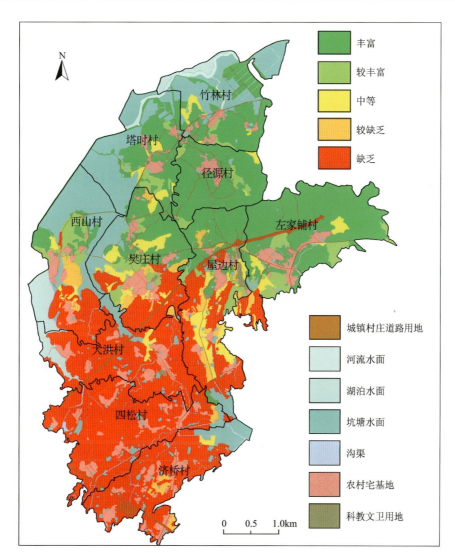

图3-4-15 金海开发区富锶土壤评价分布图

（一）土壤锗含量特征

金海开发区土壤Ge含量平均值为1.381mg/kg，低于江汉流域土壤背景值，也远低于我国表层土壤A层Ge含量平均值（1.70mg/kg），含量变化范围为0.31～2.65mg/kg，变异系数为22.06%，起伏变化幅度小，空间差异不明显。

（二）土壤锗资源评价

1. 富锗土壤定义

目前，国内对于富锗土壤标准没有统一行业标准。2015年青海省第五地质矿产勘查院开展的青海省生态农业地质调查以Ge含量（≥1.3mg/kg）作为土壤富锗评价标准，2016年广西壮族自治区地质调查院开展1：25万多目标区域地球化学调查以全国土壤Ge含量顺序统计量97.5%值（>1.8mg/kg）作为土壤富锗评价标准。因此，综合以上地方的富锗土壤标准并参照《土地质量地球化学评价规范》（DZ/T 0296—2016）中Ge的分级等级标准（一等），将Ge元素平均含量大于1.50mg/kg的土壤定义为富锗土壤。

2. 土壤锗资源分布特征

如图 3-4-16 所示,金海开发区富锗土壤(>1.50mg/kg)耕地、园地、草地、林地面积为 6.50km²,占全区耕地、园地、草地、林地面积的 31.69%,非富锗土壤面积为 14.01km²,占比 68.31%。

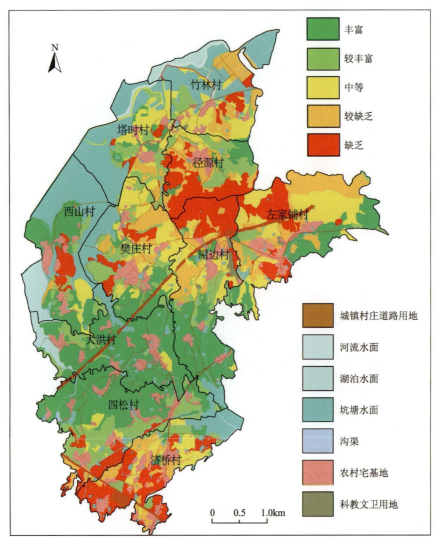

图 3-4-16 金海开发区富锗土壤评价分布图

五、重点问题分析与研究

一)土壤养分有效性研究

(一)土壤养分有效态地球化学特征

1. 土壤有效含量特征

金海开发区农用地阳离子交换量含量范围为 7.91~19.14cmol/kg,平均值为 12.09cmol/kg;碱解氮含量范围为 28.35~122.86mg/kg,平均值为 70.70mg/kg;有效磷含量范围为 0.13~133.66mg/kg,平均值为 16.54mg/kg;有效铜含量范围为 0.54~6.82mg/kg,平均值为 3.17mg/kg;有效铁含量为 1.45~440.47mg/kg,平均值为 118.14mg/kg;有效锌含量范围为 0.57~7.38mg/kg,平均值为 3.94mg/kg;有效锰含量为 3.01~158.65mg/kg,平均值 53.87mg/kg;有效硼含量为 0.12~0.59mg/kg,平均值为 0.27mg/kg;有效钼含量为 0.10~7.67mg/kg,平均值为 0.72mg/kg;有效硒含量为 0.49~59.04μg/kg,平均值为 7.19μg/kg;速效钾含量范围为 71.49~709.53mg/kg,平均值为 217.10mg/kg。

从变异系数特征来看,区内土壤中有效态指标分布不均匀,存在不同程度的分异现象。其中,有效铜、有效铁、有效钼、有效硒分异性极强,分布极不均匀;阳离子交换量、碱解氮分异性相对较弱,分布比较均一。

2. 不同控制单元土壤有效态含量特征

(1)土壤酸碱度与有效态:酸性土壤中有效硒含量范围为 0.52~27.60μg/kg,平均值为 4.86μg/kg;中性土壤中有效硒含量范围为 0.49~59.04μg/kg,平均值为 29.76μg/kg;碱性土壤中有效硒平均值为 6.34μg/kg。

与全区平均值对比可以得出,酸性土壤中主要表现为有效钼、有效硒较低,其他元素含量平均值与全区值接近;中性土壤与碱性土壤样本数较少,结果代表性不强。酸性土壤样品数量占全部有效态分析样品数量绝大部分,但有效钼、有效硒含量较全区平均值低很多,证明酸性土壤中这两种元素活性较低,而在中性土壤中可能这两者活性较强。

(2)不同成土母质土壤有效态含量特征:金海开发区有效态样品采集区成土母质主要为第四系与茅口组,第四系中土壤有效硒含量范围为 0.52~59.04μg/kg,平均值为 10.46μg/kg;孙家河组中土壤有效硒含量范围为 0.49~4.90μg/kg,平均值为 2.63μg/kg。第四系土壤中有效硒含量高于茅口组。

(3)不同土壤类型土壤有效态含量特征:金海开发区土壤类型主要分为水稻土、潮土红壤及石灰土。潮土中有效硒含量范围为 1.54~27.60μg/kg,平均值为 9.47μg/kg;红壤中有效硒含量范围为 3.90~0.52μg/kg,平均值为 2.29μg/kg;石灰土中有效硒含量范围为 0.49~4.90μg/kg,平均值为 2.47μg/kg;水稻土中有效硒含量范围为 5.27~59.04μg/kg,平均值为 17.84μg/kg,土壤中有效硒含量水稻土>潮土>石灰土>红壤。

潮土中主要富集有效磷、有效锌、有效硒;红壤中仅有效锰相对富集,缺乏有效铁、有效锌,极度缺乏有效磷、有效钼、有效硒;石灰土中富集有效磷、有效钼,缺乏碱解氮、有效铜、有效铁、有效锌、速效钾、有效锰;水稻土中缺乏有效磷,其余元素皆富集,特别是有效钼与有效硒极度富集。

(4)不同土地利用土壤有效态含量特征:金海开发区内有效态主要采集了耕地土壤,包含茶园、水田和旱地3种土地利用类型。茶园中有效硒含量范围为 0.49~4.58μg/kg,平均值为 2.22μg/kg;旱地中有效硒含量范围为 1.60~27.60μg/kg,平均值为 8.17μg/kg;水田中有效硒含量范围为 5.27~10.67μg/kg,平均值为 7.93μg/kg。旱地中土壤中有效硒含量高于水田高于茶园。

茶园中各元素皆处于缺乏状态;旱地与茶园刚好相反,表现为各元素皆处于富集状态,旱地中往往更富集茶园中缺乏的有效态元素;水田表现为富集碱解氮、有效铜、有效铁、有效锰,缺乏有效钼,极度缺乏有效磷。

(二)土壤养分有效态与全量的关系

土壤元素有效态量是指以相对活动态存在于土壤中、能被动植物直接吸收利用的那部分元素含量,通常特指植物营养和有益元素。相关研究结果表明,影响土壤中微量元素有效态含量的因素可归结为3个方面:一是土壤中微量元素的全量;二是土壤本身的理化性质,如 pH、有机质含量、碳酸盐含量、阳离子交换量、含水量等;三是人为因素如土壤的耕作利用方式和土壤施肥等。本次通过对全区 23 件土壤样品统计 10 种元素的全量、有效态量的平均值、标准离差、变异系数、有效度(指土壤中某种元素有效量与其总量的百分比)等,来研究金海开发区土壤有效态含量的空间分布特征。

土壤元素有效态量总体受其元素全量丰度所控制。区内土壤中元素全量排序从高到低依次为:Fe、K、Mn、P、N、B、Cu、Mo、Se;元素有效态量含量从高到低排序依次为:K、Fe、N、Mn、P、Zn、Mo、B、Se。对比全量与有效态量的排序可以发现,两者的总体排序具有相似性,如元素 K、Fe、Mn、N、P 无论是全量还是有效态量均排序靠前,含量往往高于其他元素一个或数个数量级,又如 Mo、Se 两元素无论是全量还是有效态量均排序靠后。

土壤元素的有效度影响因素较多,不仅依赖于土壤中矿物质成分的溶解度,也受周围环境因素的影响。全区土壤元素有效度(平均值,单位为%)排序为:Mo、Cu、Mn、N、Zn、P、K、Fe、Se、B。可见,不同元素的有效度相差悬殊,这与元素本身的地球化学性质以及所在土壤的理化性质有关。例如土壤中 P 和 Mn 全量分别为 546.75mg/kg、587.80mg/kg,由于土壤中 Mn 的活性较强,其有效度大于磷,Mn 的有效度为 P 的 4 倍,从而使土壤中 Mn 的有效量反而高于 P;又如 N 的全量是 Fe 全量的约 28 倍,但由于活性差异,N 的有效度反而与 Fe 的有效度相差不大。因此,在有效度方面,元素 Mo、Mn、Cu、N 较高,Fe、B、K 较低。

金海开发区元素 N、B 为较缺乏,阳离子交换量为缺乏,元素 P、Se 为中等,其余元素皆为丰富。

二)土壤-农作物中典型元素迁移富集规律研究

(一)土壤元素形态特征及影响因素

土壤中元素的迁移、转化及其生态效应和环境的影响程度,除了与土壤中元素的含量有关外,还与元素在土壤中存在的形态有很大关系。元素形态是指元素在环境中以某种离子或分子存在的实际形式,土壤中元素存在的形态不同,其活性、生态效应及迁移特征也不同。本次测试了 Cu、Pb、Zn、Cd、As、Hg、Se 共 7 种元素的水溶态、离子交换态、碳酸盐结合态、腐殖酸结合态、铁锰结合态、强有机结合态、残渣态 7 种形态。这 7 种形态从生态环境影响来看,可依据化学结合的稳定性和生物利用性,分为易利用形态、中等利用形态和生物惰性形态 3 类。因此,把可直接被生物利用的水溶态和离子交换态作为可交换态(生物可直接利用),将可交换态和碳酸盐结合态划分为弱结合态(后者水解可释放出离子),将腐殖酸结合态和铁锰氧化物结合态划分为中等强度结合态(在一定条件下,可分解释放出离子),将很难释放出离子产生环境问题的强有机结合态与残渣态划分为强结合态。上述弱、中、强结合态分别界定为生物易利用态、中等利用态和生物惰性态。

1. 土壤重金属形态特征

对全区 10 种土壤形态样品中 6 种元素的各形态特征值进行统计,7 件样品元素各形态的平均含量大小及其在全量的分配比例差异较大。

对于水溶态而言,各元素含量都很低,均不到全量的 1%,其中以 Zn 的含量占比最低,只到全量的 0.14%。各元素比例由大到小排序为 Cd(0.81%)、Cu(0.79%)、Hg(0.54%)、Pb(0.49%)、As(0.17%)、Zn(0.14%)。

离子交换态比例以 Cd 最高,As 最低,仅占全量的 0.33%。各元素比例由大到小排序为 Cd(6.81%)、Pb(4.24%)、Zn(1.52%)、Hg(1.08%)、Cu(0.59%)、As(0.33%)。

碳酸盐结合态比例同样以 Pb 最高,占全量的 6.94%,As 最低,为全量的 0.33%。各元素比例由大到小排序为 Pb(6.94%)、Cd(3.22%)、Cu(2.85%)、Hg(1.08%)、Zn(0.93%)、As(0.33%)。

腐殖酸结合态比例表现为 Cd 最高,占全量的 15.89%;其次为 As 和 Cd,分别为 13.49% 和

10.67%。各元素比例由大到小排序为 Cd(20.53%)、Pb(19.74%)、Hg(15.57%)、Cu(11.84%)、Zn(6.90%)、As(2.95%)。

铁锰结合态比例 Pb 最高,占全量的 27.36%;其次为 Cu 和 Cd。各元素比例由大到小排序为 Pb(27.36%)、Cu(11.77%)、Cd(11.21%)、Zn(4.28%)、Hg(1.08%)、As(0.50%)。

强有机结合态比例以 Cd 显著较高,占全量的 28.41%;As 为最低,为全量的 0.03%。各元素比例由大到小排序为 Cd(28.41%)、Hg(9.55%)、Pb(7.55%)、Zn(6.41%)、Cu(5.97%)、As(0.03%)。

残渣态比例以 Cd 最小,只占全量的 27.32%。各元素比例由大到小排序为 As(85.80%)、Zn(73.59%)、Cu(64.19%)、Hg(58.93%)、Pb(31.35%)、Cd(27.32%)。

除 Pb 外,其他元素在土壤中的惰性态是其最主要的赋存形态。从各元素形态分布上看,Cu、Zn、As、Hg 的形态分配在水溶态、离子交换态、碳酸盐态含量甚微,即形成活性态的能力或可以水解的能力都很低。

金海开发区土壤中 Cd 元素背景值是江汉平原背景值、中国土壤 A 层背景值的 3 倍左右。与整个江汉平原其他地区相比,易利用态显著低,如沙洋地区 Cd 易利用态占比可达 48.46%,金海开发区则仅为 10.84%,证明金海开发区重金属元素 Cd 易利用程度较低,其余元素易利用态占比最高也仅为 11.67%,不易出现重金属污染情况。从植物样分析结果也可以看出,仅 1 件水稻样品出现重金属 Cd 超标的情况。

2. 硒元素赋存形态及受控因素

对金海开发区土壤进行分析得到土壤硒各形态特征参数,全区土壤中硒水溶态、离子交换态、碳酸盐结合态、铁锰结合态、强有机结合态含量均很低,其占比均不到全量的 1%,其中以水溶态和强有机结合态最低。土壤硒各形态中残渣态含量最高,其次为腐殖酸结合态。按照生物可利用性分,惰性态含量最高,占全量的 75.60%;其次为中等利用态,占全量的 11.33%;易利用态占比最低。

从变异系数的大小来看,土壤硒各形态变异系数变化范围较大,介于 13.78%~100.49% 之间,表明硒各形态在土壤中分布较不均匀,形态含量受环境因素影响较大。

3. 硒元素赋存形态受控因素分析

通过对土壤全量硒及各形态硒的相关性分析可知,土壤硒残渣态、铁锰结合态与全量硒呈强的正相关(相关系数大于 0.8);碳酸盐态与全量硒呈较强的正相关关系,相关系数为 0.57;水溶态、离子交换态、腐殖酸结合态、强有机结合态与全量相关性较低。硒各态与全量硒相关系数由大到小依次为:残渣态＞铁锰结合态＞碳酸盐结合态＞腐殖酸结合态＞强有机结合态＞水溶态＞离子交换态。从生物利用性来看,硒各形态与全量硒相关系数由大到小依次为:惰性态＞中等利用态＞易利用态。

上述结果表明,金海开发区土壤全量硒主要对铁锰结合态、碳酸盐态和残渣态的分配影响较大,对能被植物直接吸收利用的易利用态影响相对较强。这说明本区土壤中离子交换态和腐殖酸结合态在一定条件下能释放活性硒离子,使土壤中硒的有效量增加。

(1)有机质含量对土壤硒形态的影响:土壤有机质与土壤硒形态相关特征跟全量硒与硒形态相关特征不同。腐殖酸结合态与铁锰结合态硒呈不显著正相关,相关系数分别为 0.243、0.235,碳酸盐态硒与有机质呈不显著负相关。其余态硒与有机质相关性不大。从生物利用性来看,金海开发区硒中等利用态与有机质相关性最好,其次为惰性态,与易利用态为弱负相关。

(2)土壤酸碱度与土壤硒形态:通常土壤酸碱度对硒的各形态影响较大,在一定范围内随着酸碱度的提升,硒的生物活性逐渐增加。金海开发区腐殖酸结合态硒与 pH 呈不显著正相关,残渣态、铁锰结合态硒与 pH 呈显著负相关,碳酸盐态硒与 pH 呈不显著负相关,其余态硒与 pH 相关性不大。

(二)农作物元素富集规律研究

农作物在生长过程中不断地从土壤、水和大气中吸收养分和矿物质,而不同农作物对土壤中养分和矿物质吸收能力是不同的。本节引入生物富集系数概念,研究养分元素和有害元素向农作物转化迁移及其生态效应。

1. 水稻

在水稻整个生长过程中,籽粒对P、S元素的富集能力最大,富集系数可分别达到482.06%和195.81%;籽粒对Se、Zn、Cd、Mo、K、Mg元素表现出较强的富集能力,平均生物富集系数均大于10%,分别为10.53%、21.77%、11.02%、32.75%、22.43%和43.87%,且最大和最小生物富集系数均较大;对其余元素富集能力一般,平均生物富集系数小于10%。不同养分元素平均生物富集系数大小依次为:P>S>Mg>Mo>K>Zn>Cd>Se>Cu>Mn>Hg>Ca>As>Ni>Co>Pb>Cr>Fe。

2. 白茶

在白茶整个生长过程中,白茶叶对元素的富集能力与水稻区别较明显。白茶对S、Mn、Ca、P元素皆有很强的富集能力,平均生物富集系数均大于100%;对Mg、Hg、Cu、Ni、Zn元素的富集能力较强,平均生物富集系数均大于10%,分别为94.32%、35.26%、28.46%、19.65%、15.07%,且最大和最小生物富集系数均较大;其余元素富集能力一般,平均生物富集系数小于10%。不同养分元素平均生物富集系数大小依次为:S>Mn>Ca>P>K>Mg>Hg>Cu>Ni>Zn>Cd>Pb>Co>Se>Cr>Mo>As>Fe。

可以看出,Se元素在白茶中平均富集能力不高,但最大富集系数达14.92%,且因Se元素背景值较高,因此白茶样品中总体Se含量较高。

三)特色优质农用地保护利用建议

(一)富硒土壤资源开发利用及产业园建设建议

1. 富硒产业园选区

根据自然资源部中国地质调查局制定的《天然富硒土地划定与标识》(DZ/T 0380—2021)富硒土地划定和标识技术标准,结合本次土地质量地球化学评价结果,以金海开发区和两镇一区总体规划为政策依据,共圈定2处富硒土地资源区(图3-4-17)。

金海开发区白茶主要种植于左家铺村、竹林村、屋边村等几村丘陵地区二叠系出露的位置。这一区域土壤中Se含量较高,但往往Cd元素含量亦较高。从土壤安全角度,该地区不适宜种植经济作物。但根据农作物重金属元素分析结果可知,全区采集的41件白茶样品中无重金属超标样品。因此,虽然白茶种植区域土壤存在Cd元素超标情况,但结合实际确定土壤重金属含量对白茶健康影响微乎其微。因此,以《土壤环境质量 农用地土壤污染风险管控标准(试行)》(GB 15618—2018)中的筛选值、管控值作为参考,确定白茶产业园等级分别为绿色富硒白茶产业园、无公害富硒白茶产业园、一般富硒白茶产业园。而采集的10件水稻样品中仅有1件样品重金属元素超标,因此水稻产业园需符合上述标准的筛选值标准。

1)选区Ⅰ——富硒白茶茶叶园区

(1)位置:位于工作区北部,选区面积8.25km²,其中适宜种植白茶面积约7.39km²。土地利用类型

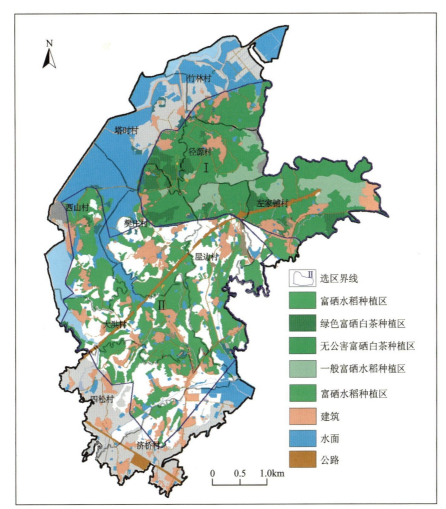

图 3-4-17 金海开发区天然富硒土地划分及产业园基地建设建议示意图

为水田、旱地、水浇地、林地、茶园、草地,地质背景主要为石炭系、二叠系,土壤类型主要为红壤、水稻土、潮土。

(2)土壤富硒特征:土壤 Se 平均值为 2.196mg/kg,最大值为 9.245mg/kg。区内富硒土地面积为 7.39km²,占耕地面积比例为 100.00%。

(3)土壤安全性评价:选区耕地土壤重金属有一定安全风险,但对农作物无影响。

(4)农产品富硒安全评价:选区共采集白茶样品 41 件,11 件达到富硒农产品标准,其余样品都达到含硒水平,其 Se 含量均值为 0.160mg/kg,最大值为 0.503mg/kg。所有样品均符合《食品安全国家标准》(GB 2762—2017)。

(5)产业园建议:整体上区内地形多为山地,极度适宜种植白茶,且交通便利。土地质量优良且富硒土地占比 100.00%,土壤中 Se 含量极高,是江汉平原 Se 元素背景值的 7.32 倍。采集的白茶样品富硒率极高,剩余样品也皆含有丰富的 Se 元素,建议此处开发为富硒白茶种植产业区。另外,在平原地带采集 2 件水稻样品,皆达到富硒标准。因此,不适宜种植白茶地段亦可辅助种植水稻、大豆等农产品。

2)选区Ⅱ——富硒水稻产业园

(1)位置:位于工作区南部,选区面积 12.47km²,其中富硒耕地面积 5.10km²。土地利用类型为水田、旱地、水浇地,地质背景为第四系冲洪积、残坡积层,土壤类型为潮土和壤土。

(2)土壤富硒特征:土壤硒平均值为 0.614mg/kg,最大值为 2.413mg/kg;

(3)土壤安全性评价:选区耕地土壤重金属含量均小于风险筛选值,优先保护类面积为 5.10km²,占耕地面积的 100.00%。

(4)农产品富硒安全评价:选区共采集水稻样品 10 件,其中 2 件达到硒较丰富水平,其余皆为含硒水稻。值得注意的是,其中有 1 个水稻样品采集于土壤 Cd 元素风险区,其 Cd 元素超标。因此,园区建设需注意剔除该区域,其余所有样品均符合《食品安全国家标准》(GB 2762—2017)。

(5)产业园建议:区内耕地面积较大,集中连片且大面积为水田,土壤富硒面积达到 $5.10 km^2$,采集的水稻均达到含硒以上标准。建议开发此处为富硒水稻、大豆、小麦、油菜等粮油种植产业区。

2. 产业园开发利用建议

针对选取的富硒产业园区,提出以下几点宏观上的建议。

(1)实行土地整治,建设标准化富硒农田。对金海开发区南部地势平坦且农田集中连片区,具备小规模发展富硒产业的基础。在此基础上,通过土地整理能合理配置土地资源、提高土地利用率、改善生态环境,提高农业生产效益。在进行富硒产业园区规划过程中,土地整理是建设标准化富硒农田的关键步骤。通过有效的土地整理工作,能够大大地提高富硒农田质量,提高富硒农产品硒含量及产量,增进农产品富硒品质。

(2)立足富硒区自然条件,重点培育推广富硒优势农产品。富硒产品开发是通过生物富硒将无机硒转化为有机硒,但不同农作物以及不同的生长环境对硒的吸收能力存在差异。多年生作物富硒能力较强,硒吸收转移到食用器官的能力强,而作物苗期富硒能力较弱。根据作物对环境的适宜性,建议开发富硒能力较强的白茶、大豆、小麦,兼种水稻、蔬菜等。

(3)补施硒肥,确保产地农产品富硒水平。富硒产业园区以生产富硒农产品为主,在兼顾产品安全性的前提下补施硒肥以达到富硒效果。补施硒肥一方面是基于不同农作物富硒能力的不同,另一方面是基于土壤硒的消耗需适当地补施。对农作物施用硒肥可以增加农作物体内的 Se 含量。有研究结果表明,施用硒肥能提高作物的含硒量,粮食作物施用硒肥可使作物硒含量增加到原来的 3.3~135.0 倍,同时还可以在土壤中使用腐殖酸有机硒肥这种比较环保的绿色优质肥料。

(4)制订金海开发区富硒产业发展规划,积极打造富硒品牌。建议政府把做强富硒产业作为发展绿色现代农业的新增长点,充分开发和利用本地的富硒资源,推进富硒产业快速发展,变资源优势为经济优势,加强政府引导,推动"公司+基地+农户"合作模式,出台优惠的扶持政策,优化投资环境。加强与科研机构合作开发,进一步提升和发掘本地富硒产品质量。重视富硒产业发展的宣传推介工作,形成产地建设、硒肥开发、农产品开发、市场培育等一条龙式的富硒农产品开发产业链。

(5)申报天然富硒土地挂牌,推动"富硒+生态农业"模式升级。建议政府积极申报由中国地质学会主导的"天然富硒土地"的认证与挂牌,结合当前的生态文明建设和乡村振兴战略,按照"富硒+生态农业"建设模式,通过"天然富硒土地"挂牌标识,培育本地富硒生态绿色农产品,打造富硒生态农业产业现代基地。

第四章 城市发展对策建议

第一节 黄石市地质资源高效利用建议

一、推进矿产资源开发利用

以最新成矿地质理论为指导,以长江中下游成矿带鄂东南矿集区为支撑,系统总结已有的深部探测和找矿成果,采用多学科交叉和多方法结合的手段,解剖深部地质结构,分析基底性质和深大断裂的分布特征及其对成岩成矿作用的影响,重点研究深部地质结构对铁、铜、金、钨等战略性矿产的成矿差异性及空间分布的控制作用,构建深部地质结构与浅部资源效应响应模型,丰富和完善区域成矿理论,开展成果集成及应用示范,为深部找矿突破提供基础支撑。

聚焦"十三五"时期以来鄂东南矿集区成矿理论研究和深部找矿所取得成果的梳理总结,全面揭示鄂东南矿集区战略性矿产的成矿机理和成矿规律,重点关注矿体水平和垂向的变化规律及控制因素,系统总结区内近10年来的物化探方法应用效果,开展大功率人工源电磁法、天然源面波勘探、信息化集成技术等新方法新技术应用研究,创新区内深部找矿理论和方法技术,探索构建适宜于本区新一轮深部找矿的找矿模式,开展成果集成及应用示范,引领支撑矿集区深部找矿突破。

二、加强非金属矿产资源勘查开发

在阳新县黄颡口镇—富池镇一带打造灰岩产业基地,服务支撑亿吨级机制砂产业发展,加强饰面石材、方解石等高附加值非金属矿产资源的开发和深加工。

三、推进中深层地热资源勘查开发

研究不同类型、不同深度、不同品质地热资源成藏条件,划分和优选出湖北省地热资源成矿有利区带;开展地热能综合利用试验研究和试点示范推广应用,初步建设湖北省地热能综合利用标准体系,研究、评价湖北省区县一级浅层地热能资源条件、开发利用潜力;研究湖北省中深层地热资源成矿模式,划分湖北省水热型中深层地热资源成矿有利区带,优选中高温地热选区和干热岩选区。

开展中深层地热"无干扰取热"试验研究与应用;开展浅、中、深地热资源和复合能源系统集成技术研究与应用示范,形成地热能集成利用成套技术,建立湖北省地热能利用工程质量检测标准和开发利用监测系统。

四、推进优质矿泉水资源调查开发利用

开展区域水文地质学、基岩地下水理论、岩溶地下水系统理论、沉积盆地地下水流系统理论创新研究;开展丘陵山区找水研究,提出丘陵山区严重缺水地区经济合理的地下水开发利用方案;开展区域地下水流模拟技术研究,实现对地下水可持续利用性定量评估与预测;探索地下水系统调蓄利用技术,加强深部含水层结构探测关键技术研发,构建不同类型地下水调查、勘查和评价技术方法体系,形成数据采集、分析和信息服务一体化的地下水监测网络体系。

第二节 黄石市生态环境保护建议

一、强化防治减灾救灾地质技术支撑服务

研究重大地质灾害体"形态、形变、形势",实现地质灾害隐患早期识别、灾害体变形定量监测,针对湖北省地质灾害调查、监测和治理需求,研究"空天地"综合立体调查监测预警技术方法;围绕地质灾害防治与地质环境保护开展"隐患点、风险区"双控研究,全面提高湖北省地质灾害的风险防控水平;针对重大地质灾害点制订针对性的监测预警方案,通过地面传感器和坡体内部传感器的布设,对地表和内部变形及其外在影响因素进行精准密集监测,建立灾害点精细化监测预警方法,查明重点区域滑坡发生与降水因子的关系,提出精细化区域滑坡气象预警判据,提高区域尺度极端气候的应急能力;分析湖北省岩溶塌陷的成因机理,研究适宜湖北省不同地区的岩溶塌陷监测技术方法和预警指标判据,提高应对突发地质灾害的预警处置能力。

二、推进"山水林田湖草"一体化保护和修复

加快全域废弃矿山生态修复及综合整治,开展生态环境地质调查和湿地调查、监测工作,加强长江流域生态环境保护,开展长江沿线、重要湖泊水体综合治理。

三、开展地下水环境调查与监测

积极对接湖北省地下水资源环境调查与监测项目,全面推进黄石市及重点地区地下水资源环境调查,完善地下水监测体系,常态化开展地下水水质监测工作。

四、推进水土污染防治

开展矿集区水土环境质量调查和评估,争取中央、省级水土污染防治项目,重点开展历史遗留污染地块、尾矿库等周边土壤、地下水污染治理工作,开展污染场地土壤集中集约工厂化修复试点示范工作。

第五章 科技创新与理论进步

目前,我国经济发展进入新常态,生态文明建设在新时代党和国家事业发展中扮演着重要地位。创新是新常态生态文明建设发展的"新引擎",深化改革是必不可少的"点火器"。地质工作应主动适应经济发展新常态和推进供给侧结构性改革的新要求,抓住新常态蕴含的新机遇,以创新驱动为动力,紧紧围绕"服务保障国家资源安全,服务地质环境保护,服务防灾减灾,服务工业化、新型城镇化、农业现代化和重大工程建设,服务国家海洋强国战略"的总体要求,坚持地质找矿与拓展服务领域并举,坚持提升服务能力与提高地质工作质量和效率并重,坚持促进国内发展与提高国际竞争力结合,坚持以经济社会发展需求为导向,切实增强服务国家重大战略、生态文明建设和民生改善的能力。

第一节 理论技术创新

一、提升并创新了城市地质学理论发展

结合黄石市城市发展特点,充分遵循了重大战略、规划需求及目标导向,充分阐明并深入实践了城市地质学基础性、综合性和应用性学科的新特点,强化了大资源、大环境、大数据理念,首次在黄石大冶湖生态新区开展了涉及多专业、多目标、多参数、多维度的综合性调查研究工作,对城市地质学理论体系进行了新的实践,拓展了对城市地质学理论的新认识。

同时,结合黄石市城市发展新需求及城市地质工作成果,系统梳理并总结了《支撑服务黄石市"十四五"高质量发展地质成果报告》,并出版了《城市地质概论》。《城市地质概论》重新定义了城市地质内涵与主要研究内容、介绍了城市地质与其他学科之间的关系、基本理论、主要工作内容及工作方法、以黄石为例介绍了城市地质工作成果等,提升并丰富了城市地质学科理论知识,在环境水文地质、微动勘探技术、遥感应用、自然资源调查、地球关键带地质调查等方面取得了重大突破,创新了城市地质的服务范畴及成果表达。

二、创新了城市地质调查的技术方法体系

黄石市多要素城市地质调查以地球系统科学理论和山水林田湖草生命共同体整体系统观为指导,以城市地质理论和现代科学信息技术为支撑,采用多学科(地下水科学、环境地质学、地球化学、地球物理学、信息科学等)交叉与多方法(微动勘探技术、遥感解译技术、同位素技术、示踪技术、数值模拟技术、倾斜摄影技术、放射性技术和现代信息技术等)融合的形式开展调查研究工作,在三维可视化地表地下一体化模型基础上,开展地热资源、地质遗迹、浅层地温能、富硒土地资源等自然资源综合调查与地质灾

害、沿江带水土质量评价等工作,创新了一大批先进的技术方法理论和知识,获批了大量的软件著作权和实用性专利。

在全面系统总结成果经验和提炼技术方法的基础上,编制了一系列关于山水林田湖草自然资源调查评价、矿集区水土环境质量调查评价、沿江带生态地质环境调查评价、沿湖区水环境质量调查评价等方面的工作细则和技术指南,创新和丰富了黄石市城市地质工作技术方法体系,为湖北省地级市、矿山型城市和沿江城市的城市地质调查提供了方法技术示范。

第二节 工作机制创新

一、创新了多方联动的工作机制

黄石市多要素城市地质调查是由中央、省厅、地方和社会等多方共同出资开展的,按照"谁投资、谁受益"的原则,充分发挥财政资金的引导带动作用,积极引导社会资本投入,探索构建了"政府引导、政策扶持、社会参与、市场运作"的新工作机制。

二、创新了需求与问题为导向全流程参与的工作模式

黄石市多要素城市地质工作以服务城市发展、保障城市安全为目标,实施过程中注重社会需求与成果转化的结合,注重地质调查与地质环境监测、面上调查与重大地质问题研究相结合。

第三节 成果创新

一、研发了黄石市城市地质信息管理系统

通过信息化工作增强了城市地质服务于城市规划、建设与管理运营的快速反应能力,研发了集地质灾害监测预警系统、矿产资源压覆查询系统、核心区地表地下三维一体化模型、地下水动态监测系统、矿集区水土环境监测系统、山水林田湖草自然资源监测系统、双评价系统,以及地质数据存储管理、信息处理、实时动态更新、可视化、共享交换等功能于一体的城市地质信息管理系统平台,实现了地质信息有效管理和三维可视化操作,攻克了地质成果通俗性表达的技术难关,促进了地质调查基础数据与成果的表达,高效、快捷和直观地提供社会变化地质信息,提升了城市地质为城市规划、建设和管理服务的能力。

二、创新了城市地质调查成果的表达形式

积极响应了"生态文明建设""长江大保护""乡村振兴""污染防治"等国家发展要求,城市地质围绕"地质+"开拓创新,延伸了服务领域和丰富成果表达,以共享共建的发展模式,在深度挖掘地质环境资

源的基础上,建设了集地质遗迹资源、特色农业资源、地质文化资源等于一体的地质综合成果体,融合了地质文化、地球故事、环境地质、城市地质等,创新了新型城市地质成果的转化应用。

深刻领会了"科技创新"是解决未来城市地质面临的各类问题的唯一途径,树立了五大发展理念及以人民为中心、人地和谐共生、城乡融合、主动超前服务等新理念,创建了地质学与城市学交叉的城市地质学科,完善了城市地质理论与技术方法体系,拓展了城市地质调查服务领域,创新了城市地质调查成果表达形式。

主要参考文献

胡元平,刘红卫,柯立,等,2014.武汉市都市发展区地下水源热泵适宜性评价[J].资源环境与工程,28(6):981-984.

胡元平,刘红卫,柯立,等,2015.层次分析法在武汉都市发展区地埋管地源热泵适宜性分区评价中的应用[J].资源环境与工程,29(1):59-62.

《矿产资源工业要求手册》编委会,2014.矿产资源工业要求手册(2014年修订本)[M].北京:地质出版社.

林文蔚,1982.湖北大冶铁矿交代作用与成矿作用[D].北京:中国地质科学院.

刘红卫,胡元平,朱志明,等,2014.地源热泵系统地下换热结构体合理间距确定[J].资源环境与工程,28(6):978-980.

王贵玲,刘峰,王婉丽,2015.我国陆区浅层地温场空间分布及规律研究(一)[J].供热制冷(2):52-54.